U0453667

海军新军事变革丛书

总策划◎魏刚　主编◎马伟明

舰船装备维修保障工程新技术

楼京俊　史跃东　阮旻智　著
张永祥　主审

电子工业出版社·

Publishing House of Electronics Industry

北京·BEIJING

内 容 简 介

本书以舰船装备全寿命期内的诸项维修保障工作内容为研究对象，以实现舰船装备及其配套保障系统的"最佳耦合"和"最佳匹配"为研究目标，以不同类型的舰船装备维修保障工程新技术为研究手段，围绕舰船装备固有保障特性设计、舰船装备在航状态评估与管理、舰船装备等级修理优化决策与管控实施、舰船装备保障资源需求预测与优化配置四项专题，详细论述了维修保障相关工程新技术。本书可作为高校相关专业本科高年级或研究生的教学用书，也可作为装备论证、研制、生产以及维修保障等工程技术人员与管理人员的参考书。

图书在版编目（CIP）数据

舰船装备维修保障工程新技术 / 楼京俊，史跃东，阮旻智著．—北京：电子工业出版社，2022.8
（海军新军事变革丛书）
ISBN 978-7-121-43754-0

Ⅰ．①舰… Ⅱ．①楼… ②史… ③阮… Ⅲ．①军用船－装备－维修 Ⅳ．①E925.6

中国版本图书馆CIP数据核字（2022）第102187号

责任编辑：张　毅
印　　刷：三河市鑫金马印装有限公司
装　　订：三河市鑫金马印装有限公司
出版发行：电子工业出版社
　　　　　北京市海淀区万寿路173信箱　　邮编：100036
开　　本：720×1000　1/16　印张：18　字数：332千字
版　　次：2022年8月第1版
印　　次：2022年8月第1次印刷
定　　价：95.00元

凡所购买电子工业出版社图书有缺损问题，请向购买书店调换。若书店售缺，请与本社发行部联系，联系及邮购电话：（010）88254888，88258888。

质量投诉请发邮件至 zlts@phei.com.cn，盗版侵权举报请发邮件至 dbqq@phei.com.cn。

本书咨询联系方式：（010）57565890，meidipub@phei.com.cn。

海军新军事变革丛书

舰船装备维修保障工程新技术

主　审　张永祥

作　者　楼京俊　史跃东　阮旻智

"海军新军事变革丛书"第三批总序

当今世界，新一轮科技革命和产业变革正在加速推进，以信息技术为引领，人工智能、生物科学、大数据、新材料、新能源等技术的发展运用、交叉融合和相互渗透，正逐步改变着人类的社会形态和生产生活方式。高新技术的发展和世界安全态势的演变，同样催生了当今世界军事领域的深刻变革，在广度、深度上已超越历史上任何一次军事变革。这次变革以安全态势演变为动因、以高新技术特别是信息技术发展为动力、以军事观念转变为牵引、以军事体系调整为中心，覆盖军事领域各个方位和全部系统，涉及军事理论、军事战略、战争形态、作战思想、指挥体制、部队结构、国防工业等方方面面，形成信息主导、体系支撑、精兵作战、联合制胜的新态势，数字化、网络化、智能化和系统化将贯穿决策指挥、组织形态和战场战法全过程，渗透到各个方面，作战域将加速向网络、电磁、深海、太空、极地等战略新疆域拓展，其所产生的影响，必将影响未来世界格局，决定各国军事力量对比。

习主席曾深刻指出："每一次科技和产业革命都深刻改变了世界发展面貌和格局。一些国家抓住了机遇，经济社会发展驶入快车道，经济实力、科技实力、军事实力迅速增强，甚至一跃成为世界强国。"党的十八大以来，党中央、中央军委着眼于实现中国梦、强军梦，制定新形势下军事战略方针，全力推进国防和军队现代化，军队改革取得历史性突破，练兵备战有效遂行使命任务，现代化武器装备加快列装形成战斗力，军事斗争准备稳步推进，强军兴军不断开创新局面。党的十九大，吹响了"到本世纪中叶把人民军队全面建设成世界一流军队"的时代号角，郑重宣告国防和军队建设全面迈进新时代。经略海洋、维护海权、建设海军始终是强国强军的战略重点，履行新时代军队历史使命，海军处在最前沿、考验最直接、职能最多样、任务最多元，需求最强劲、发展最迫切。瞄准世界一流、建设强大的现代化海军，我们更须顺应新形势，把准新趋势，进一步更新观念、开阔视野，全面深入实施科技兴军战略，瞄准世界军事科技前沿，坚持自主创新的战略基点，加强前瞻性谋划、体系化设计，加快全域全时全维的信息化、智能化建设，抢占军事科技战略性、前沿性、颠覆性发展制高点，努力实现从跟跑、并跑到领跑的历史性跨越。

　　根据海军现代化建设的实际需求，2004 年 9 月，海军装备部与海军工程大学联合组织了一批学术造诣深、研究水平高的专家学者，启动了"海军新军事变革丛书"的编撰工作。2004 年至 2009 年，第一批丛书陆续出版，集中介绍了信息技术及其应用成果。2009 年至 2017 年，第二批丛书付梓，主要关注作战综合运用和新一代武器装备情况。该丛书具有鲜明的时代特征和海军特色，对推进中国特色军事变革要求，谋划海军现代化建设具有很高的参考价值，在部队、军队院校、科研院所、工业部门均被广泛使用，深受读者好评。丛书前两批以翻译出版外文图书和资料为主，自编海军军内教材与专著为辅，旨在借鉴国外海军先进技术和理念，反映世界海军新军事变革中的新观念、新技术、新理论，着重介绍和阐释世界新军事变革的"新"和"变"。为全面贯彻落实习主席科技兴军的战略思想，结合当前世界海军发展趋势和人民海军建设需要，丛书编委会紧跟科技发展步伐，拟规划出版第三批丛书。在前期成果的基础上，第三批丛书计划从编译转向编著，将邀请各领域专家学者集中撰写与海军人才培养需求密切相关的军事理论和装备技术著作，这是对前期跟踪研究世界海军新军事变革成果的消化、深化和转化。

　　丛书的编撰出版凝结了编委会和编写人员的大量心血和精力，借此机会，谨向付出辛勤劳动的全体人员致以诚挚的敬意。相信第三批丛书定会继续深入贯彻习主席强军思想，紧盯科技前沿，积极适应战争模式质变飞跃，研判战争之变、探寻制胜之法，为建设强大的现代化海军带来新的启迪、新的观念、新的思路，不断增强我们打赢信息化战争、应对智能化挑战的作战能力。

海军司令员 沈金龙

2018 年 6 月 2 日

序

　　装备维修保障是保持、恢复和改善装备性能所采取的各项保障性措施和相应管理活动的统称，是装备保障能力建设的重要组成部分。装备维修保障成效的好坏，将影响装备遂行任务能力的生成、保持与提高，甚至直接关系着装备遂行任务的成败。

　　舰船作为一类系统化程度高、复杂程度大、可靠性和环境适应性要求严的大型装备综合耦合实体，与其相关的舰船装备维修保障工作尤为复杂，且技术分析难度与工程实现难度均较大。尤其是近些年来，随着舰船装备科技创新态势的高速发展，舰船装备体系化、信息化、智能化特征显著提高，高效契合的舰船装备维修保障工程活动对装备遂行任务成功的能动作用愈发重要。此时，完全依赖传统的通用装备维修保障工程理论，开展新时期舰船装备复杂系统的诸项维修保障工程技术活动与管理活动，显然已不合时宜、捉襟见肘。为此，亟须面向新时期舰船装备维修保障工程技术的新特点和新需求，建立新体系、探索新规律、寻求新突破，进而为丰富发展新时期舰船装备维修保障先进理论，提供前沿技术支撑。

　　本书以舰船装备全寿命期内的诸项维修保障工作内容为研究对象，以实现舰船装备及其配套保障系统的"最佳耦合"和"最佳匹配"为研究目标，以不同类型的舰船装备维修保障工程新技术为研究手段，围绕舰船装备固有保障特性设计、舰船装备在航状态评估与管理、舰船装备等级修理优化决策与管控实施、舰船装备保障资源需求预测与优化配置四项专题，开展了大量维修保障工程技术层面的详细论述工作。其中：

　　（1）关于舰船装备固有保障特性设计：通过引入"舰船装备保障特性一体化设计技术"和"舰船装备多状态可靠性建模与分析技术"，较好地解决了舰船装备复杂系统在新研状态下的可保障、易保障、好保障问题。

　　（2）关于舰船装备在航状态评估与管理：通过引入"舰船装备在航技术状态评估技术"，较好地解决了舰船装备在航期间的技术状态可控、保障需求可测、管理实体可定问题。

　　（3）关于舰船装备等级修理优化决策与管控实施：通过引入"舰船装备等级修

理结构优化技术"和"舰船装备等级修理综合管控技术",较好地解决了舰船装备持续在航潜能充分发挥和等级修理综合效益最优问题。

（4）关于舰船装备保障资源需求预测与优化配置：通过引入"舰船装备保障资源需求分析技术"、"舰船维修器材需求分析与储供优化技术"和"面向任务的舰船携行器材保障方案优化与评估技术"，较好地解决了舰船装备在不同任务阶段实施维修保障活动的资源配备充足化和精确化问题。

鉴于本书的主要论述内容均具有一定的装备维修保障工程前沿技术特征，面向的读者应具备一定的舰船装备维修保障工程理论基础和工程技术实践基础。本书可作为高等院校装备通用质量专业本科毕业学年或研究生的教学用书，也可作为装备论证、研制、生产以及维修保障等相关单位工程技术人员与管理人员的工程参考用书。

在本书的撰写过程中，得到了海军工程大学舰船与海洋学院各位领导、同事的大力支持，特别感谢朱石坚教授、金家善教授、张永祥教授对于本书各章节内容提出的宝贵修改意见，以及罗忠副教授、俞翔副教授、魏国东博士对本书部分章节内容给予的无私帮助。

亚瑟·叔本华说："智慧只是理论而不付诸实践，犹如一朵重瓣的玫瑰，虽然花色艳丽，香味馥郁，凋谢了却没有种子"。囿于作者的知识水平与保障工程实践经验所限，书中所述舰船装备维修保障工程新技术内容，可能还存有部分疏漏或需要结合舰船装备保障工程实践进一步改进之处，敬请广大读者不吝赐教、批评指正。

目 录

第三篇　舰船装备在航技术状态评估技术

第四篇　舰船装备等级修理优化决策与组织实施技术

第五篇　舰船装备保障资源建设需求分析技术

第一篇
舰船装备维修保障工程技术新需求

"凡用兵之法，驰车千驷，革车千乘，带甲十万，千里馈粮。则内外之费，宾客之用，胶漆之材，车甲之奉，日费千金，然后十万之师举矣。"

——《孙子兵法·作战篇》

本书的第一篇，主要阐述舰船装备维修保障工程技术在当代装备科技发展浪潮中面临的新形势和新需求。接下来的章节，将涉及如下问题：

（1）什么是装备保障？

（2）什么是装备维修保障？

（3）什么是装备维修保障工程？

（4）与装备维修保障相关的工程技术包括哪些？具体发展沿革如何？现阶段的技术差距在哪里？

（5）现阶段舰船装备维修保障工程技术发展的新特点有哪些？

（6）契合舰船装备维修保障工程技术特点的新技术需求和新技术体系有哪些？

这些问题的回答，有助于了解编撰本书的初衷，熟悉本书的总体内容脉络。

Chapter 1

第 1 章 | 舰船装备维修保障工程技术新需求

1.1 装备维修保障概念的提出

在人类社会的早期，人类在同自然界做斗争的过程中，逐渐产生了工具。在各氏族争夺自然资源的冲突中，劳动工具就成了武器。随着社会生产力的发展，劳动产品出现了剩余，专门从事战争的军队开始出现，专门用于战争的工具——武器也开始出现，最开始是石制的刀、斧或骨制的枪头、箭头等。这些武器的加工制作，不仅单人完全能够胜任，而且从选材到成型一次即可完成，既不需要组织合作，也无须系统理论指导。在这个阶段，由于武器数量有限、技术简单，对其保障方法和手段的要求也比较简单，仅当武器出现损坏后，进行简单的修复，这就是原始的装备修理（Equipment Repair），是一种事后行为。

随着战争规模的扩大，青铜、铁质兵器的广泛应用和兵车、舟船等较复杂装备的出现，简单的事后修理已不能满足武器装备作战使用要求，这时需要在损坏之前，就对刀枪进行擦拭、磨砺、捆绑，对战车进行加固、调整、润滑，对战船进行涂油、上漆、晾晒等，即出现了武器装备在使用过程中的维护以及损坏或故障后的修复，称为装备维修（Equipment Maintenance），并已经开始需要一些能工巧匠专门负责维护和修理工作。但总体上看，由于技术条件限制，武器装备的构造功能较为简单，维护保养和修复的手段、方式相对较为简单。

随着火器的出现，人类武器装备进入热兵器时代，并在工业革命后，迅速进入到机械化时代，出现了机枪、坦克、铁甲舰、飞机等前所未有的武器装备，它们种类繁多、功能复杂，已经构成了庞大的武器装备体系，作战行动对于装备技术的依赖性增强，装备的损伤和故障模式也发生了根本的改变。在这种条件下，仅仅依靠简单的维护和修理已然满足不了装备的作战使用要求，必须对装备采取一系列保证性措施，建立相应的体系和系统并加以控制与管理，由此出现了装备保障（Equipment Support）。装备保障除去对装备的有效维修和改换装外，还包括了与装备相匹配的保障系统的论证、设计、生产、建设与合理使用等衍生内涵，例如装备保障固有特性设计与实现、装备保障资源优化与配置、装备保障管理组织与实施等。因此，装备保障是对装备维修的进一步深度拓展，它既保留了传统的装备维修内核，又在此基础上生长与发展出了大量系统工程层面的多元实践内容，无论是在研究对象、研究内容上，还是在研究方法、研究技术手段与研究最终目标上，都远远不同于并超过传统的装备维修范畴。

装备保障按照其全寿命期间关注的保障活动重点内容不同，又可分为装备技术保障和装备综合保障。其中，装备技术保障（Equipment Technical Support）主要针对已交付使用方使用的在役装备或选型装备而言，其核心保障活动主要聚焦于恢复、保持和改善在役装备的良好技术状态；而装备综合保障（Equipment Integrated Logistics Support）则主要针对未服役的新研装备而言，力求通过同步论证、设计、研制装备及其配套保障系统，及时实现装备设计与装备保障系统设计的"最佳耦合"，进而确保装备在交付使用方使用时，实现装备使用与装备保障的"最佳匹配"；其核心保障活动面向全寿命期内与装备全系统（装备＋保障系统）论证、设计、研制、生产、使用与保障等相关的各项技术活动。比较前述装备技术保障和装备综合保障的内涵可知，装备技术保障工作活动实际上可看作是装备服役使用期间的一类综合保障工作活动，只是因其使用阶段主体实施责任的特殊性，工程上对其进行了特殊定义。

本书所言装备维修保障（Equipment Maintenance Support）是指以合理实施装备维修活动为核心目标的一系列相关装备综合保障活动，参见图 1-1。合理实施装备维修活动并不是一件简单的事情，它涉及全寿命期内装备综合保障工作的方方面面。如何科学预测装备故障规律、合理设计装备固有保障特性；如何科学评判装备技术状态、合理决策装备维修时机；如何科学管控装备修理过程、合理确保装备修理成效；如何科学筹建装备保障系统、合理提升装备保障能力水准等，均是合理实施装备维修活动的必要约束条件，同时也均是长期困扰装备维修保障行业的技术瓶颈问题与技术热点难题，这也正是笔者决心提笔编撰此书的根本动力所在。

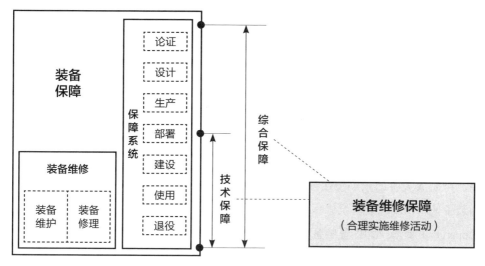

图 1-1　装备维修保障基本内涵示意图

1.2　装备维修保障工程

装备维修保障工程是随人们对装备维修保障问题重要性认识的增加，以及装备复杂程度的提高对装备维修保障工作依赖性的增大，而产生的一门综合性工程学科，是装备可靠性工程、维修性工程、保障性工程以及与保障有关的其他专业工程各自发展后的必然结果，反映了人们对提高装备维修保障工作效能，满足装备执行任务能力的一种迫切需求。

另一方面，从前述关于装备维修保障的内涵描述来看，作为合理实施装备维修活动的相关综合保障活动，其最终目标是在设计阶段实现装备设计与装备保障系统设计的"最佳耦合"，在装备使用阶段实现装备使用与装备保障的"最佳匹配"。为此，装备维修保障工程应是在全寿命期内确保"最佳耦合"和"最佳匹配"这两类事件高质量实现的系列工程技术活动与工程管理活动的总和。

具体来说，此处所言工程技术活动和工程管理活动，可分两个方面描述如下：

（1）装备设计与装备保障系统设计的"最佳耦合"

装备设计主要指装备的功能设计和性能设计（工程上，也称为专用质量特性设计）；装备保障系统设计则既包含与装备保障相关的固有保障特性设计（工程上，也称为通用质量特性设计），又包含直接或间接影响装备保障能力生成的器材、工装具、设施、设备、技术资料、人力人员等保障资源要素设计。为此，此方面装备维修保障工程活动主要涵盖装备可靠性维修性保障性工程的技术活动和管理活动（如装备可靠性设计、分析与评估，装备可靠性管理等），以及与装备保障资源初始部署状态优化配置相关的技术活动和管理活动（如装备保障性分析、装备保障方案与保障计划优化、装备全系统全寿命全费用管理等）。

（2）装备使用与装备保障的"最佳匹配"

装备使用主要指装备执掌人员按既定操作使用规程，执行相关操作使用指令，以完成装备的预期使用任务要求；而与装备使用匹配的装备保障工作，则分为装备使用保障和装备维修保障两部分；其中，装备使用保障（Equipment Operation Support）主要涉及为保证装备正确动用以便能充分发挥其作战性能所需进行的使用检查、加注燃料、更换润滑脂等系列工作，鉴于本书的研究篇幅所限，暂不纳入本书讨论范畴；与装备使用匹配的装备维修保障主要涉及为保持和恢复装备完好技术状况而需合理实施的计划与非计划修理、器材供应、维修技能培训等相关装备维修活动。为此，此方面装备维修保障工程活动主要涵盖与装备战备完好状态评判相关的技术活动和管理活动（如装备运行技术状态评估、装备健康运行状态管理等），与装备维修保障策略优化相关的技术活动和管理活动（如装备等级修理结构优化、装备等级修理过程管控优化等），以及与装备维修保障力量建设相关的技术活动和管理活动（如单兵维修能力评估与补充培训、多层级器材库存建设与管理等）。

综上，本书所述装备维修保障工程，应重点关注的内容包括：

（1）与装备可靠性维修性保障性工程相关的技术活动和管理活动；

（2）与装备保障资源初始部署状态优化配置相关的技术活动和管理活动；

（3）与装备战备完好状态评判相关的技术活动和管理活动；

（4）与装备维修保障策略优化相关的技术活动和管理活动；

（5）与装备维修保障力量建设相关的技术活动和管理活动。

鉴于本书的篇幅和笔者的学识所限，装备维修保障工程的管理活动内容并未在书中有过多论述。为此，为进一步明晰本书的研究工作主线，同时也为方便读者对于书中所述各类工程概念的理解，后续研究内容将装备维修保障工程的技术活动和管理活动归并，统一称其为"工程技术活动"，即本书的重点论述对象定位为"装备维修保障工程技术"。

1.3　装备维修保障工程技术发展

装备维修保障工程技术的发展，建立在装备可靠性工程技术、维修性工程技术和保障性工程技术发展基础之上，并随着当代装备技术保障与综合保障工作的成熟与发展，逐步形成具备自身研究特色的学科技术体系。这里，仅对于直接在源头层次影响装备维修保障工程技术发展的可靠性工程技术、维修性工程技术和保障性工程技术进行专题回顾，而有关装备技术保障与综合保障工作的发展沿革内容，大都伴生于装备保障性工程技术发展沿革中，此处不再单独赘述说明。

1.3.1　可靠性工程技术发展现状与发展方向

1. 国外研究现状

自第二次世界大战时期首次提出可靠性概念至今，可靠性工程技术不断成长、壮大。可靠性工程技术产生于 20 世纪 50 年代，最早用于为美国军方解决军用电子装备和复杂导弹系统的可靠性问题。1952 年美国国防部成立了由军方、工业部门和学术界组成的电子设备可靠性咨询组（AGREE），开始实施涵盖设计、试验、生产到交付、储存和使用的全面可靠性发展计划，并于 1957 年发表了《军用电子设备可靠性》研究报告。该报告从 9 个方面阐述了可靠性设计、试验和管理的程序及方法，确定了美国可靠性工程发展的方向，是可靠性工程发展的一个奠基性文件，标志着可靠性工程已形成一门独立的学科。20 世纪 60 年代是可靠性工程技术全面、成熟发展阶段，可靠性工程理论和方法在一些重大装备（如 F-16 飞机、M1 坦克）研制中得到了应用，并取得了良好的效果。20 世纪 80 年代以来，可靠性工程技术得到了深入的发展，可靠性指标已成为提高装备战斗力的重要因素，同时可靠性已被置于与性能、费用和进度同等重要的地位。1980 年美国国防部长首次颁布可靠性及维修性指令 DoDD5000.40《可靠性及维修性》。1985 年，美国空军推行了"可靠性及维修性 2000 年行动计划（R&M2000）"，该计划从管理入手，依靠政策和命令促进空军领导机关对可靠性工作的重视，加速观念转变，使可靠性工作在空军部队形成制度化。这一系列加强装备可靠性的工作措施，提高了装备的战斗力，其成效从海湾战争、科索沃战争中，已得到充分证明。

2. 国内研究现状

我国可靠性工程技术研究与应用起始于 20 世纪 60 年代，最早是由电子工业部门开始可靠性工作。在自主发展"两弹一星"过程中，钱学森同志提出"可靠性是设计出来的、生产出来的和管理出来的"这一著名论断，奠定了可靠性工程的思想基础 [1-2]。

在 20 世纪 60 年代初，我国工业部门进行了有关可靠性评估的开拓性工作。20世纪 70 年代初，航天部门首先提出了电子元器件必须经过严格筛选。20 世纪 70年代中期，由于中日海底电缆工程的需要，提出高可靠性元器件验证试验的研究，促进了我国可靠性数学的发展。1984 年开始，在国防科工委的统一领导下，结合中国国情并积极汲取国外的先进技术，组织制定了一系列关于可靠性的基础规定和标准。1985 年 10 月国防科工委颁发的《航空技术装备寿命与可靠性工作暂行规定》，是我国航空工业可靠性工程全面进入工程实践和系统发展阶段的一个标志。

1987 年 5 月，国务院、中央军委颁发《军工产品质量管理条例》，明确了在产品研制中要运用可靠性技术；1988 年 3 月颁发的国家军用标准 GJB450—88《装备研制与生产的可靠性通用大纲》（目前已修订为 GJB450A），可以说是目前我国军用产品可靠性技术具有代表性的基础标准。与此同时，各有关工业部门、军兵种越来越重视可靠性管理，加强可靠性信息数据和学术交流活动。当前无论是从可靠性工程管理、型号工程，还是从技术预先研究各方面都加强了可靠性共性技术研究，开辟了我国该项技术发展的新领域，取得了较大进展和显著效果。1990 年以后，部队提出了"转变观念，把可靠性放在与性能同等重要的地位"战略思想，制定颁布了《武器装备可靠性维修性管理规定》等顶层文件，开始在专项型号研制过程中推广普及基于概率统计的可靠性技术。

2000 年以来，我国各界人士基本都对可靠性的重要性达成了共识，并对可靠性技术提出了更高的要求。这一时期，我国的武器装备可靠性工程取得了初步成效，主要表现在 [3-4]：

（1）观念不断地转变，制定了适当的政策和规范，管理和技术队伍逐渐发展壮大。

（2）施行了适合我国国情的定性和定量设计方针，并不断开辟新的领域，使可靠性工程应用到航空、航天等各种装备的设计和研制中。

（3）重视可靠性设计的同时，广泛开展可靠性试验，如环境应力筛选、可靠性增长试验、可靠性强化试验、加速寿命试验等。

（4）从重视电子设备的可靠性研究开始，发展到重视机械设备、光电设备及其他非电子设备的可靠性研究，全面提高了武器装备的可靠性。

3. 主要差距及发展方向

经过不断地完善和发展，我国的装备可靠性工程技术取得了长足的进步，但与国外先进发达国家和组织相比，尚有一定的差距，主要表现在以下几个方面：

（1）可靠性设计与产品设计脱节。可靠性是设计出来的，为从设计源头抓好和规范武器装备的可靠性工作，武器装备的可靠性设计与性能设计必须同步进行，才能保证可靠性设计的相关要求真正得到落实。而当前我国存在可靠性设计与产品设计严重脱节的问题，这主要是由于产品设计师缺乏可靠性设计意识和对可靠性设计技术的了解，使得产品设计过程中未融合可靠性技术，可靠性技术应用流于表面，尤其是针对武器装备产品特点的可靠性设计技术的应用非常匮乏，导致产品薄弱环节的暴露常常滞后于设计，带来设计返工、更改等一系列问题。

（2）可靠性标准体系不够完善。目前，国内可靠性领域已有 GJB1909A、GJB450A 等顶层指导文件，也有 GJB/Z1391、GJB/Z768A、GJB899A 等各可靠性工作项目的指导性文件，但随着新技术、新试验和新方法的出现，原有的可靠性标准体系已不能适应我国武器装备的可靠性工程应用要求，亟须添加新的可靠性标准，并对可靠性标准体系进行新一轮的更新与完善。

（3）可靠性智能化应用较少。当前，国内多家单位开发了 RMS 设计软件，如中国电子科技集团第 5 研究所开发的 CARMES 软件，北京航空航天大学开发的可维 ARMS 软件等，这些软件都提供了可靠性管理和可靠性分配、预计及故障树分析、寿命分析等可靠性设计分析功能，从工程应用角度，能够基本满足武器系统产品的可靠性设计。同时，对有限元分析、热分析、潜在通路分析等可靠性工作项目，各领域也有专门的职能软件，但限于软件配备、可靠性仿真工作推广力度不够等多方面因素，导致目前可靠性设计软件工具在武器系统的研制过程中应用较少，可靠性设计效率低，与外界可靠性发展技术应用现状严重脱节。

（4）可靠性数据的积累和挖掘不足。国外可靠性数据资源建设起步早，积累的数据种类多、成系统，形成的数据手册和数据库较为贴合装备研制实际使用需求，利用率高、影响大，对装备的可靠性设计工作的支撑作用显著。我国数据资源建设起步较晚，积累的数据种类少、数量有限，且形成的数据手册和数据库与装备研制单位的需求存在一定的差距，还不能满足装备研制的需要。另外，武器装备积累的基础信息数据和文件，存在没有实现集中管理、有效分析、资源共享的问题，以往可靠性工作成果基本未能发挥为未来型号设计提供宝贵数据、经验的作用。而只有全面对积累的可靠性数据进行挖掘，找出武器装备设计的薄弱环节、固有缺陷以及故障模式的内在机理，才能从设计源头上解决武器装备的可靠性问题。

1.3.2　维修性工程技术发展现状与发展方向

1. 国外研究现状

维修性工程技术迄今为止大约经历了近 50 年的发展历程。它起源于美国，最初只是作为可靠性工程的一个组成部分，所以有人称维修性工程为高等可靠性工程，或认为广义的可靠性中包含有维修性。但是随着人们对于装备战备完好性和寿命周期费用的逐步重视，发现单纯的提高装备可靠性，并不是一种最有效的工程管理方法，必须综合考虑可靠性及维修性才能获得最佳的工程管理结果。

20 世纪 50 年代中期，随着军用电子设备复杂性的提高，武器装备维修工作量大、费用高，大约每 250 个电子管就需要一个维修人员，美国国防部每天要花 2500 万美元用于各种武器装备的维修，每年约 90 亿美元，占国防预算的 25%。因此，维修性问题引起了美国军方的高度重视。美军对维修性的研究日趋活跃，美国罗姆航空发展中心和航空医学研究所等部门开展了维修性设计研究，提出了设置电子设备维修检查窗口、测试点、显示及控制器等措施，从设计上改进电子设备的维修性。1959 年，美国颁发了有关维修性的第一个军用标准（规范）MIL-M-26512《美国空军航空空间系统与设备维修性要求》，标志着维修性科学的诞生。

20 世纪 60 年代初，维修性的研究重点主要集中在装备设计的维修性特点或技术措施方面，这个时期的代表著作有 1962 年美国陆军器材司令部出版的工程设计手册丛书的《维修性设计指导》。20 世纪 60 年代中后期，维修性的研究开始转向了定量化，提出了以维修时间作为维修性的定量度量参数。通过对维修程度的分析，把维修时间进一步分解为不能工作时间、修理时间和行政延误时间等时间单元，并指出对大部分设备而言，维修时间服从对数正态分布，提出了维修时间分布的平均值和 90% 的百分位值作为维修性的度量参数，为定量预计武器装备的维修性，控制维修性设计过程，验证维修性设计结果奠定了基础。在这个基础上，美国陆、海、空军都分别制定了武器装备维修性管理、验证和预计规范，用于保证所研制的武器装备具有要求的维修性。这个时期维修性的研究着眼于应用概率论和数理统计工具，借鉴可靠性工程的方法，在维修性分配、预计、试验、评定等技术上取得了重大成就，《维修性大纲要求》《维修性验证、演示和评估》《维修性预计》三个维修性技术文件的颁布和实施标志着维修性已成为一门独立的学科。

20 世纪 70 年代，随着半导体集成电路和数字技术的迅速发展，军用电子设备的设计与维修任务发生了很大的变化，设备的自测性、机内测试和故障诊断的概念及重要性引起了设备设计师和维修工程师的关注。电子设备维修的重点已从过去的拆卸及更换转到故障检测和隔离，故障诊断能力、机内测试成为维修性设计的重要内容。20 世纪 80 年代中期，美国国防部颁布《系统及设备维修性管理大纲》《电子系统及设备的测试性大纲》，标志着测试性开始独立于维修性成为一门新的学科。随着维修性、测试性工程技术方法的完善以及在工程实践中应用的不断深入，维修性、测试性技术方法应用的计算机辅助化和智能化的需求开始凸现。20 世纪 90 年代中后期，随着虚拟现实技术和产品数据管理技术的快速发展和广泛应用，维修性工程技术又迎来了一个新的发展机遇。基于虚拟样机进行维修性分析评价和基于并行工程理念把维修性设计与产品传统设计过程进行集成，成为这一时期维修性工程技术研究的突出特征。

2. 国内研究现状

维修在我国有着悠久的历史，也积累了丰富的经验。但由于种种原因，我国对维修性工程技术及其他现代维修学科的研究起步较晚。20 世纪 70 年代后期，我国才开始引进国外先进的维修科学，先后翻译出版《维修工程技术》《维修性工程理论与方法》《维修性设计指导》等文献，编写有关维修工程的教材，提出了装备维修研究的全系统全寿命观点，阐述了维修性的概念、定性定量要求和维修性技术。20 世纪 80 年代空军制定了我国第一套维修性方面的标准《飞机维修品质规范》，军械工程学院编制了国家军用标准《装备维修性通用规范》。这些标准不但提出了维修性定性定量要求，还给出了维修性工程的技术、方法和程序，对推动军用装备维修性工程的研究和应用产生了良好的影响。

20 世纪 90 年代初期，维修性的研究人员在总结相关维修性标准的贯彻实施经验基础上，编著出版了《维修性工程》，标志着已经初步形成了适合我国特色的维修性工程理论与方法体系，形成了具有一定特色的维修性工程学科。随着维修性工程研究和应用的不断深入，维修性标准日趋完善，维修性顶层标准由《装备维修性通用规范》一个标准，演化为"一纲""一标""两手册"，即《装备维修性通用大纲》《维修性试验与评定》《维修性分配预计手册》和《维修性设计手册》，推动了我国维修性工程理论与应用研究的全面开展。

20世纪90年代中后期开始，随着装备型号研制工作对维修性工程技术方法需求的增加，我国维修性工程技术研究步入了计算机辅助设计与分析技术研究的时代。

3. 主要差距及发展方向

尽管我国在维修性工程方面已经做了大量的研究与实践工作，但还是处于起步阶段。在装备建设与发展过程中，对装备维修性的重要性认识还不尽一致，还存在以下差距：

（1）研制阶段没有很好地重视维修性的论证、设计等问题，造成装备部署到部队以后，给保障带来了沉重的负担，如维修时间长、使用效率低、维修费用高等。

（2）维修性论证不够系统化。论证人员一般只是关注从顶层综合指标要求分解下来的可靠性维修性指标要求，但缺少对维修性指标要求的进一步分解研究。

（3）维修性设计分析缺乏综合考虑。随着装备可靠性维修性工作目标的变化，维修性设计分析工作呈现出很强的综合化趋势，需要全面考虑维修性设计与产品传统设计，以及维修性设计与可靠性设计和保障性设计的综合问题。

1.3.3　保障性工程技术发展现状与发展方向

1. 国外研究现状

国外的保障性工程技术是伴随着综合后勤保障而发展的。为了解决装备保障性问题，美国最早提出了综合后勤保障的概念。直至当前，国外综合后勤保障的研究和实践经历了半个多世纪，其整个发展过程大体可分为三个主要阶段，即概念形成和初步发展阶段、全面发展和深化发展阶段以及创新发展阶段。

（1）概念形成和初步发展阶段——初步形成较完整的保障性分析技术。1964年美国颁布《系统和设备的综合后勤保障要求》，1968年改为《系统和设备的综合后勤保障的采办和管理》。这个时期装备保障性工作的特点是强调了装备保障要素的综合开发和研制，并提出要将装备使用保障费用和维修保障费用体现在装备设计过程中，并在研制过程中对装备保障性进行分析、评价和综合，但当时并没有提出保障性的明确定义。1971 年美国颁布军用标准《综合后勤保障大纲要求》，1973 年又在此基础上颁布《后勤保障分析》和《国防部对后勤保障分析记录的要求》两个标准，为改善武器装备的保障性提供了分析工具。

（2）全面发展和深化发展阶段——保障性分析技术的细化与全面应用。20 世纪 80 年代，美军许多新装备的维修和保障工作繁重，装备战备完好性低，引起了美国国防部的重视。美国军方认识到装备保障的问题需要从管理入手，提出需要综合应用保障性分析与评价技术等多种工程技术来解决装备保障的问题。20 世纪 90 年代，美国国防部在总结以往采办经验的基础上，颁布了《防务采办》和《防务采办管理政策》，在其中的一章规定了装备保障的内容，突出强调了保障性分析、保障方案、保障数据和保障资源。在后续颁布的《后勤管理信息要求》《采办后勤》等规范和手册中，强调了保障性的重要性，明确了保障性是装备性能中重要的一项内容，装备保障性分析是系统工程过程中的一个重要组成部分。

（3）创新发展阶段——保障性标准、模型与软件工作的进一步完善。进入 21 世纪之后，由于故障诊断技术、故障预测技术的发展，美国国防部两次修订采办文件，提出了"基于性能的后勤"和"基于性能的保障性"。其中"基于性能的后勤"强调了以用户为中心，以系统战备完好性和任务持续能力为驱动，以用户核心保障能力建设为重点。2003 年颁布《国防部武器系统的保障性设计与评估——提高可靠性和缩小后勤保障规模的指南》，2007 年推出《保障产品数据》，提出装备保障数据是在装备需求分析和装备设计过程中逐步形成的，利用装备保障数据可以辅助进行保障性分析和评价工作，2011 年修订《保障产品数据》，颁布《产品综合保障实施路线图》和《保障产品数据的手册和指南》等，2014 年颁布《"基于性能的后勤"指南》，用于指导制定全寿命周期的保障计划。同时，在保障系统及保障资源建设方面，此时期美国等典型军事强国采取了一系列基于信息化、智能化、网络化的保障技术与手段，以便在产品的使用阶段降低武器装备的保障成本。

2. 国内研究现状

我国装备保障性工程技术的研究和应用，始于 20 世纪 70 年代，主要是依靠引进和吸收美军"维修工程"概念及有关理论，并结合我军装备保障工作的实际情况，进行推广应用。20 世纪 80 年代后期，为了解决我军装备建设中先发展主装备、再考虑配套保障而带来的保障问题，美军的综合后勤保障概念被引入。由于"后勤"概念在国内外的不同理解，国内采用"装备综合保障"或"综合保障"替代了美军

"综合后勤保障"。随着综合后勤保障概念的引入，国内组织研究了大量国外有关综合后勤保障方面的资料，包括美国国防部和三军的系列指令、标准、条例，以及其他一些指导性技术文件，积极跟踪国外综合后勤保障的发展动态，并大力宣传在装备研制过程中同步规划保障问题的理念，开展综合保障工程的重要性开始日益为人们所接受。

20 世纪 90 年代以来，在充分消化、吸收和借鉴国外经验的基础上，结合我国的实际情况，我国先后制定并颁布了 GJB1371《装备保障性分析》、GJB3873《装备保障性分析记录》、GJB3872《装备综合保障通用要求》、GJB1378《装备预防性维修大纲制定要求与方法》、GJB2961《修理级别分析》、GJB4355《备件供应规划要求》、GJB5238《装备初始训练与训练保障要求》等一系列国家军用标准，初步建立了国内装备保障性军用标准体系。同时，出版了《可靠性维修性保障性总论》《综合保障工程》和《装备保障性工程与管理》等一系列的著作，为装备保障性工程理论与技术研究，以及装备型号研制过程中开展装备保障性工作打下了坚实的基础。

3. 主要差距及发展方向

由于我国装备保障性工程工作开展得比较晚，国防科技工业的基础能力也相对薄弱，装备保障性工程技术仍难以适应当前装备发展的需求。主要体现在以下几个方面：

（1）装备保障性基础理论研究薄弱。装备保障性工程作为引进的概念，长期以来研究工作的重点放到了美军标准体系的消化吸收、制定以及标准的工程应用方面，而对装备保障性基础理论问题的研究并没有引起足够的重视。例如，装备保障系统的设计与研制，是典型的复杂系统问题，这个复杂系统的运行规律、系统各层次所表现出的涌现性以及装备作战单元与保障系统之间的匹配机理等问题，都没有进行过深入的研究。

（2）保障性标准体系建立不够完善。虽然我国已针对保障性工程顶层要求、保障性分析方法、保障资源筹建等方面，发布了不同系列的军用标准，但各项标准尚不能构成一个比较成熟完善的体系，仍需对保障性工程其他方面的相关标准进行补充，并对其中较旧的标准进行新一轮更新，以适应我国武器装备保障性工程发展的最新需求。

（3）保障性智能化设计仍处于起步阶段。虽然我国大部分装备都已进行保障性分析及设计工作，但各军兵种对保障性方面的工作仍处于纸面状态，保障方案和保障系统的设计和使用仍处于较低水平，各种信息化、智能化设计模型大多未被实际工程应用采纳。近年来，国内外开发的各种大型综合保障集成平台，虽已陆续被引入到各装备研制部门，但使用情况却流于表面，远未达到为装备保障性设计及应用发挥智能优势的目的。

1.4　舰船装备维修保障工程的新技术需求

如前所述，装备维修保障工程技术在经过国内装备保障行业几代人的持续共同努力后，现阶段已在装备维修保障工程建模、设计、分析、仿真、资源优化配置以及全寿命管理等方面，取得了诸多可喜成绩和成熟研究成果，且部分研究成果已在近些年的国防现代化和航空航天现代化建设中发挥了不可替代的作用。但纵观以往装备维修保障工程对于装备对象的选择来看，还多局限于组成结构、运行状态、使用环境不尽复杂的传统装备。而随着当前装备科技创新的高速发展，以及军事行动全球化对于装备使用提出的特殊要求，大型化、复杂化、精密化、高集成、多环境使用等，已几乎成为当今主流军事装备的基本设计要求。对于常年处于海洋任务环境下的舰船装备而言，这几类基本设计要求更是尤为突出。此种情况下，如果再完全沿用以往的装备维修保障工程技术经验，开展舰船装备日常维修保障工作，显然在部分特殊保障要求作用下，已不合时宜，甚至可能还会适得其反。因此，亟须进一步补充、丰富、完善更契合现代舰船装备使用特点与保障特点的舰船装备维修保障工程新技术与新理论。

1.4.1　舰船装备维修保障工程的技术特点

舰船装备作为现代各项前沿工程技术的高度融合体，具备系统化程度高、复杂程度大、环境适应性强、可靠性要求高等诸多特点。且随着我国军事海防战略的转型发展（由"近海防御"转向"远海防卫"），舰船装备长期遂行远海军事化任务的需求愈加迫切，相关装备的使用强度远高于传统装备的使用预期，使用环境也常常接近传统装备的使用极限。为此，面向新形势与新需求，与之相应的舰船装备维修保障工程技术活动也呈现出诸多新的技术特点。

（1）保障建模更复杂

现代舰船大多以大型复杂系统的结构形式存在，内含多个子系统或子单元，数量可能成百上千。各级子系统或子单元间的物理耦合关联多样，且相关故障传递逻辑不局限为简单的串联、并联或串并混联关系，类似 k/n 表决关系、m/n 冷储备关系、网络储备关系以及非单调关联关系等，已屡见不鲜、普遍存在。同时，现代舰船所包含的装备种类繁多，既有改装上船的陆用装备，又有保障舰载机的空用装备，还有大量满足海洋环境使用特点的船舶专用装备。由此，舰船装备保障建模工作面向的研究对象种类繁多、数量庞大，不同对象间的相互关系也更复杂，相关建模工作量与建模难点均远超过常规装备。

（2）状态评估更困难

为满足舰船装备多种用船状态下的特殊需求，现代舰船装备的研制与生产中，经常会采用多种新材料、新工艺与新技术，这往往致使最终装舰产品的运行状态呈现时变多态的技术特征。具体表现在两个方面：一是运行状态复杂，子系统或子单元的状态性能输出多呈现高维度、易时变的特征，且系统寿命期间不同状态间的跃迁活动频繁、诱发关系复杂；二是状态性能刻画复杂，子系统或子单元的状态性能输出多具备随机时变特征，精确化观测难度大，且实现解析解算困难，多需数值解算，但往往对计算资源依赖的程度较高。为此，与常规的基于二元状态逻辑的装备相比，舰船装备无论是在技术状态刻画上，还是在技术状态评估层面，均亟须寻求技术上的突破。

（3）修理实施管控更不易

鉴于舰船装备的特殊使用用途和遂行任务要求，常年会处于高温、高湿、高盐度、高霉菌、高油雾、强太阳辐射、大风浪等恶劣海洋应力环境，相关装备经长期使用后，技术状态大都会产生劣变反应，且劣变规律往往还会因各自年度履行任务的经历不同而大相径庭。因此，很难基于传统的机电、电气、电子类装备保障经验，给出完全契合舰船装备海上使用特点的装备计划修理和非计划修理策略。如何综合考虑舰船装备总体技术状态，合理安排舰船计划修理周期，确保舰船战备完好状态长期保持？如何兼顾年度多样化任务用船需求，合理制定不同舰船装备的计划修理策略，确保装备修理最佳综合效益？如何灵活把握舰船装备在航期间的修理工程深度，合理控制相关装备的非计划修理工程范围，确保舰船装备在航遂行任务能力及时恢复？均是舰船装备维修保障工程亟须解决的特有技术瓶颈问题。

（4）配套保障资源规划与建设更具挑战

舰船装备与陆用装备和空用装备不同，其自持力要求极高，部分舰船甚至要求长期遂行 180 天左右的海上任务活动，如何确保 180 天任务期内舰船装备在有限保障资源支撑下战备完好状态的稳定保持和及时恢复，这对配套保障资源的规划与建设而言，将是一个极大的挑战。首先，对于随舰保障资源的规划与建设来说，由于舰船自身的保障资源约束条件极为苛刻，可供利用的随舰修理器材、工具、仪器、设备及设施的舱储空间极其有限，如何做好恰当的取舍，最大限度提升本舰的自保障能力，具有较大的技术难度。其次，对于海上伴随保障资源的规划与建设来说，由于历次伴随保障任务的保障对象往往是变化的（随历次任务编队的实际编成而变），并不针对单一型号舰船，因此，海上伴随保障资源的规划与建设不仅要考虑海上伴随保障舰船自身的保障资源约束问题，还要进一步站在编队舰船全局的角度，考虑编队公用保障资源的统筹安排与综合调度，相关保障资源建设工作技术难度显而易见。最后，对于岸基保障资源规划与建设来说，它一方面是对随舰保障资源和伴随保障资源的坚实补充，另一方面还是支撑舰船装备保障能力生成的底线力量。同时，它不但要考虑在航期间随舰保障力量与伴随保障力量不能有效解决的一系列舰船装备保障问题，做好相关技术储备、补充力量培养与前出支援工作，还要综合兼顾不同舰船装备不同时期的等级修理现实需求，做好配套的人员、设施、器材、设备、技术资料、经费等筹备与实施工作，且工作量巨大、技术标准要求高。综上所述，如何科学面对随舰、伴随和岸基保障资源的规划与建设需求，科学筹划不同层级的保障资源，实现舰船装备保障资源的全局优化决策，无论是在优化特征的识别上，还是优化算法的选择上，都极具技术挑战。

（5）对于维修保障前沿技术的需求更迫切

舰船装备作为未来可能被普遍用于遂行全球化军事任务的重要装备，"战场无亚军"的严酷军事竞争环境，致使其无论是在核心设备研发技术的选择上，还是在配套保障策略的决策与实施上，都必须紧跟相关领域的技术"风点"与研究前沿，否则很难在未来的全球化军事竞争中占有一席之地。为此，直接与舰船装备遂行任务能力生成密切相关的装备维修保障工程技术，也必须及时调整自身的技术发展方向，时刻关注装备维修保障领域的前沿技术和热点技术，力求不掉队、不被淘汰。当前，通用装备保障领域的在线健康状态监测、信息大数据管理、保障决策方案智能云计算、关键零部件 3D 打印与战场应急再制造等先进前沿维修保障技术，已纷纷蓬勃发展，并逐步走向成熟，而舰船装备维修保障工程技术作为一类面向更为苛刻约束条件的装备维修保障工程技术，更是应在相关前沿领域加速疾跑、寻求突破。

1.4.2　舰船装备维修保障工程的新技术需求

为契合前述舰船装备维修保障工程技术发展的新特点，笔者分别从装备保障特性设计、装备在航技术状态评估、装备等级修理过程管控、装备保障资源科学筹划与建设、装备保障前沿技术合理应用等方面，进一步聚焦舰船装备维修保障工程的新技术需求如下：

（1）舰船装备保障特性建模、分析与设计技术

为应对舰船装备结构复杂，组部件种类繁多、数量庞大、耦合关系多变，保障特性建模难度远超常规装备的技术现实，舰船装备维修保障工程需针对性发展大型装备复杂系统的保障特性建模、分析与设计新技术。为此，书中选择"舰船装备保障特性一体化设计技术"和"舰船装备多状态可靠性建模与分析技术"两项新技术专题，进行详细阐述，以期在舰船装备立项论证和研制早期，就将契合舰船装备复杂系统特点的保障特性设计要求，切实融入装备设计要求中，确保后期生产交付的各型舰船装备，可保障、易保障、好保障。

（2）舰船装备在航技术状态评估技术

为应对舰船装备运行状态多变、解算评估困难，故障预测与状态管理工作远比常规装备复杂的技术现实，舰船装备维修保障工程需针对性发展大型装备复杂系统的在航技术状态评估新技术。为此，书中选择"舰船装备在航技术状态评估技术"新技术专题，进行详细阐述，以期在舰船装备常态化使用期间，实时准确把握相关关重装备的技术状态变更态势，并尽早发现其潜在故障苗头，及时实施针对性整改与纠错措施。

（3）舰船装备等级修理优化决策与综合管控技术

为应对舰船装备使用环境恶劣、遂行任务要求特殊，难以依赖传统机电、电气、电子类装备保障经验，合理推定其各级等级修理的修理间隔、修理范围和修理深度的技术现实，舰船装备维修保障工程需针对性发展大型装备复杂系统的等级修理优化决策与组织实施新技术。为此，书中选择"舰船装备等级修理结构优化技术"和"舰船装备等级修理综合管控技术"两项新技术专题，进行详细阐述，以期科学决策舰船装备各级等级修理时机，合理安排不同修别的修理工程范围与修理深度，

确保舰船装备各级等级修理综合效益得以充分发挥。

（4）舰船装备保障资源建设需求分析技术

为应对舰船装备遂行海上任务期间保障对象多、任务繁重，保障风险高，自持力要求压力大，较难在有限保障资源支撑下长期保持战备完好状态的技术现实，舰船装备维修保障工程需针对性发展大型装备复杂系统的保障资源建设需求分析新技术。为此，书中选择"舰船装备保障资源需求分析技术""舰船装备维修器材需求分析与储供优化技术"和"面向任务的舰船装备携行器材保障方案优化与评估技术"三项新技术专题，进行详细阐述，以期合理规划舰船装备遂行海上任务期间保证各项维修保障工程活动高效顺畅实施的配套保障资源建设需求，包括初始保障资源建设需求、器材多层级储供链建设需求、专项维修保障能力强化需求和维修保障信息化管理建设需求等，从而确保舰船装备在航期间战备完好状态的最佳保持。

1.4.3　舰船装备维修保障工程的新技术体系

为方便读者明晰本书所述舰船装备维修保障工程的新技术需求，同时也为便于读者了解本书的编写脉络和各章节内容安排情况，笔者以图示形式进一步勾画了舰船装备维修保障工程的新技术体系，如图 1-2 所示。

需要说明的是，书中研究内容，主要面向长期从事舰船装备维修保障工程的技术人员和维修决策人员，有关维修保障工程的基础理论和基本常识，书中不做过多介绍。此外，书中诸多理念，如多状态可靠性建模、多层级器材储供、复杂装备系统保障性分析、面向任务的保障方案优化与评估等，均为近些年来维修保障工程领域研究的前沿问题，有关问题的认知和理解，需有一定的维修保障工程专业基础。最后，编撰本书的主要目的是，发展舰船装备维修保障工程新技术，丰富现代舰船装备维修保障工程分析、设计与应用理论，为有关舰船装备维修保障工程活动的科学高效实施，提供理论支撑和技术借鉴。书中展现的相关舰船装备维修保障工程新技术，多为站在"行业巨人肩膀"所得，是对舰船装备维修保障工程前沿领域成果的继承和发扬。

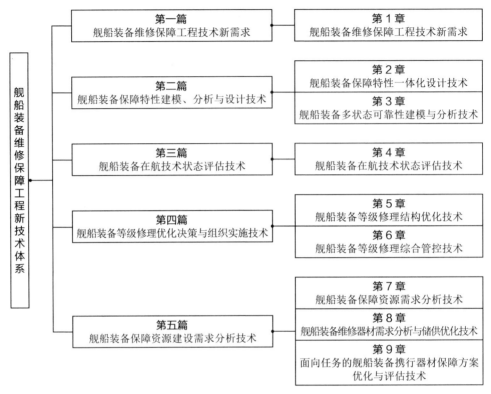

图 1-2 舰船装备维修保障工程新技术体系

第二篇
舰船装备保障特性建模、分析与设计技术

"产品可靠性是设计出来的、生产出来的、管理出来的。"

——钱学森

本书的第二篇，站在装备设计研制人员的角度，论述与舰船装备优良固有保障特性生成相关的建模、分析与设计技术。接下来的章节，将涉及如下问题：

（1）影响装备维修保障成效的固有保障特性有哪些什么？相互关系如何？

（2）能够有效融合不同保障特性的舰船装备一体化设计技术内核和技术框架有哪些内容？

（3）什么是舰船装备维修保障一体化协同仿真技术？

（4）什么是舰船装备维修保障一体化综合集成技术？

（5）能够有效提升保障特性分析颗粒度的舰船装备多状态可靠性建模理论有哪些内容？

（6）什么是多状态马尔可夫过程分析方法？

（7）基于马尔可夫过程的舰船装备多状态可靠性建模与分析的主体技术内容有哪些？

（8）什么是多状态通用生成函数分析方法？

（9）基于通用生成函数的舰船装备多状态可靠性建模与分析的主体技术内容有哪些？

这些问题的回答，有助于在装备设计研制早期，通过优良的设计分析技术手段，较大概率赋予舰船装备优良的固有保障特性。

Chapter 2

第 2 章 | 舰船装备保障特性一体化设计技术

　　装备保障特性是指与装备保障工作活动密切相关的一类通过合理设计可以赋予装备的固有属性。与装备保障工作活动密切相关的装备固有属性有很多种，工程上，根据装备保障特性设计工作关注的重点不同，可将其分为可靠性、维修性、测试性、保障性、安全性、环境适应性等。装备保障特性设计工作非常重要，将直接影响装备服役使用阶段的遂行任务效能，以及装备全寿命周期内的各项费用支出总和。同时，装备保障特性设计工作还会反作用于装备功能设计与性能设计工作，是装备整体设计方案优选的关键技术约束条件。因此，好的装备保障特性设计，既有利于装备遂行任务效能的充分发挥，又有益于装备全寿命周期内优良经济性的长期保持，且是装备整体设计中不容忽视的一个关键环节。

　　现阶段，有关装备保障特性设计领域的研究工作已有很多，例如传统的装备"六性"设计、"通用质量特性"设计、RMS 工程设计等，但从具体的研究内容、研究方法与研究手段来看，大都还是分别针对可靠性、维修性、保障性、安全性等保障特性单一因素开展的"封闭"式研究，对于综合考虑不同保障特性因素间相互作用的"协同"式和"集成"式研究内容还较少见。而从装备保障特性设计的综合成效来看，孤立地开展装备可靠性、维修性、保障性、安全性等保障特性设计研究，往往并不能获得装备及其配套保障系统设计的最佳结果，尤其是对于存在互相制约关系的保障特性因素（如可靠性与维修性，维修性与保障性等）而言，如果过于偏颇地追求某一保障特性因素的设计成效，很可能会导致其他与其匹配的保障特性因素在工程实现上的技术困难，或者为持续运行其配套保障系统所必须长期承受的人力、物力以及经费过高压力。

　　舰船装备作为一类海上自保障能力要求极高的大型装备复杂系统，更是应在可靠性、维修性、测试性、保障性、安全性、环境适应性等保障特性因素的设计工作层面上，给予高度重视，把好相关装备的源头设计关。为此，本章在传统的装备保障特性工程设计技术基础上，紧紧扭住"协同"和"集成"两条设计主线，探索一种能够有效改良舰船装备保障特性最终设计成效的工程设计新技术——"舰船装备保障特性一体化设计技术"。

2.1　几类装备保障特性

1. 可靠性（Reliability）

GJB451A—2005《可靠性维修性保障性术语》中将可靠性定义为"装备（系统、子系统、设备、组件、部件或元器件）在规定的条件下和规定的时间内，完成规定功能的能力。"美国国防部指令《国防采办管理政策和程序》中则将可靠性定义为"系统及其组成部分在无故障、无退化或不要求保障系统的情况下执行其功能的能力。"

工程上，基于关注问题的重点不同，又将装备可靠性做以下分类：

（1）固有可靠性和使用可靠性

其中，固有可靠性（Inherent Reliability）指通过设计和制造赋予装备的，并在理想的使用和保障条件下所具有的可靠性；使用可靠性（Operational Reliability）指装备在实际的环境中使用时所呈现的可靠性，它反映装备设计、制造、使用、维修、环境等因素的综合影响。

（2）基本可靠性和任务可靠性

其中，基本可靠性（Basic Reliability）指装备在规定的条件下和规定的时间内，无故障工作的能力。基本可靠性反映装备对维修资源的要求，讨论基本可靠性时，应统计装备的所有寿命单位和所有关联故障。工程上，通常选用平均故障间隔时间（Mean Time between Failures，MTBF）来度量装备的基本可靠性，其度量方法为：在规定的条件下和规定的时间内，装备寿命单位总数与故障总次数之比。

任务可靠性（Mission Reliability）指装备在规定的任务剖面内完成规定功能的能力。这里任务剖面（Misssion Profile）指装备在完成规定任务这段时间内所经历的事件和环境的时序描述。任务可靠性反映装备为完成任务所必须保持的任务功能能力，讨论任务可靠性时，仅统计那些任务期间影响任务完成的致命性故障。工程上，通常选用平均致命故障时间（Mean Time between Critical Failures，MTBCF）来度量装备的任务可靠性，其度量方法为：在规定的一系列任务剖面中，装备任务总时间与致命故障总次数之比。

2. 维修性（Maintainability）

GJB451A—2005《可靠性维修性保障性术语》中将维修性定义为"装备在规定的条件下和规定的时间内，按规定的程序和方法进行维修时，保持或恢复到规定状态的能力。"维修性是表征装备维修简便、迅速和经济程度的特性，维修性的好坏关系着维修所需的人力、时间以及资源消耗。工程上，通常选用装备在不同维修级别上的平均修复时间（Mean Time to Repair，MTTR）来度量装备的维修性，其度量方法为：在规定的条件下和规定的时间内，装备在规定的维修级别上，修复性维修总时间与该级别上被修复装备的故障总数之比。这里维修级别（Maintenance Level）指根据装备维修时所处的场所或实施维修的机构来划分的等级，一般分为基层级、中继级和基地级。

3. 测试性（Testability）

GJB451A—2005《可靠性维修性保障性术语》中将测试性定义为"装备能及时并准确地确定其状态(可工作、不可工作或性能下降)，并隔离其内部故障的能力。"测试性是表征装备便于监控其状况、易于检查和测试的特性，测试性的好坏在很大程度上影响装备维修性的好坏。工程上，通常选用故障检测率（Fault Detection Rate，FDR）、故障隔离率（Fault Isolation Rate，FIR）、虚警率（False Alarm Rate，FAR）等参数来度量装备的维修性。其中，故障检测率的度量方法为：用规定的方法正确检测到的故障数与故障总数之比，用百分数表示；故障隔离率的度量方法为：用规定的方法将检测到的故障正确隔离到不大于规定模糊度的故障数与检测到的故障数之比，用百分数表示；虚警率的度量方法为：在规定的时间内发生的虚警数与同一时间内故障指示总数之比，用百分数表示。

4. 保障性（Supportability）

GJB451A—2005《可靠性维修性保障性术语》中将保障性定义为"装备的设计特性和计划的保障资源满足平时战备完好性和战时利用率要求的能力。"这里装备的设计特性指与装备保障工作密切相关的设计特性，包括可靠性、维修性、测试性、安全性、环境适应性等；计划的保障资源指与装备保障工作实施密切相关的人力资源、物质资源和信息资源，具体包括人力人员、保障设施、保障设备、技术资料、备品备件、计算机保障资源等。

有别于可靠性、维修性、测试性等其他装备保障特性，工程上，对于装备保障性的度量刻画，一般分为保障综合、保障设计和保障资源三个层面。其中，保障综合层面通常选用可用度（Availability）、装备完好率（Materiel Readiness Rate，MRR）、平均保障延误时间（Mean Logistics Delay Time，MLDT）、寿命周期费用（Life Cycle Cost，LCC）等参数来度量装备保障性；保障设计层面直接引用可靠性、维修性、测试性等相关度量参数来度量装备保障性；保障资源层面通常选用备件利用率（Spare Part Utilization Rate，SPUR）、备件满足率（Spare Part Satisfaction Rate，SPSR）等参数来度量装备保障性。

5. 不同装备保障特性间的关联关系

前述装备可靠性、维修性、测试性、保障性等保障特性之间的关联关系，如图2-1所示。

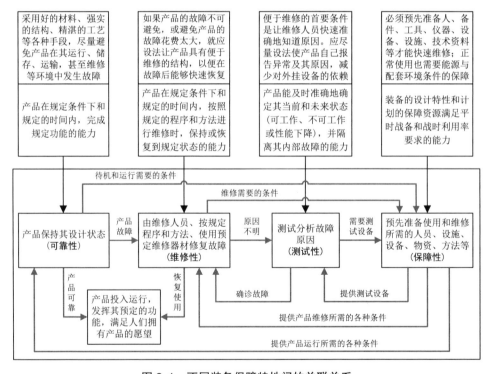

图2-1　不同装备保障特性间的关联关系

读图2-1可知：装备可靠性与维修性、可靠性与保障性、维修性与测试性、维修性与保障性、测试性与保障性之间，都存在相互关联，并在一定程度上互为约束关系。装备可靠性设计的目的是设法避免装备发生故障，但如果无法避免故障或避免故障的代价太大，这就需要针对装备可能面临的诸项维修需求开展装备维修性设计。装备维修性设计的目的是设法使装备具有便于维修的结构，以便在故障发生后能够快速恢复其正常技术状态，而快速恢复的前提是能够快速检测、隔离、诊断装备故障，这就需要针对不同故障原因开展装备测试性设计。装备测试性设计的目的是设法使装备能够自主报告其故障状态、故障原因和故障位置，这就需要配置或研发相关装备故障监测、检测与诊断设备。而无论是保持装备正常技术状态，还是装备故障后的检测、隔离、诊断、修理、调试等工作活动实施，这又是装备保障性设计中关于保障资源配置所需重点考虑的技术内容。此外，如果装备保障性设计中发现需要建设的保障资源难以获得或长期获得所需花费的代价太大，则会对装备的可靠性设计、维修性设计、测试性设计等产生工程应力反馈，进而迫使工程技术人员重新权衡、调整相关装备保障特性的预期设计状态。综上所述，装备可靠性、维修性、测试性、保障性等保障特性设计工作，互为设计输入与设计输出，环环相扣、约束紧密，孤立地开展某一项装备保障特性的设计，显然不能在全局层面获得装备的最佳保障特性。因此，应将不同装备保障特性视为"一体"考虑，综合权衡不同设计特性的工程需求与现实瓶颈，才能确保相关装备的保障特性设计工作收获最佳的设计效果。

2.2 舰船装备保障特性一体化设计

2.2.1 装备一体化设计理念

一体化设计（Integrated Design）是并行设计、协同设计、多学科设计优化发展到一定阶段的综合产物。由于研究的对象、方向和兴趣不同，学术界对一体化设计还未形成一个统一的认识，也没有一个权威的公认定义。装备一体化设计与并行设计、协同设计、多学科设计优化等设计方法在研究内容上存在着交叉，有着共同的最终研究目标，即通过设计优化获得装备的最优解，最终缩短装备设计周期、提高装备质量、降低装备成本。它们的区别仅在于研究的侧重点、角度和实施方法不同。在借鉴这三种设计方法的基础上，装备一体化设计可以定义为：在并行设计、协同设计、多学科设计优化等先进设计理念的支持下，各类设计人员协同工作，综合考虑设计过程所涉及的各个环节、各类学科专业以及装备寿命周期各阶段间的相互关系、相互影响，在构建的网络环境中集成地设计复杂装备及其相关过程的系统化方法。它注重设计的整体性，以获得装备设计整体最优解为目标，在结构、性能、布局、强度、可靠性、维修性、保障性和寿命周期费用等多方面进行综合分析和协调权衡，从而最终提高装备质量、设计效率，缩短设计周期，降低装备成本[5]。现代舰船装备组成结构庞大、内部各单元作用关系复杂、工作运行环境恶劣、保障效能要求高，且其保障特性设计过程中需综合权衡的工程设计因素颇多，为此，尤其需在舰船装备保障特性设计的各关键工作环节中，引进一体化设计理念。

2.2.2 装备保障特性一体化设计基本流程

基于一体化设计理念的装备保障特性一体化设计工作基本流程，如图2-2所示。

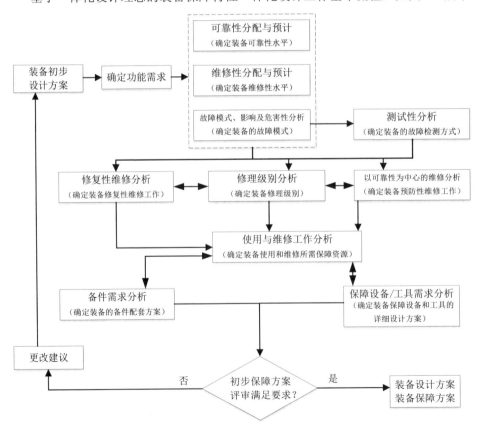

图2-2 保障特性一体化设计工作基本流程

读图 2-2 可知，装备保障特性一体化设计工作的基本流程如下：

首先，根据装备初步设计方案（含装备功能设计、性能设计与保障特性设计内容），确定装备各部组件的功能需求，进而开展装备的可靠性分配与预计、维修性分配与预计，以及故障模式、影响及危害性分析（Failure Mode Effects and Criticality Analysis，FMECA），用于确定装备拟达到的可靠性和维修性水平，以及装备使用过程中可能潜在的各种故障模式、故障原因、故障影响、故障严酷度等级及其危害程度，并针对导致不同故障模式发生的故障原因，进一步开展基于故障机理的装备测试性分析，用于确定检测装备故障的最有效方式。

之后，针对装备的每一项故障模式，开展故障修复性分析、以可靠性为中心的维修性分析（Reliability-Centered Maintenance Analysis，RCMA）和修理级别分析（Level of Repair Analysis，LORA），用于确定装备使用过程中拟需开展的全部修复性维修项目和预防性维修项目，以及不同维修项目的最佳修理级别主体，并就实施不同维修项目的具体工作类型、工作频率、工作间隔期等给出初步判别。

随后，基于前述 FMECA、RCMA 和 LORA 的分析结果，开展装备全部维修项目的使用与维修工作分析（Operation and Maintenance Task Analysis，O&MTA），以及备件需求分析和保障设备 / 工具需求分析，用于明确实施每一维修项目的具体技术步骤，及其所需提供的必备保障条件，具体包括人力人员、备品备件、耗材、修理工装具、仪器仪表、设备、设施、技术资料等不同保障资源的配置品种、数量和修理级别建议。

最后，综合 FMECA、RCMA、LORA 和 O&MTA 的分析结果，形成装备保障初步方案，并开展专题评审，用于评判初步保障方案是否满足期望的使用保障、维修保障及经济性要求：若满足要求，则完成装备保障特性一体化设计，并同步形成装备的设计方案和保障方案；若不满足要求，则反馈更改建议，重新调整装备初步设计方案（含装备功能设计、性能设计与保障特性设计内容），再次开展下一循环的装备保障特性一体化设计工作流程。

2.2.3　舰船装备保障特性一体化设计技术框架与关键技术

借鉴前述装备一体化设计的理念，同时综合考虑舰船装备自身使用与维修保障特点，以及舰船装备可靠性、维修性、测试性、保障性等不同保障特性设计间的相互关系与现存问题，给出实现舰船装备保障特性一体化设计的技术框架，如图 2-3 所示。

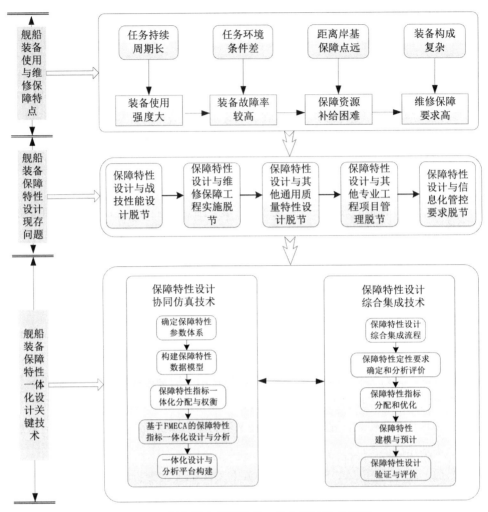

图 2-3　舰船装备保障特性一体化设计技术框架

读图 2-3 可知，舰船装备使用与维修保障工作主要面临着"任务持续周期长，装备使用强度大""任务环境条件差，装备故障率较高""距离岸基保障点远，保障资源补给困难""装备构成较复杂，维修保障要求高"等技术特点，且舰船装备保障特性设计工作与战技性能设计工作、维修保障工程实施工作、其他通用质量特性设计工作、其他专业工程项目管理工作、信息化管控要求工作等都尚存部分技术脱节问题。为此，为契合舰船装备保障工作特点，打通舰船装备保障特性设计工作与其他综合保障（技术保障）工作的交互脉络，切实推行舰船装备保障特性的一体化设计，需要重点围绕"保障特性设计协同仿真"和"保障特性设计综合集成"两个方面，开展深度技术研究。

2.3　舰船装备保障特性一体化设计协同仿真技术

2.3.1　以可用度为中心的舰船装备保障特性指标一体化分配与权衡

1. 可用度指标

GJB451A—2005《可靠性维修性保障性术语》中将可用性定义为"装备在任意时刻需要和开始执行任务时，处于可工作或可使用状态的程度。"可用性的概率度量称为可用度。可用度是一类能够综合反映装备保障特性的度量指标，其量值能够综合反映装备的可靠性、维修性、测试性和保障性等保障特性设计水准，因此备受装备管理决策人员和装备研发技术人员的重点关注。

舰船装备作为海上遂行任务的重要支柱力量，不仅要求有较高的可靠性，还要求发生故障时能尽快修复，使之处于可用状态。在舰船装备的研制阶段，一般选用固有可用度（Inherent Availability，A_{I}）约束待研舰船装备的保障特性综合设计水准。固有可用度是仅与工作时间和修复性维修时间有关的一种可用性参数，其一种度量方法如式（2.3.1）所示。

$$A_{\mathrm{I}} = \frac{\mathrm{MTBF}}{\mathrm{MTBF+MTTR}} \tag{2.3.1}$$

式（2.3.1）中，MTBF 为平均故障间隔时间，MTTR 为平均修复时间。其中，MTBF 是装备固有可靠性的量度，由规定条件下和规定时间内，装备寿命单位总数与故障总次数之比来计算；MTTR 是装备固有维修性的量度，由规定条件下和规定时间内，在规定维修级别上，修复性维修总时间与该级别上被修复装备的故障总数之比来计算。为方便描述，书中后续内容，如无特殊说明，所述可用度均指固有可用度。

2. 几类常见系统的可用度计算

（1）串联系统

在串联系统中，系统内部所有单元必须同时正常运行，整个系统才可以正常运行。如图 2-4 所示，假设串联系统由 n 个单元组成，第 j 个单元的可用度为 $A_{\mathrm{I}j}$，$j=1,2,\cdots,n$，$n\in N$，且各单元的故障规律和修复规律相互独立，则串联系统的可用度可由式（2.3.2）计算。

图 2-4 串联系统可用度计算框图

$$A_{\mathrm{I}} = \prod_{j=1}^{n} A_{\mathrm{I}j} \tag{2.3.2}$$

（2）并联系统

并联系统由 2 个或者 2 个以上单元并联组成，只有当系统内部所有单元均故障时，系统才会故障。如图 2-5 所示，假设并联系统包含 n 个单元，第 j 个单元的可用度为 $A_{\mathrm{I}j}$，$j=1,2,\cdots,n$，$n \in N$，且各单元的故障规律和修复规律相互独立，则并联系统的可用度可由式（2.3.3）计算。

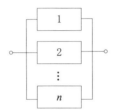

图 2-5 并联系统可用度计算框图

$$A_{\mathrm{I}} = 1 - \prod_{j=1}^{n} (1 - A_{\mathrm{I}j}) \tag{2.3.3}$$

（3）k/n 表决系统

所谓 k/n 表决系统是指，系统由 n 个单元组成，n 个单元中至少应保持有 k 个单元正常工作，才能确保系统正常工作，简记为 k/n（G）。如图 2-6 所示，假设 k/n（G）系统第 j 个单元的可用度为 $A_{\mathrm{I}j}$，$j=1,2,\cdots,n$，$n \in N$，且各单元的可用度完全一致，则 k/n（G）系统的可用度可由式（2.3.4）计算。

$$A_{\mathrm{I}} = \sum_{j=0}^{n-k} \frac{n!}{j!(n-j)!} A_{\mathrm{I}j}^{n-j} \times (1 - A_{\mathrm{I}j})^{j} \tag{2.3.4}$$

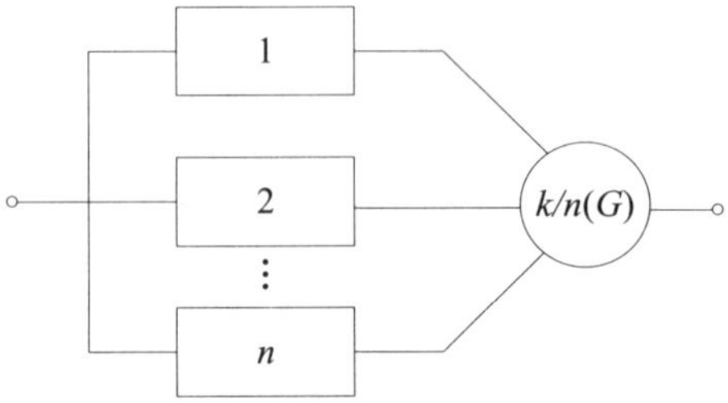

图 2-6 k/n 表决系统可用度计算框图

3. 可用度指标分配模型

舰船装备研制过程中，可用度指标的分配方法有很多种，这里仅就"等分分配法"与"评分分配法"两种情况进行说明。

（1）等分分配法

此时认为舰船装备各组成单元的复杂度、技术发展水平、重要度、工作承受的环境条件等是完全一致的，应将系统层面的可用度指标 A_{I} 等分至各组成单元 $A_{\mathrm{I}j}$，因此对于串联系统有

$$A_{\mathrm{I}j} = \sqrt[n]{A_{\mathrm{I}}} \tag{2.3.5}$$

对于并联系统有

$$A_{\mathrm{I}j} = 1 - \sqrt[n]{1 - A_{\mathrm{I}}} \tag{2.3.6}$$

对于 k/n（G）系统有

$$\begin{cases} f(A_{\mathrm{I}j}) = \sum_{j=0}^{n-k} \dfrac{n!}{j!(n-j)!} A_{\mathrm{I}j}^{n-j} \times (1 - A_{\mathrm{I}j})^{j} \\ A_{\mathrm{I}j} = f^{-1}(A_{\mathrm{I}j}) \end{cases} \tag{2.3.7}$$

式（2.3.7）中，$f^{-1}(\cdot)$ 代表函数 $f(\cdot)$ 的逆函数。等分分配法虽然简单，但就工程实践经验来看，并不完全合理。舰船装备的研发任务千差万别，不同组成单元也都具备自身研发领域的发展特点，因此，相关复杂度、技术发展水平、重要度和工作环境条件等约束因素，不可能总是完全一致的。

（2）评分分配法

此时认为舰船装备各组成单元的复杂度、技术发展水平、重要度、工作承受的环境条件等并不完全一致，需要根据各组成单元的实际情况，恰当地选择相关组成单元的可用度指标分配值。这里鉴于篇幅所限，仅就串联系统情况讨论如下。

假设串联系统由 n 个单元组成，各组成单元的复杂度、技术发展水平、重要度、工作环境条件等并不尽一致，相关可用度指标分配期望权重值，需经过综合评分后权衡确定。具体综合评分原则，参见表 2-1。

表 2-1　可用度分配权重综合评分原则

序号	综合评分因素	评分原则	备注
1	复杂度	根据组成单元自身的零部件或元器件数量，以及组装的难易程度评定，最复杂 1 分，最简单 10 分	$l=1$

序号	综合评分因素	评分原则	备注
2	技术发展水平	根据组成单元目前的技术水平和成熟程度来评定，水平最低 1 分，最高 10 分	$l=2$
3	重要度	根据组成单元重要度来评定，重要度最低 1 分，最高 10 分	$l=3$
4	环境条件	根据组成单元所处的环境条件来评定，工作过程中会经受极其恶劣而严酷的环境条件 1 分，环境条件最好 10 分	$l=4$

取得各组成单元面向不同评分因素的综合评分值 r_{jl} 后，即可利用式（2.3.8）解算分配舰船装备不同组成单元的可用度指标 A_{1j}。

$$\begin{cases} A_1 = \prod_{j=1}^{n} C_j A_{1j} \\ C_j = \dfrac{\omega_j}{\omega_x} \\ \omega_j = \prod_{l=1}^{q} r_{jl} \end{cases} \quad (2.3.8)$$

式（2.3.8）中，ω_j 为第 j 个组成单元的综合评分值，ω_x 为组成单元综合评分基值（$x \in \{1,2,\cdots,n\}$），q 为综合评分因素的总个数，C_j 为第 j 个组成单元的可用度分配权重。

4. 可用度指标一体化分析

由前述可用度分配模型可知，满足舰船装备可用度要求 A_1 的组成单元可用度 A_{1j} 的分配方案并不是唯一的，工程设计过程中，往往总是先在不同分配解中选取一类比较容易实现的分配方案，进行初期试错。之后，根据现实市场可以实现的可靠性与维修性产品信息，逐步调整优化，并进行一体化分析，进而最终确定舰船装备各组成单元的可用度分配方案。这里给出开展舰船装备可用度指标一体化权衡分析的几条原则如下：

原则 1：若经市场选择后，初期分配的组成单元可用度集合 $\{A_{11},A_{12},\cdots,A_{1n}\}$，不足以满足舰船装备预期可用度 A_1 的指标要求，则应优先考虑改进组成单元可用度集合中的最低可用度指标 $\min\{A_{11},A_{12},\cdots,A_{1n}\}$。

证明：以舰船装备串联系统构型为例，假设 $A_{11} \leq A_{12} \leq \cdots \leq A_{1n}$，则在分别对不同组成单元可用度 A_{1j} 作同等增量 δA 变化的情况下有

$$\delta A\, A_{I2}\, A_{I3}\, \cdots\, A_{In} \geqslant \delta A\, A_{I1}\, A_{I3}\, \cdots\, A_{In} \geqslant \cdots \geqslant \delta A\, A_{I1}\, A_{I2}\, \cdots\, A_{In-1}$$

进而，有

$$(A_{I1}+\delta A)\, A_{I2}\, \cdots\, A_{In}{=}A_{I1}\, A_{I2}\, \cdots\, (A_{In}+\delta A)\, A_{I2}\, A_{I3}\, \cdots\, A_{In} \geqslant A_{I1}\, A_{I2}\, \cdots\, (A_{In}+\delta A)\, A_{I1}\, A_{I3}\, \cdots$$

$$A_{In}{=}A_{I1}\, (A_{I2}+\delta A)\, A_{I3}\, \cdots\, A_{In}$$

进一步，递推有

$$(A_{I1}+\delta A)\, A_{I2}\, \cdots\, A_{In} \geqslant A_{I1}\, (A_{I2}+\delta A)\, A_{I3}\, \cdots\, A_{In} \geqslant \cdots \geqslant A_{I1}\, A_{I2}\, A_{I3}\, \cdots\, (A_{In}+\delta A)$$

得证。

原则 2：改进组成单元可用度集合中的最低可用度指标 $\min\{A_{I1},A_{I2},\cdots,A_{In}\}$ 时，若工程上存在可靠性指标 MTBF 和维修性指标 MTTR 等幅度改进的可能，则应优先考虑改进组成单元的维修性指标。

证明：令

$$A_{\min} = \frac{\text{MTBF}}{\text{MTBF}+\text{MTTR}} = \min\{A_{I1},A_{I2},\cdots,A_{In}\}$$

则有

$$\left| \frac{\partial A_{\min}}{\partial \text{MTBF}} \right| = \frac{\text{MTTR}}{(\text{MTBF}+\text{MTTR})^2}$$

$$\left| \frac{\partial A_{\min}}{\partial \text{MTTR}} \right| = \frac{\text{MTBF}}{(\text{MTBF}+\text{MTTR})^2}$$

因为，工程上 MTBF $\gg$ MTTR，所以有

$$\left| \frac{\partial A_{\min}}{\partial \text{MTBF}} \right| \ll \left| \frac{\partial A_{\min}}{\partial \text{MTTR}} \right|$$

得证。

2.3.2 基于 FMECA 的舰船装备保障特性一体化设计分析

1. FMECA 概述

FMECA 是在装备设计过程中，通过对装备各组成单元潜在的各种故障模式及其对装备功能的影响进行分析，提出可能采取的预防性改进措施，以提高装备可靠性、维修性、测试性等保障特性的一种设计分析方法。它由故障模式、影响分析（FMEA）和危害性分析（CA）两部分工作构成。其中，FMEA 用于确定装备所有可能的故障模式、故障原因、故障影响及其严重程度（严酷度）；CA 用于在确定装备不同故障模式的发生概率与危害性程度。

FMECA 最早起源于美国，是重要的可靠性、维修性和保障性分析工具。自 20 世纪 50 年代起，FMECA 被广泛应用于航空、航天、汽车、军事等各种领域，是产品（装备）实现保障特性的重要保障，并且经过长期的发展与完善，已得到广泛认可与应用，成为一项在 RMS（Reliability Maintainability Supportability）分析工作中必须完成的工作。同时，随着人们对 FMECA 的重视，国外已形成系列行业 FMECA 应用标准[6-7]，如表 2-2 所示。

表 2-2　国外 FMECA 系列行业标准

代号	名称	发布时间	发布机构	描述
MIL-STD-1629	舰船故障模式、影响和危害性分析	1974 年	美国国防部	针对舰船装备故障模式影响与危害性分析的早期文件
MIL-STD-2070（AS）	航空设备的故障模式影响及危害性分析	1976 年	美国国防部	供海军航空系统司令部使用的故障模式影响与危害性分析的早期文件
MIL-STD-1629A	故障模式、影响及危害性分析	1980 年	美国国防部	适用于政府、军事和商业机构，可以根据故障模式的重要等级进行危害度计算
SAE-J-1739	故障模式及影响分析	1994 年	国际汽车工程师协会	由克莱斯勒、福特、通用汽车公司提出，适用所有汽车供应商的 FMEA 参考手册
SAEARP5580	故障模式、影响及危害性分析程序	2001 年	美国汽车工程学会	结合了 MIL-STD-1629 和汽车行业标准，适用于汽车等行业
JEP 131A（2005）	潜在故障模式影响分析	2005 年	国际电子工业协会	适用于电子元器件设计和装配过程
IEC60812-2006	FMEA 流程分析	2006 年	国际电子工业委员会	参考美军 MIL-STD-1629A 加以部分修改
QS900FMEA	QS900FMEA 手册（第四版）	2008 年	美国克莱斯勒、福特、通用汽车公司	美国通用、福特和克莱斯勒汽车厂制定的质量体系，要求所有供应商都建立符合这一要求的质量体系，并通过认证
SAE-J-1739-2009	故障模式及影响分析	2009 年	美国汽车工程学会	美国通用、福特和克莱斯勒公司提出的适用所有汽车供应商的 FMEA 参考手册

20 世纪 80 年代，FMECA 被引入中国，并应用于军用飞机、汽车制造等一系列行业。同期，我国先后颁布了《系统可靠性分析技术失效模式与效应分析》《故障模式影响及危害性分析程序》《故障模式影响及危害性分析指南》等相关FMECA 应用标准，如表 2-3 所示。

表 2-3　国内 FMECA 系列行业标准

代号	名称	发布时间	发布机构	描述
GB7826—87	系统可靠性分析技术失效模式及效应分析	1985 年	原中国国家标准局	适用于不同产品（电气、机械、液压传动装置等）的故障模式及效应分析
HB6359—89	故障模式影响及危害性分析程序	1989 年	原航空工业部	适用于航空产品的研制、生产和使用阶段
GJB1391—92	故障模式影响及危害性分析的要求和程序	1992 年	原国防科工委	适用于产品的研制、生产和使用阶段，是国内目前使用最广泛的标准之一
QJ2437—1993	卫星故障模式影响和危害性分析	1993 年	航天科技工业总公司	适用于卫星及其分系统和设备在各研制阶段的故障模式、影响及危害度分析，卫星地面设备亦可参照使用
HB/Z281—95	航空故障模式、影响及危害性分析指南	1995 年	航空工业总公司	适用于航空发动机本体结构及其系统的研制、生产和使用阶段，但不适用于软件
QJ3050—1998	航天产品故障模式、影响及危害性分析指南	1998 年	航天科技工业总公司	主要适用于航天型号硬件产品，其他产品可参照使用
GJB/Z1391—2006	故障模式、影响及危害性分析指南	2006 年	国防科工委	适用于产品寿命周期各阶段，相对于 GJB1391—92 而言，增补了大量的内容

2. 基于 FMECA 的舰船装备保障特性一体化设计方法

随着国内装备保障行业的持续发展，在可靠性、维修性、测试性、保障性、安全性等方面，已陆续发布推行了一系列标准和要求，并取得了一定成绩。但就装备可靠性、维修性、测试性、保障性、安全性等设计与分析工作在工程实践中的应用来看，结果并不十分理想。究其原因，可靠性、维修性、保障性等保障特性设计与分析工作，各成孤立体系、互不协调，是其中重要原因之一。因此，有必要开展保障特性一体化设计和分析研究，实现保障特性设计的协同。

开展装备可靠性、维修性、测试性、保障性和安全性协同设计，必须从体系上明确协同设计需要的设计目标、接口、方法、工作项目等要素，并制定协同设计计划，明确不同工作项目间的信息互通关系，进而实现各项保障特性设计工作间的支撑与协同。对于舰船装备而言，由于装备种类繁多，且海上可供保障的条件极其有限，更是需要在装备保障特性设计与分析工作中，加大保障特性协同化研究的力度。而 FMECA 是可靠性、维修性、测试性、保障性设计分析中均需共同开展的核心技术工作，且从其分析内容、分析输出、分析结论和分析外延成果来看，它是有效实现装备保障特性协同化设计的重要接口，为此，这里探索一类基于 FMECA 的舰船装备保障特性一体化设计方法。

（1）一体化设计准则

在可靠性、维修性、测试性、保障性等各类国家军用标准中，都规定了相关设计准则要求。实践证明，通过制定与实施设计准则，并依据设计准则开展设计评审、检查，对于确保装备设计质量满足保障特性要求，是行之有效的。但是，由于可靠性、维修性、保障性等设计准则各自独立制定、缺乏综合权衡，致使相关设计准则在实际应用中，出现了部分不必要的重复工作内容，以及部分尚存冲突与不协调的技术内容。因此，非常有必要研究与制定保障特性一体化的设计准则。

鉴于可靠性、维修性、测试性、保障性等装备保障特性设计工作，均是围绕装备"故障模式—故障影响—故障恢复"这条 FMECA 技术主线开展的，为此，装备保障特性一体化设计的核心应是消除和减少故障、及时发现故障、预防和排除故障。遵循这一思路，制定基于 FMECA 的舰船装备保障特性一体化设计准则，应重点关注以下几项内容[8-10]：

①装备保障特性一体化设计，应关注与装备保障特性设计相关的全部故障模式。

②装备保障特性一体化设计，应对各类故障模式发生后产生的具体影响，包括局部影响、上一层级影响和最终影响，给予充分阐述。

③对于故障影响严酷度类别处于Ⅰ、Ⅱ级的故障模式，必须给出相关装备故障模式的使用补偿与设计补偿措施。

④对于判别为承担重要功能的装备组件单元、元器件和零部件，必须通过工程逻辑决断方法，确定适当而有效的预防性维修工作类型；如无适当而有效的预防性维修工作类型可供选择，则必须更改装备保障特性一体化设计。

⑤与装备保障特性一体化设计相关的保养、测试、修复、更换等维修技术活动，必须是方便、易行且经济的。

⑥装备保障特性一体化设计同步输出的保障资源一体化设计要求，包括设备、设施、备件、耗材、技术资料、人力人员等，必须是技术上可充分实现、经济上可长期承受、管理上可相互协调的。

（2）一体化设计信息交互需求

落实前述装备保障特性一体化设计准则，并成功将其转化为现实装备产品的关键在于把握不同工作项目间的一体化设计信息交互需求。图 2-7 给出了基于 FMECA 的装备保障特性一体化设计信息交互需求。从图中可以看出，FMECA 是装备保障特性一体化设计的信息交互源发点，无论是装备的初步方案设计，还是装备的技术设计、研制生产与试验验证等，都与其密不可分。同时，基于 FMECA 的装备保障特性一体化工作是分阶段完成的，在装备设计初期一体化设计的信息交互需求，主要围绕初始 FMECA 展开；而在装备设计进入详细阶段时，装备保障特性一体化设计的信息交互需求，也需同步深化、细化，此时相关信息交互需求，应围绕详细 FMECA 展开。两次 FMECA 在技术深度和分析颗粒度上，虽然存在较大不同，但分析产生的信息交互需求，都主要集中于故障模式、故障原因、故障影响、故障检测方法、故障修复方法、故障预防措施、故障修理责任主体、故障修理技术步骤与关键工艺、故障修理保障条件等内容。

2.3.3　舰船装备保障特性一体化设计协同仿真平台

融合前述舰船装备保障特性指标一体化分配与权衡技术，以及基于 FMECA 的舰船装备保障特性一体化设计分析理念，笔者构建了一类面向维修保障工程的舰船装备保障特性一体化设计协同仿真平台，用于在舰船装备研制设计阶段，实现装备保障特性的计算机辅助一体化设计。鉴于篇幅所限，本书仅选择性地介绍该协同仿真平台的体系架构、功能模块、一体化设计流程、数据交互关系、部署形式以及内嵌软件工具等关键技术内容。

1. 体系架构

如图 2-8 所示，舰船装备保障特性一体化设计协同仿真平台从体系架构上分为表示层、业务层、工具层和数据层。

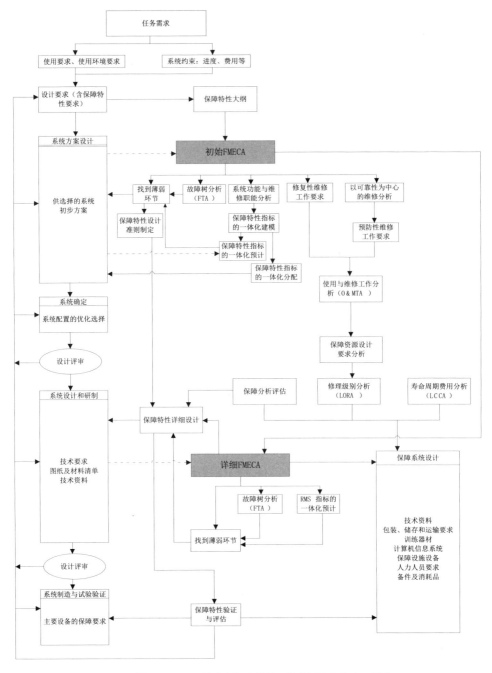

图 2-7　基于 FMECA 的装备保障特性一体化设计信息交互需求

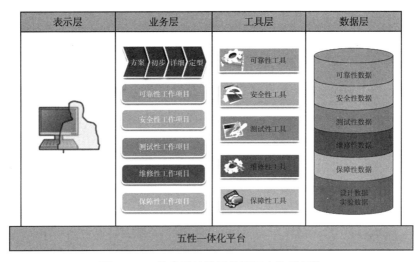

图 2-8　一体化设计协同仿真平台体系架构

（1）表示层

用于为一体化设计协同仿真平台的各类用户，如保障特性设计人员、装备设计人员、总体设计人员、技术管理人员、质量管理人员、型号装备总设计师等，提供相应的操作界面，包括图示化的浏览器、各种菜单、对话框等，以实现相关装备保障特性一体化设计命令的友好操作与信息交互。

（2）业务层

用于实现舰船装备保障特性一体化设计工作的控制和管理，包括流程控制、数据控制，以及技术任务管理、工作流程管理、文档管理、变更管理、权限管理等。

（3）工具层

用于实现对各种 RMS 软件工具的捆绑与配置，进而借助各型软件工具开展装备可靠性和维修性的建模、预计与分配，以及装备 FMECA、RCMA、FTA 等与保障特性一体化设计密切相关的保障性分析类工程技术活动。

（4）数据层

用于实现对装备保障特性一体化设计过程中产生的各类保障设计数据的全闭环记录与交互管理，包括保障特性设计数据的接收、清洗、存储、分析、调用、传输、交互、更新等。

2. 功能模块

舰船装备保障特性一体化设计协同仿真平台主要涵盖以下四类功能模块：

（1）工作任务管理模块

一方面，用于实现舰船装备保障特性顶层设计要求的管理，包括保障特性参数指标要求、保障特性一体化设计准则要求、保障特性一体化设计风险控制要求等；另一方面，用于实现舰船装备保障特性一体化设计全过程的工作任务管理，包括工作任务的建立与发布、过程监督、重要节点与进度的管控等。

（2）一体化设计与分析模块

用于实现装备可靠性、维修性、测试性、保障性、安全性等的协同式设计与分析，进而实现舰船装备保障特性的一体化设计与分析。

（3）数据库管理模块

用于实现舰船装备保障特性一体化设计过程产生的设计数据的全闭环管理，包括保障特性设计数据记录管理、设计分析报告管理、设计输出产品履历与档案管理、设计状态变更与交互接口管理等。

（4）知识库管理模块

用于实现舰船装备保障特性一体化设计过程和一体化设计输出产品实际使用过程产生的知识数据的全寿期管理，包括装备组成单元、元器件、零部件的基本属性信息、故障模式信息和历史故障案例信息，及其服役使用后反馈的实际故障模式信息、故障频率信息和重大故障影响后果信息等。

3. 一体化设计流程

基于协同仿真平台的舰船装备保障特性一体化设计流程，如图 2-9 所示。

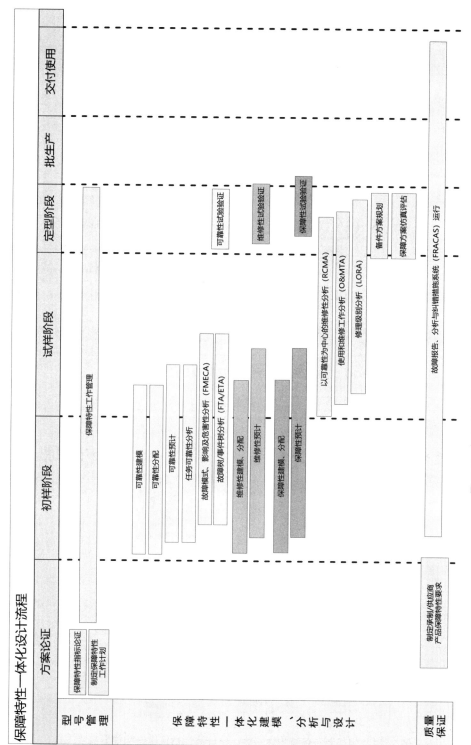

图 2-9　舰船装备保障特性一体化设计流程

4. 数据交互关系

舰船装备保障特性一体化设计协同仿真平台的数据交互关系，如图2-10所示。通过将装备可靠性、维修性、测试性、保障性等设计与分析数据进行及时交互，在工程上实现舰船装备保障特性源头设计与过程设计的一体化，进而确保最终设计输出产品在各项保障特性指标上的综合最优。

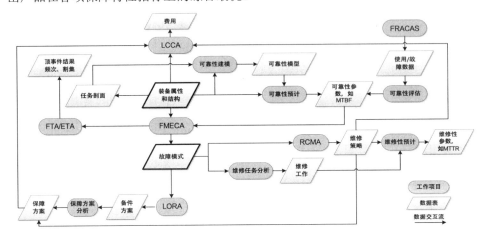

图 2-10 舰船装备保障特性一体化设计数据交互关系

5. 平台部署形式

舰船装备保障特性一体化设计协同仿真平台的部署形式，如图 2-11 所示。

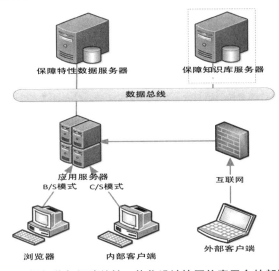

图 2-11 舰船装备保障特性一体化设计协同仿真平台的部署形式

图 2-11 中，B/S（Browser/Server）指浏览器 / 服务器模式，C/S（Client/Server）指客户端 / 服务器模式；客户端用于保障用户通过局域网或外网访问各型服务器，以实现舰船装备保障特性一体化分析所需数据的网络化调用；前台应用服务器负责管理软件系统及各类应用服务，并通过数据总线实现客户端与后台数据服务器的信息交互；后台数据服务器用于实现舰船装备保障特性数据（如可靠性数据、维修性数据和保障性数据等）和保障知识数据（如故障模式、历史故障案例、重大故障影响后果等）的结构化或非结构化存储、分析与管理，并通过数据总线实现与前台应用服务器的实时交互。

6. 内嵌软件工具

为充分实现舰船装备保障特性的一体化设计，协同仿真平台面向装备可靠性、维修性、保障性分析与设计工作，内嵌了多类设计软件工具。

（1）可靠性设计软件工具

内嵌的可靠性设计软件工具主要用于实现舰船装备总体、子系统、部套件、元器件或零部件的可靠性设计，设计内容包括可靠性建模、可靠性分配、可靠性预计，面向可靠性增长的 FMECA、FTA、ETA，以及基于各类统计分布模型的装备故障概率、可靠度、可靠寿命、MTBF、MTBCF 计算等。

（2）维修性设计软件工具

内嵌的维修性设计软件工具主要用于实现舰船装备总体、子系统、部套件、元器件或零部件的维修性设计（内含测试性），设计内容包括维修性建模、维修性分配、维修性预计，面向维修性增长的 FMECA、RCMA、LORA，以及基于各类统计分布模型的不同维修级别下的装备维修度、MTTR、FDR、FIR、FAR 计算等。

（3）保障性设计软件工具

内嵌的保障性设计软件工具主要用于实现舰船装备总体、子系统、部套件、元器件或零部件的保障性设计（内含安全性设计与环境适应性设计），设计内容包括面向保障任务效能的 FMECA、RCMA、LORA、O&MTA、LCCA，以及保障方案综合权衡决策、保障资源全局优化配置等。

2.4　舰船装备保障特性一体化设计综合集成技术

2.4.1　舰船装备保障特性一体化设计中的综合集成需求

综合集成（Meta-Synthesis）是从整体上考虑并解决问题的方法论，就其实质而言，是将专家群体、数据和各种信息与计算机技术有机结合起来，把各种学科的科学理论和人的经验知识结合起来，处理开放式复杂巨系统的方法。综合集成法最早由钱学森、于景元和戴汝为等在《一个科学新领域——开放的复杂巨系统及其方法论》一文中提出，经过多年的工程实践检验，现在已发展成为一类能够有效处理开放式复杂巨系统的先进方法。

鉴于舰船装备保障特性一体化设计工作面向的设计对象结构复杂、基数庞大、耦合关系多变，且设计过程所需多方权衡的理论知识要素和工程管理要素众多，因此是一类典型的开放式复杂巨系统。相关系统的复杂性具体体现为：

（1）舰船装备保障特性一体化设计的参与主体和设计过程极其复杂性

舰船装备保障特性一体化设计工作贯穿于舰船装备寿命周期的各个阶段。论证阶段订购方需确定保障特性一体化设计要求，制定必要的保障特性一体化设计工作项目要求；方案阶段承制方需依据订购方提出的一体化设计要求，制定保障特性一体化工作计划，初步分析明确舰船装备总体设计要求和相应层次的保障特性技术方案；工程研制阶段，设计人员需进行一体化设计分析与权衡评价，反复迭代，确定一体化设计细节，并固化一体化设计最终技术状态；生产阶段，承制方需收集分析一体化设计输出的舰船装备定型样机保障特性问题，进行试验与评价，力求实现舰船装备保障特性的持续增长；使用阶段，订购方与承制方仍需通力协作，不断跟踪、分析、评价一体化设计服役舰船装备的保障特性水平，并视情进行必要的保障特性改进。

（2）舰船装备保障特性一体化设计关联的设计要素极其复杂性

舰船装备保障特性的一体化设计过程是保障知识、保障信息、保障技术、保障资源、保障费用等设计要素相互作用、相互权衡、全局寻优的过程。一体化设计过程中，承制方和订购方必须通过紧密协作、综合协调，将可靠性设计、维修性设计、测试性设计、保障性设计、安全性设计、环境适应性设计等孤立设计维度的各项设计要素，整合成为具备知识共通、信息共享、技术共连、资源公用特点的多层次柔性交互设计体系，这在舰船装备保障特性设计工程实践上，面临着很大的技术实现难度和管理实现难度。

综上所述，为有效破解舰船装备保障特性一体化设计工作具备开放式复杂巨系统工程特征，难以完全依赖传统保障工程设计经验，充分达成保障特性一体化设计目标的技术难题，亟须引进综合集成法，进行舰船装备保障特性一体化设计的探索研究。

具体来说，舰船装备保障特性一体化设计过程中的综合集成需求，主要体现在以下四个方面：

（1）"设计工作项目"综合集成需求

"设计工作项目"综合集成是指在开展舰船装备保障特性一体化设计时，需将保障基础数据库设计，保障特性建模、预计与分配，保障特性验证与评估，保障特性设计过程、进度、质量与费用管理等核心设计任务项目，按照某种开放协议、标准或规范集于一体，形成一种一体化的多任务融合互动设计行为，以期最终的设计输出最优。

（2）"设计模型"综合集成需求

"设计模型"综合集成是指在开展舰船装备保障特性一体化设计时，需充分考虑工程管理模型、数据模型、知识模型、物理模型、数学模型、优化模型、验证评价模型等在保障特性设计领域的适用性与有效性，综合集成、取长补短，以期实现设计过程的优势互补，并最大限度消除设计"死角"。

（3）"软件设计"综合集成需求

"软件设计"综合集成是指用于实现舰船装备保障特性一体化设计的计算机辅助软件开发环境、软件开发工具以及数据库支撑平台，应在交互协议、通信接口、数据共享、代码通用等层面，充分体现全过程环路一体、直通原则，以期确保保障特性软件工程设计过程高效、安全，且具高拓展性。

（4）"人力资源调配"综合集成需求

"人力资源调配"综合集成是指在实施舰船装备保障特性一体化设计过程中，需综合调度与调配不同行业、不同部门、不同专业的技术设计人员、质量监督人员和工程管理人员，力求实现不同人力资源间的有效协同、通力合作，以期保证一体化设计这类复杂巨系统工程项目的高效保质推进。

2.4.2 舰船装备保障特性一体化设计综合集成关键技术

据前所述，舰船装备保障特性一体化设计综合集成工作，应重点关注舰船装备保障特性设计工作的全过程与全环节，并充分借鉴物理建模、数学建模、数据建模、管理建模等不同专业思维，在深度融合舰船装备保障特性硬件设计、软件设计、人力调配等不同工程需求的基础上，努力实现舰船装备功能设计、性能设计与保障特性设计的最佳耦合。舰船装备保障特性一体化设计综合集成工作涉及的研究范围与关键技术如图 2-12 所示。

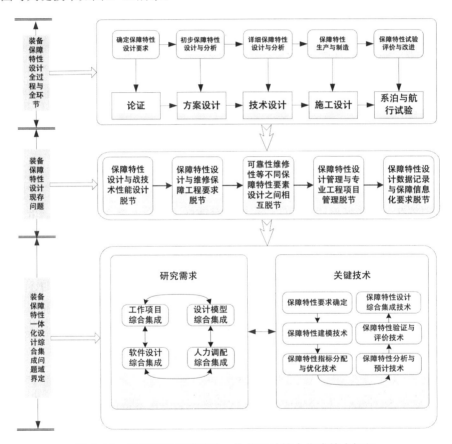

图 2-12 舰船装备保障特性一体化设计综合集成技术框架

舰船装备保障特性一体化设计综合集成需要解决的关键技术包括：

（1）保障特性要求确定技术

提出并合理确定舰船装备的保障特性要求（包括定量要求、定性要求、工作项目要求、试验验证要求等），是实施舰船装备保障特性一体化设计的第一步，也是明确舰船装备保障特性一体化设计方向的重要一步。只有在提出和确定舰船装备保障特性要求时，综合考量装备保障特性要求与装备功能、性能及遂行任务效能要求间的约束与互补关系，并给出合理可行且具操作可能的装备保障特性一体化设计目标，才能在一体化设计后期获得功能、性能、效能及经济性皆优的高质量舰船装备。

（2）保障特性建模技术

舰船装备保障特性建模是开展舰船装备保障特性分配、预计、验证和综合集成的基础，是舰船装备保障特性一体化设计中极其重要的一项技术环节。不同的建模思维与建模方法，将从不同技术侧面映射所研舰船装备的保障特性水准。舰船装备保障特性建模一般与保障任务建模、装备系统建模和保障系统建模密切相关、一体开展，建模结果将对舰船装备保障任务时序逻辑关系、保障特性持续与变化规律、保障资源筹措与供求关系以及保障工作组织实施过程等给出客观刻画。

（3）保障特性指标分配与优化技术

舰船是一种具有多任务、多功能和多种使用方式的超大型装备复杂系统。开展舰船装备保障特性一体化设计，必须将设计初期提出的保障特性要求，尤其是保障特性定量指标要求，层层分配给这一庞大复杂装备系统的各下属设计层次。而且，不同保障特性指标分配的具体方法和底层对象也不尽相同，需视相关分系统、设备、功能单元、组部件、零部件 / 元器件等的具体物理特性和实际保障要求优化权衡后确定。分配落地后的舰船装备各层级保障特性设计一体化指标，将被纳入舰船装备研制总要求和研制合同，作为承制方开展研制设计和军方实施验收考核的量化判据。

（4）保障特性分析和预计技术

装备保障特性分析与预计是舰船装备保障特性一体化设计的核心技术环节，直接决定着舰船装备保障特性一体化设计的工程输出与技术走向。保障特性分析与预计涉及可靠性、维修性、测试性、保障性分析与预计的方方面面，尤其是保障性分析更是涵盖 FMECA、RCMA、LORA、O&MTA、LCCA 等众多分析工作项目内容，而且分析结果将直接影响装备保障方案的制定与保障资源的初期配置。科学合理的保障特性一体化分析与预计，将有利于舰船装备研制阶段"好保障"特性的及时形成，并对舰船装备服役阶段实现"保障好"目标具有良好的促进作用。

（5）保障特性验证与评价技术

保障特性验证与评价是考量舰船装备保障特性一体化设计要求是否得以落实，一体化设计模型、设计指标是否得以实现，一体化分析结论与预计结果是否科学的重要技术手段。目前，工程上用于保障特性设计验证与评价的技术手段众多，但大都是集中于单装层级的可靠性、维修性、保障性的工程试验与统计试验，而直接面向大型装备复杂系统的一体化有效试验验证手段和科学评价方法并不多。有效的舰船装备保障特性一体化设计验证与评价技术，对于在舰船装备研制与生产阶段持续不断改进保障特性设计短板、实现保障特性稳步增长，具有重要工程价值。

（6）保障特性设计综合集成技术

舰船装备保障特性一体化设计综合集成技术建立于前述保障特性要求确定、保障特性建模、保障特性指标分配与优化、保障特性分析和预计、保障特性验证与评价等关键技术基础之上，力求综合权衡舰船装备一体化设计不同阶段的关键技术输出结果，实现舰船装备服役阶段的最优作战效能和最优寿命周期费用。

2.4.3　舰船装备保障特性一体化设计综合集成平台

1. 综合集成平台功能模块组成

如图 2-13所示，舰船装备保障特性一体化设计综合集成平台应至少包含保障特性要求管理模块、保障特性建模模块、保障特性分配与预计模块、保障特性设计符合性检查模块、保障特性验证与评价模块以及保障特性数据库模块。

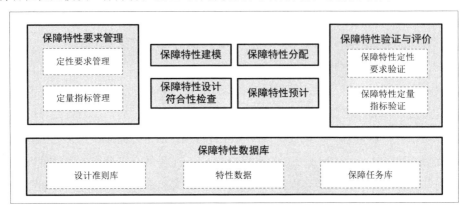

图 2-13　一体化设计综合集成平台功能模块组成

（1）保障特性要求管理模块

保障特性要求管理模块包括保障特性定性要求管理和保障特性定量指标管理两部分。其中，定性要求管理主要针对舰船装备简化设计、降额设计、余度设计、健壮设计、可达设计、互换通用设计、防差错设计、安全标识设计等定性设计要求的论证，进行专项管理；定量要求管理主要针对可靠性、维修性、测试性、保障性、安全性、环境适应性等保障特性参数的选择与论证以及量化指标的权衡与确认，进行专项管理。

（2）保障特性建模模块

保障特性建模模块主要用于结合舰船装备维修保障的现实需求与具体工作流程要求，实现主要装备可靠性、维修性、测试性、保障性、安全性、环境适应性等保障特性的系统框图建模、数学统计建模与逻辑过程建模等。

（3）保障特性分配模块

保障特性分配模块主要基于相似产品分配法、故障率分配法、综合加权分配法等工程运筹技术，实现舰船装备保障特性一体化设计参数指标的逐层分配。保障特性分配颗粒度具备弹性化特征，既能实现总体或系统层级的一体化参数指标分配，又能满足具体到组部件、零部件或元器件层级的一体化参数指标确认。

（4）保障特性预计模块

保障特性预计模块主要用于在舰船装备保障特性一体化设计的方案阶段或详细设计阶段，利用保障特性数据库中的相关数据信息，实现对各级保障特性指标的初步估计，以及时评判预期的分配指标要求是否能够达到；同时，预计过程发现的保障特性一体化设计诸项薄弱环节，可为针对性开展舰船装备保障特性的稳步增长与再次分配工作，奠定技术信息基础。

（5）保障特性设计符合性检查模块

保障特性设计符合性检查模块用于实现舰船装备可靠性、维修性、测试性、保障性等保障特性设计准则的制定和管理，同时也用于输出实现舰船装备保障特性一体化设计的具体控制举措；通过逐项检查舰船装备保障特性一体化设计控制措施的完成情况，并同步开展针对性纠错技术活动，确保舰船装备保障特性一体化设计满足高质量目标。

（6）保障特性验证与评价模块

保障特性验证与评价模块用于对可靠性、维修性、测试性、保障性等保障特性的定性设计要求和定量指标要求，进行专项验证与评价。其中，可验证与评价的定性设计要求包括简化设计、降额设计、余度设计、健壮设计、可达设计、互换通用设计、防差错设计、安全标识设计等；可验证与评价的定量设计要求包括可靠度、故障率、故障概率密度累计分布、可靠寿命、MTBF、MTBCF、MTTR、FDR、FIR、FAR 等。

保障特性验证与评价模块能够完成系统、分系统和设备层级不同颗粒度要求的保障特性指标验证与评价，并能以点估计和区间估计形式，给出风险评判结果。

（7）保障特性数据库模块

保障特性数据库模块是用于存储和管理保障特性一体化建模、分配、预计、符合性检查、验证与评价过程中所需的和所产生的系列保障特性数据。其中，数据内容包括保障任务数据、装备（设备、功能单元、组部件、零部件、元器件）可靠性数据与故障历程数据、维修历程数据、测试历程数据，以及各类工装具、备件、耗材、供应品、技术资料等保障资源信息数据；数据格式涵盖结构化、半结构化和非结构化数据等。保障特性数据库模块支持保障特性数据的导入和导出，能够从其他相关工具中导入所需的保障特性数据。

2. 综合集成平台业务实现流程和数据交互关系

舰船装备保障特性一体化设计综合集成平台的业务实现流程和数据交互关系，如图 2-14 所示。

3. 综合集成平台设计

舰船装备保障特性一体化设计综合集成平台的具体设计工作，主要包含以下几个方面：

（1）平台结构设计

论证阶段提供保障特性设计要求的输入界面，支持保障特性使用要求和保障特性设计要求的转换。方案、研制阶段主要根据可靠性指标、维修性指标、保障性指标、测试性指标和接口信息类型，进行维修保障流程建模，并依此开展保障特性分配，明确保障特性指标，通过保障特性设计准则为一体化设计过程提供约束。此外，进行保障特性分析、优化和预计，进而实现保障特性定性和定量要求的验证与评价。舰船装备保障特性一体化设计综合集成平台的结构设计流程，如图 2-15 所示。

（2）平台接口设计

综合集成平台与保障特性定量指标验证系统、保障特性分析软件、产品数据管理终端之间存在信息交互传递关系，如图 2-16 所示。

（3）控制评价设计

为有效实现舰船装备保障特性一体化设计过程的管理与控制，按照图 2-17 所示流程，实施综合集成平台的控制评价。

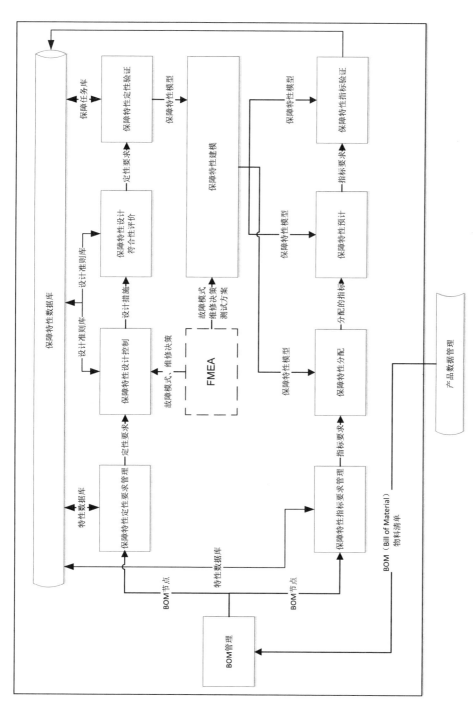

图 2-14　保障特性一体化设计综合集成平台业务实现流程和数据交互关系

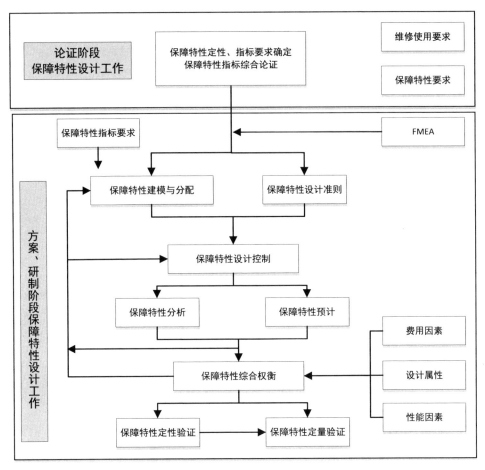

图 2-15　综合集成平台的结构设计流程

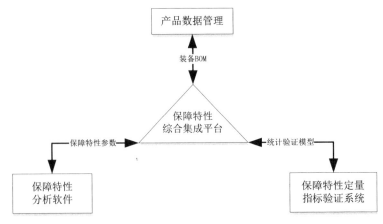

图 2-16　综合集成平台交互接口设计

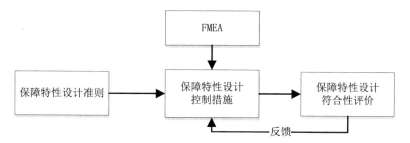

图 2-17 综合集成平台控制评价设计

Chapter 3

第3章 | 舰船装备多状态可靠性建模与分析技术

舰船装备作为一类结构复杂的巨型装备系统，其保障特性设计工作技术要求高、工程实现难度大。前面章节围绕"协同"设计和"集成"设计两个方向，专题开展了舰船装备保障特性一体化设计技术研究，解决了如何改良舰船装备保障特性设计成效的问题。本章将在此基础上，进一步探索一类能够有效提升舰船装备复杂系统保障特性建模与分析颗粒度的工程新技术——舰船装备多状态保障性建模与分析技术。鉴于维修性、测试性、保障性、安全性等保障特性的建模与分析工作，溯源而言均是由可靠性建模与分析工作衍生而来的，且诸多建模与分析工作的技术细节，与可靠性建模与分析工作具有很大的相似性和相关性，为此，本章节重点论述舰船装备多状态可靠性建模与分析技术。舰船装备维修性、测试性、保障性、安全性等其他保障特性的多状态建模与分析内容，读者如感兴趣，可补充研阅笔者公开发表的其他相关专著、论文及研究报告。

针对舰船装备复杂系统的可靠性建模与分析究工作，一直备受舰船装备承研承制单位、列装使用单位以及维修保障单位的高度重视，特别是随着舰船装备寿命期内的任务频次日益增多、使用强度逐渐加大，舰船装备可靠性建模、分析、评估与优化等相关研究工作，已成为舰船装备维修保障行业的研究热点，并作为解决舰船装备配套保障资源筹划、维修管理决策优化、寿命周期成本调配等现实工程问题的关键技术途径。

传统经典的装备可靠性建模与分析理论体系，建立在"非此即彼"的"二元"状态认知基础上，经过近五十年的发展进步，现已趋于成熟。然而，随着现代工业生产对于装备复杂系统运行规律与失效机理研究的逐步深入，人们发现某些装备自正常运行至故障停机的演变过程中，通常会历经若干"中间状态"，且各"中间状态"的驻留规律不尽相同、跳变规则也复杂多变。此类"中间状态"并存现象，在机电工程装备、能源传输装备和信息发送装备的运行过程中较为常见，在舰船装备复杂系统的寿命期内更是尤为明显。例如，船用汽轮发电机组就经常会因锅炉、转子、变压器等内构组件寿命期内的能效降低，而长期处于多种欠功率（低于额定功率）运行状态。欠功率运行状态下的发电机组电能输出，虽不能全额满足预期要求，但在一定周期内也能维持必要的电能供应，因此，工程上往往并不直接将其纳为不可接受的故障工作状态，而将其视为可接受"中间状态"处理。类似，舰船燃油管路传输系统也经常会因油垢积累、异物阻塞、局部畸变等因素，导致燃油传输能力降低，但此时往往并不会直接导致燃油供应的完全中断，而只是降低了单位时间内的燃油输送速度，在非紧急情况下，工程上一般也将其视为可接受对"中间状态"处理。由此，如何科学刻画这些可能出现于各类工程应用系统中的"中间状态"，充分挖掘其中隐含的非典型特征的可靠性信息，科学预判其合理的预防性和修复性维修时机，就变得至关重要。

多状态建模与分析理论正是为了解决"中间状态"的刻画问题相应而生的，是一类实现舰船装备可靠性建模、分析与评估的新理论和新途径，可有效模拟舰船装备复杂系统可能历经的若干"中间状态"，明晰各状态间的渐变特性，并能为舰船装备复杂系统寿命期内的维修决策、风险评判提供关键信息判据。

3.1　舰船装备多状态系统

所谓系统多状态（Multi-state），指针对系统性能所处工作等级的评判，不局限于非此即彼的"二元"状态，可能存有三种、四种或更多工作状态。我们一般将由多个元件（组件、部套件）组成的具备多类工作性能输出的系统，称为多状态系统（Multi-state System，MSS）。多状态系统的工作性能输出，与其组成元件的工作性能以及各元件间的物理构型密切相关，并存有确定的映射关联[11-13]。

舰船装备系统组成庞大、结构复杂，涵盖动力、电力、船保、通信、导航等多类子系统和装（设）备，其中，不乏大量典型的多状态系统。这里以多状态船用燃油管路系统为例，进行示例说明。

某船用燃油管路传输系统，由支路管路 A、支路管路 B、主管路 C 三个管路传输单元组成，各管路之间通过法兰连接，如图 3-1 所示。

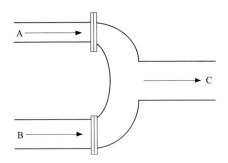

图 3-1　船用燃油管路传输系统

　　其中，A、B 管路均为"二元"状态传输单元，燃油传输量分别为 1.2t/min 和 1.5t/min，C 管路较为特殊，具有三类传输状态，即功能完全失效状态、部分失效状态和功能正常状态，对应的燃油传输量分别为 0t/min、1.3t/min 和 3t/min。鉴于管路连接的特殊性，以及冗余性设计的考虑，整个管路传输系统的燃油传输能力，可由式（3.1.1）确定

$$G=\min\{g_A+g_B,g_C\} \tag{3.1.1}$$

式（3.1.1）中，g_A、g_B、g_C 分别为 A、B、C 管道单元的燃油传输性能；G 为燃油管路传输系统的传输总性能。基于前述假设，该船用燃油管路传输系统的工作状态量化分析详情，参见表 3-1。

表 3-1　船用燃油管路传输系统多状态说明

序号	状态编号	g_A	g_B	g_C	G	状态说明
1	1	0	0	0	0	A、B、C 三个单元传输功能均完全失效，燃油管路传输子系统传输功能丧失
2	1	0	0	1.3	0	A、B 单元传输功能完全失效，C 单元传输功能部分失效，燃油管路传输子系统传输功能丧失
3	1	0	0	3	0	A、B 单元传输功能完全失效，C 单元传输功能正常，燃油管路传输子系统传输功能丧失
4	1	0	1.5	0	0	A、C 单元传输功能完全失效，B 单元传输单元功能正常，燃油管路传输子系统传输功能丧失
5	3	0	1.5	1.3	1.3	A 单元传输功能完全失效，B 单元传输功能正常，C 单元传输功能部分失效，燃油管路传输子系统传输功能下降，燃油传输量 1.3t/min

序号	状态编号	g_A	g_B	g_C	G	状态说明
6	4	0	1.5	3	1.5	A 单元传输功能完全失效，B、C 单元传输功能正常，燃油管路传输子系统传输功能下降，燃油传输量 1.5t/min
7	1	1.2	0	0	0	A 单元传输功能正常，B、C 单元传输功能完全失效，燃油管路传输子系统传输功能丧失
8	2	1.2	0	1.3	1.2	A 单元传输功能正常，B 单元传输功能完全失效，C 单元传输功能部分失效，燃油管路传输子系统传输功能下降，燃油传输量 1.2t/min
9	2	1.2	0	3	1.2	A 单元传输功能正常，B 单元传输功能完全失效，C 单元传输功能正常，燃油管路传输子系统传输功能下降，燃油传输量 1.2t/min
10	1	1.2	1.5	0	0	A、B 单元传输功能正常，C 单元传输功能完全失效，燃油管路传输子系统传输功能丧失
11	3	1.2	1.5	1.3	1.3	A、B 单元传输功能正常，C 单元传输功能部分失效，燃油管路传输子系统传输功能下降，燃油传输量 1.3t/min
12	5	1.2	1.5	3	2.7	A、B、C 单元传输功能正常，燃油管路传输子系统传输功能正常，燃油传输量 2.7t/min

如表 3-1 所示，若将同等燃油传输性能视为一类工作状态，则该燃油管路传输系统具有五类工作状态，分别对应的燃油传输量为 0t/min、1.2t/min、1.3t/min、1.5t/min 和 2.7t/min。此时，该型船用燃油管路传输系统是一类典型的多状态装备复杂系统，传统的"二元"状态刻画理论已不再适用于其可靠性建模、分析与评估工作。因此，亟须在系统多状态刻画、多状态建模以及多状态分析等层面，寻求技术突破。

3.2　多状态系统可靠性建模基础

3.2.1　多状态系统数学模型

假设某多状态系统由 n 个不同元件 j 构成，$j=1,\cdots,n$；对于任意给定瞬时 t，多状态系统的最终输出性能，由 n 个构成元件 j 的性能联合确定。其中，元件 j 具有 k_j 种状态性能，相关状态向量 $\mathbf{g}_j$ 表达式如下 [14-18]：

$$\mathbf{g}_j = \left(g_{j1}, g_{j2}, \cdots, g_{jk_j} \right) \tag{3.2.1}$$

式（3.2.1）中，g_{ji} 为元件 j 的第 i 种状态性能，$i=1,\cdots,k_j$。假设元件 j 在任意 t 时刻的性能取值为一随机变量 $G_j(t)$，则有

$$p_{ji}(t) = \mathrm{Pr}\left(G_j(t) = g_{ji} \right) \tag{3.2.2}$$

式（3.2.2）中，$\mathrm{Pr}（\cdot）$ 为绝对概率函数，$p_{ji}(t)$ 为元件 j 任意瞬时 t 处于状态性能 g_{ji} 的概率取值。进一步，假设该多状态系统具有 K 种不同输出状态性能，相关状态向量 $\mathbf{g}$ 表达式如下

$$\mathbf{g} = [g_1, g_2, \cdots, g_K] \tag{3.2.3}$$

则 n 个构成元件与全系统存在如下状态性能映射关系

$$\begin{cases} f\left(G_1(t), \cdots, G_n(t) \right) : \mathrm{L}^n \to \mathrm{M} \\ \left[g_{11}, \cdots, g_{1k_1} \right] \times \cdots \times \left[g_{n1}, \cdots, g_{nk_n} \right] \to [g_1, \cdots, g_K] \end{cases} \tag{3.2.4}$$

式（3.2.4）中，$f（\cdot）$ 为反映多状态系统各组成构件物理耦合关联的构型函数，L^n 为由 n 个构成元件确定的状态性能组合空间，M 为全系统状态性能空间；且有

$$K = \prod_{j=1}^{n} k_j \tag{3.2.5}$$

3.2.2　多状态系统可靠性度量参数

工程上，可用于评价多状态系统可靠性的度量参数众多，这里结合舰船装备多状态系统的自身特点，选择可靠度 R、可用度 A、期望性能输出 G_E、期望性能失效 D_E 四类可靠性度量参数，进行逐项说明。需要注意的是，此处给出的四类可靠性度量参数定义，是面向多状态系统可靠性建模而言的，部分内容与传统的可靠性工程理论并不完全一致。

1. 可靠度 R

（1）瞬态可靠度

假设初始时刻给定多状态系统处于可接受功能状态，则将不计修复活动前提下，任意瞬时 t 多状态系统处于可接受功能状态的概率取值，称为瞬态可靠度 $R（t, W(t)）$，相关数学表达式为

$$R(t, W(t)) = \Pr\left(F(G(t), W(t)) \geqslant \alpha(t) \middle| F(G(0), W(0)) \geqslant \alpha(0) \right) \quad (3.2.6)$$

式（3.2.6）中，$W(t)$ 为系统期望性能需求，$F(\cdot)$ 为反映系统状态输出性能 $G(t)$ 和期望性能需求 $W(t)$ 之间数学关联的可接受度函数，$\alpha(t)$ 为门域函数。

（2）稳态可靠度

从实际工程观察结果来看，大多数可控多状态系统的瞬态工作历程都极短，很快会衰减至稳定工作状态。由此，与瞬态可靠度 $R(t, W(t))$ 相比，稳态可靠度 $R(\infty, w)$ 更受可靠性工程技术人员关注，相关数学表达式为

$$R(\infty, w) = \lim_{t \to \infty} R(t, W(t)) \quad (3.2.7)$$

式（3.2.7）中，w 为系统期望性能需求 $W(t)$ 的稳态取值。

2. 可用度 A

（1）瞬态可用度

任意瞬时 t，给定多状态系统处于可接受功能状态的概率取值，称为瞬态可用度 $A(t, W(t))$，相关数学表达式为

$$A(t, W(t)) = \Pr\left(F(G(t), W(t)) \geqslant \alpha(t) \right) \quad (3.2.8)$$

（2）稳态可用度

类似，考虑稳态情况下的可用度 $A(\infty, w)$，则有

$$A(\infty, w) = \lim_{t \to \infty} A(t, W(t)) \quad (3.2.9)$$

进一步，如果多状态系统的稳态性能分布已知，具有 K 类状态，且任意状态性能 g_i 对应的概率取值记为 p_i，则有

$$A(\infty, w) = \sum_{i=1}^{K} p_i \chi(F(g_i, w)) \quad (3.2.10)$$

式（3.2.10）中

$$\chi(F(g_i, w)) = \begin{cases} 1, F(g_i, w) \geqslant \alpha \\ 0, F(g_i, w) < \alpha \end{cases} \quad (3.2.11)$$

式（3.2.11）中，α 为门域函数的稳态值。

3. 期望性能输出 G_{E}

（1）瞬态期望性能输出

为有效表征多状态系统的瞬时输出性能，瞬态期望性能输出 $G_{\mathrm{E}}(t)$ 被引入多状态系统可靠性建模领域，相关数学表达式为

$$G_E(t) = E\big(G(t)\big) \qquad (3.2.12)$$

（2）稳态期望性能输出

类似，考虑稳态情况下的期望性能输出 $G_E(\infty)$，则有

$$G_E(\infty) = \lim_{\to \infty} G_E(t) = \sum_{i=1}^{K} p_i g_i \qquad (3.2.13)$$

4. 期望性能失效 D_E

（1）瞬态期望性能失效

瞬态期望性能失效 $D_E(t, W(t))$ 用于表征多状态系统期望性能输出 $G_E(t)$ 与期望性能需求 $W(t)$ 间的瞬时偏差，反映系统性能输出不能满足预期需求的瞬时水平，相关数学表达式为

$$D_E(t, W(t)) = \max\{W(t) - G(t), 0\} \qquad (3.2.14)$$

（2）稳态期望性能失效

类似，考虑稳态情况下的期望性能输出 $D_E(\infty, w)$，则有

$$D_E(\infty, w) = \lim_{t \to \infty} D_E(t, W(t)) = \sum_{i=1}^{K} p_i \max\{w - g_i, 0\} \qquad (3.2.15)$$

3.3　多状态系统可靠性分析方法

自 20 世纪 80 年代起，针对各型装备多状态系统的可靠性分析研究，逐渐成为装备维修保障行业的技术热点，且陆续形成系列经典的可靠性分析方法，如二元布尔模型法、蒙特卡洛方法、最小路集法、最小割集法、贝叶斯网络法等。上述方法，都有实例证明其针对特定多状态系统的可靠性分析有效，但就分析方法的通用性、程式化演绎的易实现性等方面，都或多或少的仍存有部分技术短板。为此，两类适用范围更广、更便于计算机程式化求解的多状态系统可靠性分析方法——马尔可夫过程法和通用生成函数法，近些年来逐渐兴起。

3.3.1　马尔可夫过程法

假设多状态系统的性能输出 $G(t)$ 为一随机过程，且任意时间间隔 t 内，系统累计失效次数 N 满足泊松分布，即有[19-24]

$$\Pr\left(N(\bar{t})=k\right)=\frac{\mathrm{e}^{-\lambda t}(\lambda t)^{k}}{k!} \tag{3.3.1}$$

式（3.3.1）中，λ 为泊松分布的期望值，k 为可能失效次数，且有

$$\bar{t}=t_2-t_1=\cdots=t_n-t_{n-1}$$

需要说明的是，如果任意两个时间间隔 (t_{n-2},t_{n-3})、(t_n,t_{n-1}) 不互相重叠，则相应时间间隔内系统累计失效次数 $N(t_{n-2},t_{n-3})$、$N(t_n,t_{n-1})$ 满足的概率分布互相独立。

基于前述假设，可证明多状态系统性能输出 $G(t)$ 满足如下条件概率分布

$$\Pr\left\{G(t_n)=g_n \,\middle|\, G(t_0)=g_0, G(t_1)=g_1,\cdots,G(t_{n-1})=g_{n-1}\right\}=$$
$$\Pr\left\{G(t_n)=g_n \,\middle|\, G(t_{n-1})=g_{n-1}\right\} \tag{3.3.2}$$

式（3.3.2）中，$\Pr(\,\cdot\,|\,)$ 为条件概率函数，g_n 为多状态系统 t_n 时刻的状态性能量值。这里，我们将满足式（3.3.2）的随机过程，统称为马尔可夫过程（Markov Process）。马尔可夫过程表达的具体含义为，系统历经 n 步跃迁后所处状态，仅与第 $n-1$ 步跃迁后所处状态有关，而与第 $n-2$、$n-3$、$\cdots$、2、1 步跃迁后所处状态以及初始状态无关。

任意多状态系统的状态性能输出 $G(t)$ 如果满足马尔可夫过程，则可依据式（3.3.3），解算系统所处不同状态 j 的瞬时概率分布 $p_j(t)$，$j=1,\cdots,K$。式（3.3.3）的推导过程较为烦琐，鉴于篇幅所限，这里直接给出相关推导结果

$$\begin{cases}\dfrac{\mathrm{d}p_1(t)}{\mathrm{d}t}=\displaystyle\sum_{i=1,i\neq j}^{K}p_i(t)\zeta_{i1}(t)-p_1(t)\sum_{i=1,i\neq j}^{K}\zeta_{1i}(t)\\[2mm]\qquad\qquad\cdots\\[1mm]\dfrac{\mathrm{d}p_j(t)}{\mathrm{d}t}=\displaystyle\sum_{i=1,i\neq j}^{K}p_i(t)\zeta_{ij}(t)-p_j(t)\sum_{i=1,i\neq j}^{K}\zeta_{ji}(t)\\[2mm]\qquad\qquad\cdots\\[1mm]\dfrac{\mathrm{d}p_K(t)}{\mathrm{d}t}=\displaystyle\sum_{i=1,i\neq j}^{K}p_i(t)\zeta_{iK}(t)-p_K(t)\sum_{i=1,i\neq j}^{K}\zeta_{Ki}(t)\end{cases} \tag{3.3.3}$$

式（3.3.3）中，$\zeta_{ij}(t)$ 为反映系统由 i 状态向 j 状态跃迁的跃迁强度函数，具体取值由式（3.3.4）、式（3.3.5）确定。对于 $i=j$，有

$$\zeta_{jj}(t)=\lim_{\Delta t\to 0}\frac{\xi_{jj}(t,t)-\xi_{jj}(t,t+\Delta t)}{\Delta t}=\lim_{\Delta t\to 0}\frac{1-\xi_{jj}(t,t+\Delta t)}{\Delta t} \tag{3.3.4}$$

对于 $i\neq j$，有

$$\zeta_{ji}(t)=\lim_{\Delta t\to 0}\frac{\xi_{ji}(t,t)-\xi_{ji}(t,t+\Delta t)}{\Delta t}=\lim_{\Delta t\to 0}\frac{-\xi_{ji}(t,t+\Delta t)}{\Delta t} \tag{3.3.5}$$

式（3.3.4）和式（3.3.5）中，$\xi_{ji}(t,t+\Delta t)$ 为系统 t 时刻处于 j 状态的前提下，$t+\Delta t$

时刻跃迁至状态 i 的概率，相关数学表达式为

$$\xi_{ji}(t,t+\Delta t) = \Pr\left\{G(t+\Delta t) = g_i \middle| G(t) = g_j\right\} \tag{3.3.6}$$

进一步，当给定初始状态条件 $p_j(0)$ 后，即可利用龙格库塔数值解算方法，实现对任意 t 时刻系统所处状态的概率函数 $p_j(t)$ 求解。进而，依据式（3.2.6）～式（3.2.15），可解算分析多状态系统的可靠性。

3.3.2　通用生成函数法

通用生成函数法（Universal Generating Function，UGF）是一类生成序列解算方法，其通过针对多状态系统各组成单元分别定义 z 变换函数和生成算子，实现对复杂系统结构的多层剥离与重构，进而实现自下而上形式的多状态系统可靠性能逐级解析。通用生成函数法能够较好地解决各型多状态系统的可靠性分析与计算问题，尤其适用于复杂装备系统的多状态可靠性分析，近年来已被广泛应用于各型多状态系统的可靠性分析领域[24-31]。

1. z 变换函数

考虑一具备 k_i 类状态性能的组件单元 i，其相关状态性能 $G_i(t)$ 作为随机变量，服从以下概率分布

$$\Pr\left\{G_i(t) = g_{ij}\right\} = p_{ij}(t), \quad j = 1,2,\cdots,k_i \tag{3.3.7}$$

式（3.3.7）中，g_{ij} 为单元 i 第 j 状态的性能取值，$p_{ij}(t)$ 为 t 时刻单元 i 处于第 j 状态的概率取值。这里，我们定义单元 i 的 z 变换函数如下：

$$\psi_{G_i(t)}(z) = \sum_{j=1}^{k_i} p_{ij}(t) z^{g_{ij}(t)} \tag{3.3.8}$$

注意，式（3.3.8）仅是为便于计算而构造的一类生成序列表现形式，并不内含确切的物理意义。进一步，将上述 z 变换函数的定义，拓展至由 n 个组件单元构成的多状态系统。假设 n 个组件单元的状态性能分布相互独立，则有多状态系统的 z 变换函数为

$$\psi_{G(t)}(z) = \sum_{j_1=1}^{k_1}\sum_{j_2=1}^{k_2}\cdots\sum_{j_n=1}^{k_n} p_{1j_1}(t) p_{2j_2}(t)\cdots p_{nj_n}(t) z^{f\left(g_{1j_1}(t),g_{2j_2}(t),\cdots,g_{nj_n}(t)\right)} \tag{3.3.9}$$

式（3.3.9）中，$f(\cdot)$ 为反映组件单元与系统间性能关联的物理构型函数；g_{ij_i} 为第 i 组件单元位于第 j_i 状态的性能取值，$i=1,2,\cdots,n$；$j_i=1,2,\cdots,k_i$；k_i 为第 i 组件单

元的状态性能总数；$p_{ij_i}(t)$ 为 t 时刻第 i 组件单元位于第 j_i 状态的概率取值。

需要说明的是，引入随机变量 z 变换函数的重要意义在于，给定 z 变换函数后，与其对应的随机变量的概率分布也可唯一确定。由此，对于某些存有大量级状态维度（$K>30$）的复杂装备系统，可尝试直接先获取其状态输出的 z 变换函数，再反求各级状态的概率分布，以规避直接利用马尔可夫过程法解算大维度微分方程组潜在的技术风险。

2. 通用生成算子

假设多状态系统的状态性能 $G(t)$，可由 n 个组件单元的状态性能 $G_i(t)$ 唯一确定，两者间的数学关联如下：

$$G(t) = f\left(G_1(t), G_2(t), \cdots, G_n(t)\right)$$

这里，通过定义一类数学算子——通用生成算子 Ω_f，确定系统级 z 变换函数 $\psi_{G(t)}(z)$ 与组件级 z 变换函数 $\psi_{G_i(t)}(z)$ 的数学关联，如式（3.3.10）所示。

$$\begin{aligned}
\psi_{G(t)}(z) &= \Omega_f\left(\psi_{G_1(t)}(z), \psi_{G_2(t)}(z), \cdots, \psi_{G_n(t)}(z)\right) \\
&= \sum_{j_1=1}^{k_1}\sum_{j_2=1}^{k_2}\cdots\sum_{j_n=1}^{k_n} p_{1j_1}(t)p_{2j_2}(t)\cdots p_{nj_n}(t) z^{f\left(g_{1j_1}(t),g_{2j_2}(t),\cdots,g_{nj_n}(t)\right)}
\end{aligned} \quad (3.3.10)$$

有关通用生成算子 Ω_f 的表达形式多种多样，既可为函数映射形式，也可为序列映射形式，式（3.3.10）也可写为

$$\begin{aligned}
\psi_{G(t)}(z) &= \Omega_f\left(\psi_{G_1(t)}(z), \psi_{G_2(t)}(z), \cdots, \psi_{G_n(t)}(z)\right) \\
&= \left\{ p_{1j_1}(t)p_{2j_2}(t)\cdots p_{nj_n}(t), f\left(g_{1j_1}(t),g_{2j_2}(t),\cdots,g_{nj_n}(t)\right)\right\}
\end{aligned} \quad (3.3.11)$$

需要说明的是，通用生成算子 Ω_f 同步继承给定多状态系统物理构型函数 $f(\cdot)$ 的全部数学运算特性。在现实工程应用中，多状态系统物理构型函数 $f(\cdot)$ 往往满足交换、结合、迭代等优良运算特性，因此较易实现计算过程的程式化，且极具计算资源优化可能。

3. 通用生成函数

对于给定的组件单元状态性能 $G_i(t)$ 和多状态系统状态性能 $G(t)$，如果反映两者 z 变换函数关联的通用生成算子 Ω_f 被定义，则又称 z 变换函数 $\psi_{G_i(t)}(z)$、$\psi_{G(t)}(z)$ 为通用生成函数，相关数学表达式如下：

$$\begin{cases} \psi_{G_i(t)}(z) = \sum_{j=1}^{k_i} p_{ij}(t) z^{g_{ij}(t)}, i = 1, 2, \cdots, n \\ \psi_{G(t)}(z) = \Omega_f \left(\psi_{G_1(t)}(z), \psi_{G_2(t)}(z), \cdots, \psi_{G_n(t)}(z) \right) \end{cases} \tag{3.3.12}$$

与 z 变换函数具备的解析特性相同，确定系统级或组件级的通用生成函数后，即可反向同步确定其状态性能的概率分布。

综上所述，一旦各级单元的 z 变换函数和通用生成算子已知，则可通过逐级解算各组件、部套件、子系统或全系统的 z 变换函数，分别确定各层级对象的状态概率分布。而一旦状态概率分布得以明确，与马尔可夫过程法类似，依据式（3.2.6）～式（3.2.15），即可解算分析多状态系统的可靠性。有关利用通用生成函数法，解算分析多状态系统可靠性的主要思路，参见图3-2。

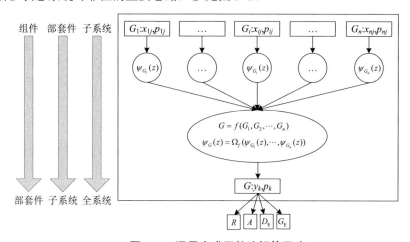

图 3-2   通用生成函数法解算思路

3.4   基于马尔可夫过程的舰船装备多状态系统可靠性分析

舰船装备系统运行状态与常规装备系统相比，往往要复杂得多，这一特点不仅体现在状态数量上，而且还体现在各级状态间的时变跃迁规律中。而若想实现舰船装备系统及其组件单元的可靠性分析与评估，终免不了需要刻画考查其寿命期间的状态时变过程。为此，本节以马尔可夫过程方法为核心，阐述一类能够较好地解析舰船装备多状态系统寿命期间各级状态时变规律和跃迁历程的工程技术方法。

3.4.1　基于马尔可夫过程的多状态单元可靠性分析

组成舰船装备多状态系统的单元组件通常很多，类型也千差万别，为确保书中给出的多状态可靠性分析方法更具一般性，这里将可修单元组件视为研究对象。

如图 3.3 所示，对于可修单元 j 来说，在其寿命期内，既存在状态恶化可能，也存在状态好转可能。假设多状态单元 j 存有 k_j 种状态性能，且状态优劣次序排列如下：

$$g_{k_j} > g_{k_j-1} > \cdots > g_2 > g_1$$

则其状态跃迁过程，既存在由 m 状态向 n 状态跃迁可能（$m>n,m,n\in\{1,2,\cdots,k_j\}$），也存在由 n 状态向 m 状态跃迁可能；同时，可修单元 j 一旦跃迁至不可接受功能状态，并不一定导致寿命期结束，通过及时有效的修复，仍可能恢复至可接受功能状态。

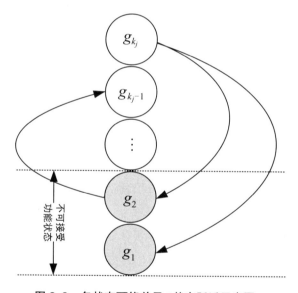

图 3-3　多状态可修单元 j 状态跃迁示意图

为此，依据式（3.3.3），可得多状态可修单元的状态概率通用解算微分方程式为

$$\frac{\mathrm{d}p_m(t)}{\mathrm{d}t} = \sum_{n\neq m}^{k_j} \zeta_{nm} p_n(t) - p_m(t) \sum_{n\neq m}^{k_j} \zeta_{mn} \tag{3.4.1}$$

式（3.4.1）中，$p_m(t)$ 为 t 时刻单元组件 j 处于 m 状态的概率，$\zeta_{mn}(t)$ 为单元组件 j 由 m 状态向 n 状态跃迁的跃迁强度函数，k_j 为单元组件 j 的状态总数。给定单元

组件 j 的初始状态条件 p_m（0）后，即可利用龙格库塔数值解算方法，实现对任意 t 时刻单元组件 j 所处状态的概率函数 p_m（t）求解。进而，依据式（3.2.6）～式（3.2.15），可解算分析多状态单元组件 j 的可靠性。

3.4.2　基于马尔可夫过程的多状态系统可靠性分析

现实中的多状态复杂装备系统，往往并不是由某单一单元构成的，仅局限于前述关于多状态独立单元的可靠性研究，明显还远不能满足舰船装备多状态系统的可靠性分析需求，因此，有必要在多状态单元可靠性分析研究结论的基础上，进一步开展多状态系统的可靠性分析研究工作。

（1）前提假设

多状态系统组成单元多、输出状态性能多，为便于实现全系统的建模与分析，作如下前提假设：

①系统不同组成单元的状态跃迁过程相互独立；

②任意瞬时，系统仅可能存有唯一组成单元发生状态跃迁。

（2）程式化分析流程

大致包括五个步骤：

①绘制全系统的状态跃迁图；

②明确全系统的状态跃迁强度矩阵 ζ；

③构建全系统的状态概率解算微分方程组；

④实施状态概率微分方程组的数值解算；

⑤计算可靠性度量参数指标，进行多状态系统可靠性分析。

需要注意的是，与多状态独立单元不同，多状态系统的输出状态性能数目往往较多，尤其对于舰船装备这类多状态复杂系统而言，更是如此，输出状态可能多达十几个、几十个，甚至更多。为此，无论是绘制状态跃迁图、确定状态跃迁强度矩阵，还是构建状态概率解算微分方程组、实施微分方程组的数值解算，相关过程都极其复杂且工作量巨大。当然，随着高性能计算机和高效能计算技术的发明与应用，上述困扰舰船装备多状态复杂系统可靠性建模与分析的诸项难题，已得到部分解决，并给出有效对策。

（3）案例说明

考虑图 3-4 所示多状态船载燃油管路传输子系统，由支路管路 A、B 传输单元和主管路 C 传输单元构成，相互之间由法兰连接。

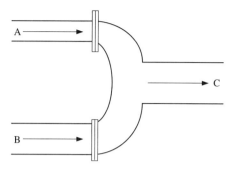

图 3-4　多状态船载燃油管路传输子系统

其中，支路管路 A、B 均为"二元"状态传输单元，燃油传输量分别为 1.3t/min 和 1.5t/min，主管路 C 较为特殊，具有 3 类传输状态，即功能完全失效状态、部分失效状态和功能正常状态，对应的燃油传输量分别为 0t/min、1.4t/min 和 3t/min。3 个管路传输单元各自可能存在的状态跃迁过程，如图 3-5 所示。

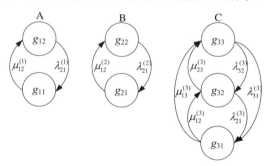

图 3-5　船载燃油管路传输单元状态跃迁图

图 3-5 中：g_{jk} 为系统第 j 单元的第 k 状态性能，$j=1$ 对应管路 A，$j=2$ 对应管路 B，$j=3$ 对应管路 C；$\lambda_{mn}^{(j)}$ 为系统第 j 单元由第 m 状态性能劣变到第 n 状态性能的故障率，单位取 1/a（每年次）；$\mu_{nm}^{(j)}$ 为系统第 j 单元由第 n 状态性能提升到第 m 状态性能的修复率，单位取 1/a（每年次）；$m>n$。相关参数取值为

$g_{12}=1.3$、$g_{11}=0$、$\lambda_{21}^{(1)}=5$、$\mu_{12}^{(1)}=80$；$g_{22}=1.5$、$g_{21}=0$、$\lambda_{21}^{(2)}=8$、$\mu_{12}^{(2)}=100$

$g_{33}=3$、$g_{32}=1.4$、$g_{31}=0$、$\lambda_{32}^{(3)}=8$、$\lambda_{21}^{(3)}=5$、$\lambda_{31}^{(3)}=0.5$、$\mu_{12}^{(3)}=110$、$\mu_{23}^{(3)}=100$、$\mu_{13}^{(3)}=40$

假设决定船载燃油管路子系统最终传输性能 $G_s(t)$ 的物理构型函数为

$$G_s(t)=f\left(G_1(t),G_2(t),G_3(t)\right)=\min\left\{G_1(t)+G_2(t),G_3(t)\right\} \tag{3.4.2}$$

式（3.4.2）中，$G_1(t)$、$G_2(t)$、$G_3(t)$ 分别为各管道单元的实际燃油传输性能，

$G_1(t)\in[g_{12},g_{11}]$，$G_2(t)\in[g_{22},g_{21}]$，$G_3(t)\in[g_{33},g_{32},g_{31}]$。则鉴于管路单元 A、B 均具备 2 类传输状态性能，管路单元 C 具备 3 类传输状态性能，易知全系统存有 12 类传输状态性能，详见表 3-2。

表 3-2　多状态船载燃油管路传输系统状态性能及状态跃迁分析表

s	G_1	G_2	G_3	G_s	1	2	3	4	5	6	7	8	9	10	11	12
1	1.3	1.5	3	2.8		$\lambda_{21}^{(1)}$	$\lambda_{21}^{(2)}$	$\lambda_{32}^{(3)}$	$\lambda_{31}^{(3)}$	0	0	0	0	0	0	0
2	0	1.5	3	1.5	$\mu_{12}^{(1)}$		0	0	0	$\lambda_{21}^{(2)}$	$\lambda_{32}^{(3)}$	$\lambda_{31}^{(3)}$	0	0	0	0
3	1.3	0	3	1.3	$\mu_{12}^{(2)}$	0		0	0	$\lambda_{21}^{(1)}$	0	0	$\lambda_{32}^{(3)}$	$\lambda_{31}^{(3)}$	0	0
4	1.3	1.5	1.4	1.4	$\mu_{23}^{(3)}$	0	0		$\lambda_{21}^{(3)}$	0	$\lambda_{21}^{(1)}$	0	$\lambda_{21}^{(2)}$	0	0	0
5	1.3	1.5	0	0	$\mu_{13}^{(3)}$	0	0	$\mu_{12}^{(3)}$		0	0	$\lambda_{21}^{(1)}$	0	$\lambda_{21}^{(2)}$	0	0
6	0	0	3	0	0	$\mu_{12}^{(2)}$	$\mu_{12}^{(1)}$	0	0		0	0	0	0	$\lambda_{32}^{(3)}$	$\lambda_{31}^{(3)}$
7	0	1.5	1.4	1.4	0	$\mu_{23}^{(3)}$	0	$\mu_{12}^{(1)}$	0	0		$\lambda_{21}^{(3)}$	0	$\lambda_{21}^{(2)}$	0	0
8	0	1.5	0	0	$\mu_{13}^{(3)}$	0	0	$\mu_{12}^{(1)}$	0	$\mu_{12}^{(3)}$	0		0	0	0	$\lambda_{21}^{(2)}$
9	1.3	0	1.4	1.3	0	0	$\mu_{23}^{(3)}$	$\mu_{12}^{(2)}$	0	0	0	0		$\lambda_{21}^{(3)}$	$\lambda_{21}^{(1)}$	0
10	1.3	0	0	0	0	0	$\mu_{13}^{(3)}$	$\mu_{12}^{(2)}$	0	0	0	0	$\mu_{12}^{(3)}$		0	$\lambda_{21}^{(1)}$
11	0	0	1.4	0	0	0	0	0	0	$\mu_{23}^{(3)}$	$\mu_{12}^{(2)}$	0	$\mu_{12}^{(1)}$	0		$\lambda_{21}^{(3)}$
12	0	0	0	0	0	0	0	0	0	$\mu_{13}^{(3)}$	0	$\mu_{12}^{(2)}$	0	$\mu_{12}^{(1)}$	$\mu_{12}^{(3)}$	

进一步分析系统状态跃迁过程。注意船载燃油管路传输系统的状态跃迁，由三个管路传输单元状态跃迁所致，且任意瞬时仅存唯一管路传输单元发生状态跃迁可能。由此，可确定相关状态跃迁关系，详见表 3-2 的第 6～17 列。

表 3-2 中，若相关行列对应的单元格取值为 0（非空），代表相应行列序号间的状态跃迁不可能发生，例如第 1 行 11 列取值为 0（灰色背景标注），意味着船载燃油管路传输系统不可能由表中所列第 1 类状态直接跃迁至第 6 类状态；若相关行列对应的单元格取值非 0，代表相应行列序号间的状态跃迁可能发生，具体发生途径（失效或修复）由其取值决定，例如 1 行 7 列取值为 $\lambda_{21}^{(1)}$（灰色背景标注），意味着船载燃油管路传输系统由于传输单元 A 的状态失效，导致输出状态性能由表中所列第 1 类状态跃迁至第 2 类状态。

遵循上述有关船载燃油管路传输系统的状态跃迁分析模式，可绘制系统的状态跃迁图如图 3-6 所示。

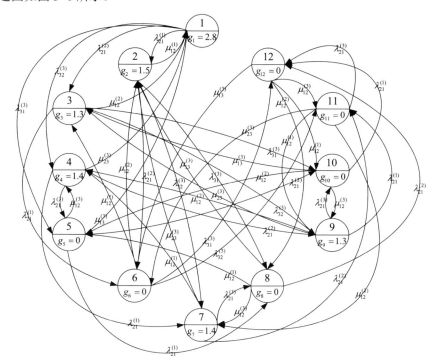

图 3-6　船载燃油管路传输系统状态跃迁图

进而，可确定系统状态跃迁强度矩阵 ζ 为

$$
\zeta=
\begin{array}{c}
1 \\ 2 \\ 3 \\ 4 \\ 5 \\ 6 \\ 7 \\ 8 \\ 9 \\ 10 \\ 11 \\ 12
\end{array}
\begin{pmatrix}
\zeta_{1,1} & \lambda_{21}^{(1)} & \lambda_{21}^{(2)} & \lambda_{32}^{(3)} & \lambda_{31}^{(3)} & 0 & 0 & 0 & 0 & 0 & 0 & 0 \\
\mu_{12}^{(1)} & \zeta_{2,2} & 0 & 0 & 0 & \lambda_{21}^{(2)} & \lambda_{32}^{(3)} & \lambda_{31}^{(3)} & 0 & 0 & 0 & 0 \\
\mu_{12}^{(2)} & 0 & \zeta_{3,3} & 0 & 0 & \lambda_{21}^{(1)} & 0 & 0 & \lambda_{32}^{(3)} & \lambda_{31}^{(3)} & 0 & 0 \\
\mu_{23}^{(3)} & 0 & 0 & \zeta_{4,4} & \lambda_{21}^{(3)} & 0 & \lambda_{21}^{(1)} & 0 & \lambda_{21}^{(2)} & 0 & 0 & 0 \\
\mu_{13}^{(3)} & 0 & 0 & \mu_{12}^{(3)} & \zeta_{5,5} & 0 & 0 & \lambda_{21}^{(1)} & 0 & \lambda_{21}^{(2)} & 0 & 0 \\
0 & \mu_{12}^{(2)} & \mu_{12}^{(1)} & 0 & 0 & \zeta_{6,6} & 0 & 0 & 0 & 0 & \lambda_{32}^{(3)} & \lambda_{31}^{(3)} \\
0 & \mu_{23}^{(3)} & 0 & \mu_{12}^{(1)} & 0 & 0 & \zeta_{7,7} & \lambda_{21}^{(3)} & 0 & 0 & \lambda_{21}^{(2)} & 0 \\
0 & \mu_{13}^{(3)} & 0 & 0 & \mu_{12}^{(1)} & 0 & \mu_{12}^{(1)} & \zeta_{8,8} & 0 & 0 & 0 & \lambda_{21}^{(2)} \\
0 & 0 & \mu_{23}^{(3)} & \mu_{12}^{(2)} & 0 & 0 & 0 & 0 & \zeta_{9,9} & \lambda_{21}^{(3)} & \lambda_{21}^{(1)} & 0 \\
0 & 0 & \mu_{13}^{(3)} & 0 & \mu_{12}^{(2)} & 0 & 0 & 0 & \mu_{12}^{(3)} & \zeta_{10,10} & 0 & \lambda_{21}^{(1)} \\
0 & 0 & 0 & 0 & 0 & \mu_{23}^{(3)} & \mu_{12}^{(2)} & 0 & \mu_{12}^{(1)} & 0 & \zeta_{11,11} & \lambda_{21}^{(3)} \\
0 & 0 & 0 & 0 & 0 & \mu_{13}^{(3)} & 0 & \mu_{12}^{(2)} & 0 & \mu_{12}^{(1)} & \mu_{12}^{(3)} & \zeta_{12,12}
\end{pmatrix}
$$

其中

$$\zeta_{1,1} = -(\lambda_{21}^{(1)} + \lambda_{21}^{(2)} + \lambda_{32}^{(3)} + \lambda_{31}^{(3)}) \qquad \zeta_{2,2} = -(\mu_{12}^{(1)} + \lambda_{21}^{(2)} + \lambda_{32}^{(3)} + \lambda_{31}^{(3)})$$

$$\zeta_{3,3} = -(\mu_{12}^{(2)} + \lambda_{21}^{(1)} + \lambda_{32}^{(3)} + \lambda_{31}^{(3)}) \qquad \zeta_{4,4} = -(\mu_{23}^{(3)} + \lambda_{21}^{(3)} + \lambda_{21}^{(1)} + \lambda_{21}^{(2)})$$

$$\zeta_{5,5} = -(\mu_{13}^{(3)} + \mu_{12}^{(3)} + \lambda_{21}^{(1)} + \lambda_{21}^{(2)}) \qquad \zeta_{6,6} = -(\mu_{12}^{(2)} + \mu_{12}^{(1)} + \lambda_{32}^{(3)} + \lambda_{31}^{(3)})$$

$$\zeta_{7,7} = -(\mu_{23}^{(3)} + \mu_{12}^{(1)} + \lambda_{21}^{(3)} + \lambda_{21}^{(2)}) \qquad \zeta_{8,8} = -(\mu_{13}^{(3)} + \mu_{12}^{(1)} + \mu_{12}^{(3)} + \lambda_{21}^{(2)})$$

$$\zeta_{9,9} = -(\mu_{23}^{(3)} + \mu_{12}^{(2)} + \lambda_{21}^{(3)} + \lambda_{21}^{(1)}) \qquad \zeta_{10,10} = -(\mu_{13}^{(3)} + \mu_{12}^{(2)} + \mu_{12}^{(3)} + \lambda_{21}^{(1)})$$

$$\zeta_{11,11} = -(\mu_{23}^{(3)} + \mu_{12}^{(2)} + \mu_{12}^{(1)} + \lambda_{21}^{(3)}) \qquad \zeta_{12,12} = -(\mu_{13}^{(3)} + \mu_{12}^{(2)} + \mu_{12}^{(1)} + \mu_{12}^{(3)})$$

求得系统状态跃迁强度矩阵 ζ 后，即可据此确定船载燃油管路传输系统的状态概率 $p_i(t)$ 解算微分方程组如下

$$
\begin{cases}
\dfrac{\mathrm{d}p_1(t)}{\mathrm{d}t} = -(\lambda_{21}^{(1)} + \lambda_{21}^{(2)} + \lambda_{32}^{(3)} + \lambda_{31}^{(3)})p_1(t) + \mu_{12}^{(1)}p_2(t) + \mu_{12}^{(2)}p_3(t) + \mu_{23}^{(3)}p_4(t) + \mu_{13}^{(3)}p_5(t) \\[2mm]
\dfrac{\mathrm{d}p_2(t)}{\mathrm{d}t} = \lambda_{21}^{(1)}p_1(t) - (\mu_{12}^{(1)} + \lambda_{21}^{(2)} + \lambda_{32}^{(3)} + \lambda_{31}^{(3)})p_2(t) + \mu_{12}^{(2)}p_6(t) + \mu_{23}^{(3)}p_7(t) + \mu_{13}^{(3)}p_8(t) \\[2mm]
\dfrac{\mathrm{d}p_3(t)}{\mathrm{d}t} = \lambda_{21}^{(2)}p_1(t) - (\mu_{12}^{(2)} + \lambda_{21}^{(1)} + \lambda_{32}^{(3)} + \lambda_{31}^{(3)})p_3(t) + \mu_{12}^{(1)}p_6(t) + \mu_{23}^{(3)}p_9(t) + \mu_{13}^{(3)}p_{10}(t) \\[2mm]
\dfrac{\mathrm{d}p_4(t)}{\mathrm{d}t} = \lambda_{32}^{(3)}p_1(t) - (\mu_{23}^{(3)} + \lambda_{21}^{(3)} + \lambda_{21}^{(1)} + \lambda_{21}^{(2)})p_4(t) + \mu_{12}^{(3)}p_5(t) + \mu_{12}^{(1)}p_7(t) + \mu_{12}^{(2)}p_9(t) \\[2mm]
\dfrac{\mathrm{d}p_5(t)}{\mathrm{d}t} = \lambda_{31}^{(3)}p_1(t) + \lambda_{21}^{(3)}p_4(t) - (\mu_{13}^{(3)} + \mu_{12}^{(3)} + \lambda_{21}^{(1)} + \lambda_{21}^{(2)})p_5(t) + \mu_{12}^{(1)}p_8(t) + \mu_{12}^{(2)}p_{10}(t) \\[2mm]
\dfrac{\mathrm{d}p_6(t)}{\mathrm{d}t} = \lambda_{21}^{(2)}p_2(t) + \lambda_{21}^{(1)}p_3(t) - (\mu_{12}^{(2)} + \mu_{12}^{(1)} + \lambda_{32}^{(3)} + \lambda_{31}^{(3)})p_6(t) + \mu_{23}^{(3)}p_{11}(t) + \mu_{13}^{(3)}p_{12}(t) \\[2mm]
\dfrac{\mathrm{d}p_7(t)}{\mathrm{d}t} = \lambda_{32}^{(3)}p_2(t) + \lambda_{21}^{(1)}p_4(t) - (\mu_{23}^{(3)} + \mu_{12}^{(1)} + \lambda_{21}^{(3)} + \lambda_{21}^{(2)})p_7(t) + \mu_{12}^{(3)}p_8(t) + \mu_{12}^{(2)}p_{11}(t) \\[2mm]
\dfrac{\mathrm{d}p_8(t)}{\mathrm{d}t} = \lambda_{31}^{(3)}p_2(t) + \lambda_{21}^{(1)}p_5(t) + \lambda_{21}^{(3)}p_7(t) - (\mu_{13}^{(3)} + \mu_{12}^{(1)} + \mu_{12}^{(3)} + \lambda_{21}^{(2)})p_8(t) + \mu_{12}^{(2)}p_{12}(t) \\[2mm]
\dfrac{\mathrm{d}p_9(t)}{\mathrm{d}t} = \lambda_{32}^{(3)}p_3(t) + \lambda_{21}^{(2)}p_4(t) - (\mu_{23}^{(3)} + \mu_{12}^{(2)} + \lambda_{21}^{(3)} + \lambda_{21}^{(1)})p_9(t) + \mu_{12}^{(3)}p_{10}(t) + \mu_{12}^{(1)}p_{11}(t) \\[2mm]
\dfrac{\mathrm{d}p_{10}(t)}{\mathrm{d}t} = \lambda_{31}^{(3)}p_3(t) + \lambda_{21}^{(2)}p_5(t) + \lambda_{21}^{(3)}p_9(t) - (\mu_{13}^{(3)} + \mu_{12}^{(2)} + \mu_{12}^{(3)} + \lambda_{21}^{(1)})p_{10}(t) + \mu_{12}^{(1)}p_{12}(t) \\[2mm]
\dfrac{\mathrm{d}p_{11}(t)}{\mathrm{d}t} = \lambda_{32}^{(3)}p_6(t) + \lambda_{21}^{(2)}p_7(t) + \lambda_{21}^{(1)}p_9(t) - (\mu_{23}^{(3)} + \mu_{12}^{(2)} + \mu_{12}^{(1)} + \lambda_{21}^{(3)})p_{11}(t) + \mu_{12}^{(3)}p_{12}(t) \\[2mm]
\dfrac{\mathrm{d}p_{12}(t)}{\mathrm{d}t} = \lambda_{31}^{(3)}p_6(t) + \lambda_{21}^{(2)}p_8(t) + \lambda_{21}^{(1)}p_{10}(t) + \lambda_{21}^{(3)}p_{11}(t) - (\mu_{13}^{(3)} + \mu_{12}^{(2)} + \mu_{12}^{(1)} + \mu_{12}^{(3)})p_{12}(t)
\end{cases}
$$

$$（3.4.3）$$

取初始状态条件为 $p_1(0) = 1$，$p_i(0) = 0$（$i=2,3,\cdots,12$），数值解算上述微分方程组，结果如图 3-7 所示。

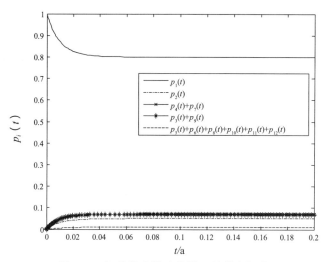

图 3-7　船载燃油管路传输系统状态概率

图 3-7 中，由于系统第 4、7 类输出状态性能完全相同，$g_4=g_7=1.3$，合并为同一类状态概率表示。类似，第 3、9 类状态，第 5、6、8、10、11、12 类状态采用同种方法处理。

进一步，假设船载燃油管路传输能力需求为 1.2t/min，则有该燃油管路传输系统的瞬态可用度 $A(t,1.2)$ 为

$$A(t,1.2) = \sum_{i=1}^{4} p_i(t) + p_7(t) + p_9(t) \tag{3.4.4}$$

相关瞬态可用度时变曲线数值仿真结果，如图 3-8 所示。

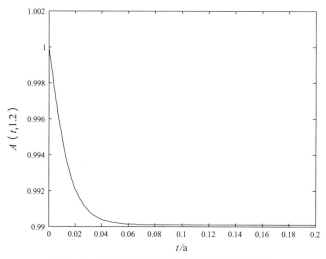

图 3-8　船载燃油管路传输系统瞬态可用度

读图 3-8 可知，系统稳态可用度 A $(\infty,1.2)$ 约为

$$A(\infty,1.2) \approx A(0.2,1.2) = 0.9901$$

同样，计算系统瞬态性能输出 G_E (t)、瞬态性能失效 D_E $(t,1.2)$ 为

$$G_E(t) = \sum_{i=1}^{12} g_i p_i(t) \tag{3.4.5}$$

$$D_E(t,1.2) = \sum_{i=1}^{12} p_i(t) \max\{1.2 - g_i, 0\} \tag{3.4.6}$$

相关时变曲线数值仿真结果，如图 3-9 所示。

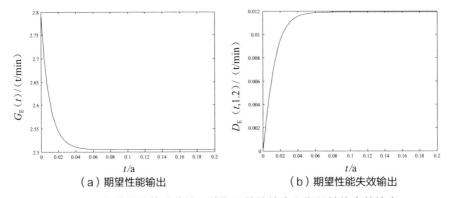

（a）期望性能输出　　　　　　（b）期望性能失效输出

图 3-9　船载燃油管路传输系统期望性能输出和期望性能失效输出

读图 3-9 可知，系统稳态期望性能输出 $G_E(\infty)$、稳态期望性能失效 $D_E(\infty,1.2)$ 约为

$$G_E(\infty) \approx G_E(0.2) = 2.5048$$
$$D_E(\infty,1.2) \approx D_E(0.2,1.2) = 0.0119$$

最后，计算船载燃油管路传输系统的可靠度 $R_{1.2}$ (t)，此时将系统燃油输送性能低于 1.2t/min 的状态，均纳为不可接受状态，统一记为收缩状态 0。系统输出状态一旦跃迁至收缩状态，不再存在修复活动使其恢复至可接受状态，即以系统首次进入收缩状态为门限，判断系统是否可靠，并依此计算其可靠度 $R_{1.2}$ (t)。由此，多状态船载燃油管路传输系统性能及状态跃迁分析表变更为表 3-3。

表 3-3　多状态船载燃油管路传输系统可靠度计算状态跃迁分析表

s	G_1	G_2	G_3	G_s	1	2	3	4	⑤	⑥	7	⑧	9	⑩	⑪	⑫
1	1.3	1.5	3	2.8		$\lambda_{21}^{(1)}$	$\lambda_{21}^{(2)}$	$\lambda_{32}^{(3)}$	$\lambda_{31}^{(3)}$	0	0	0	0	0	0	0
2	0	1.5	3	1.5	$\mu_{12}^{(1)}$		0	0	0	$\lambda_{21}^{(2)}$	$\lambda_{32}^{(3)}$	$\lambda_{31}^{(3)}$	0	0	0	0

续表

s	G_1	G_2	G_3	G_s	1	2	3	4	⑤	⑥	7	⑧	9	⑩	⑪	⑫
3	1.3	0	3	1.3	$\mu_{12}^{(2)}$	0		0	0	$\underline{\lambda_{21}^{(1)}}$	0	0	$\lambda_{32}^{(3)}$	$\underline{\lambda_{31}^{(3)}}$	0	0
4	1.3	1.5	1.4	1.4	$\mu_{23}^{(3)}$	0	0		$\lambda_{21}^{(3)}$	0	$\lambda_{21}^{(1)}$	0	$\lambda_{21}^{(2)}$	0	0	0
⑤	1.3	1.5	0	0	$\mu_{13}^{(3)}$	0	0	$\mu_{12}^{(3)}$		0	0	$\lambda_{21}^{(1)}$	0	$\lambda_{21}^{(2)}$	0	0
⑥	0	0	3	0	0	$\mu_{12}^{(2)}$	$\mu_{12}^{(1)}$	0	0		0	0	0	0	$\lambda_{32}^{(3)}$	$\lambda_{31}^{(3)}$
7	0	1.5	1.4	1.4	0	$\mu_{23}^{(3)}$	0	$\mu_{12}^{(1)}$	0	$\lambda_{21}^{(3)}$	0	0	$\lambda_{21}^{(2)}$	0	0	0
⑧	0	1.5	0	0	0	$\mu_{13}^{(3)}$	0	0	$\mu_{12}^{(1)}$	0	$\mu_{12}^{(3)}$	0	0	0	0	$\lambda_{21}^{(2)}$
9	1.3	0	1.4	1.3	0	0	$\mu_{23}^{(3)}$	$\mu_{12}^{(2)}$	0	0	0	0	0	$\underline{\lambda_{21}^{(3)}}$	$\underline{\lambda_{21}^{(1)}}$	0
⑩	1.3	0	0	0	0	0	$\mu_{13}^{(3)}$	0	$\mu_{12}^{(3)}$	0	0	0	$\mu_{12}^{(3)}$		0	$\lambda_{21}^{(1)}$
⑪	0	0	1.4	0	0	0	0	0	0	$\mu_{23}^{(3)}$	$\mu_{12}^{(2)}$	0	$\mu_{12}^{(1)}$	0		$\lambda_{21}^{(3)}$
⑫	0	0	0	0	0	0	0	0	0	$\mu_{13}^{(3)}$	0	$\mu_{12}^{(2)}$	0	$\mu_{12}^{(1)}$	$\mu_{12}^{(3)}$	

如表 3-3 所示，⑤、⑥、⑧、⑩、⑪、⑫ 圈记状态编号，在计算船载燃油管路传输系统可靠度时，均记为收缩状态 0；鉴于收缩状态不可修复的假设，表中灰色背景填充单元格取值，均应统一调整为 0；表中同行下画线标注单元格取值，均应进行合并求和处理；表中反映不可接受状态之间互相跃迁的单元格取值，也均应统一调整为 0。综上所述，表 3-3 进一步变更为表 3-4。

表 3-4　多状态船载燃油管路传输系统可靠度计算状态跃迁分析表

s	G_1	G_2	G_3	G_s	1	2	3	4	7	9	0
1	1.3	1.5	3	2.8		$\lambda_{21}^{(1)}$	$\lambda_{21}^{(2)}$	$\lambda_{32}^{(3)}$	0	0	$\lambda_{31}^{(3)}$
2	0	1.5	3	1.5	$\mu_{12}^{(1)}$		0	0	$\lambda_{32}^{(3)}$	0	$\underline{\lambda_{21}^{(2)}+\lambda_{31}^{(3)}}$
3	1.3	0	3	1.3	$\mu_{12}^{(2)}$	0		0	$\lambda_{32}^{(3)}$	0	$\underline{\lambda_{21}^{(1)}+\lambda_{31}^{(3)}}$
4	1.3	1.5	1.4	1.4	$\mu_{23}^{(3)}$	0	0		$\lambda_{21}^{(1)}$	$\lambda_{21}^{(2)}$	$\lambda_{21}^{(3)}$
7	0	1.5	1.4	1.4	0	$\mu_{23}^{(3)}$	0	$\mu_{12}^{(1)}$		0	$\underline{\lambda_{21}^{(3)}+\lambda_{21}^{(2)}}$
9	1.3	0	1.4	1.3	0	0	$\mu_{23}^{(3)}$	$\mu_{12}^{(2)}$	0		$\underline{\lambda_{21}^{(3)}+\lambda_{21}^{(1)}}$
0				0	0	0	0	0	0	0	0

此时，船载燃油管路传输系统的状态跃迁图变更为图 3-10。

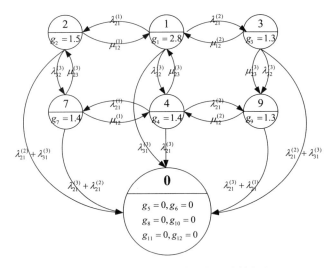

图 3-10　船载燃油管路传输系统可靠度计算状态跃迁图

类似，此时船载燃油管路传输系统的状态跃迁强度矩阵 ζ 变更为

$$\zeta = \begin{array}{c} 1 \\ 2 \\ 3 \\ 4 \\ 7 \\ 9 \\ 0 \end{array} \begin{pmatrix} \zeta_{1,1} & \lambda_{21}^{(1)} & \lambda_{21}^{(2)} & \lambda_{32}^{(3)} & 0 & 0 & \lambda_{31}^{(3)} \\ \mu_{12}^{(1)} & \zeta_{2,2} & 0 & 0 & \lambda_{32}^{(3)} & 0 & \lambda_{21}^{(2)}+\lambda_{31}^{(3)} \\ \mu_{12}^{(2)} & 0 & \zeta_{3,3} & 0 & 0 & \lambda_{32}^{(3)} & \lambda_{21}^{(1)}+\lambda_{31}^{(3)} \\ \mu_{23}^{(3)} & 0 & 0 & \zeta_{4,4} & \lambda_{21}^{(1)} & \lambda_{21}^{(2)} & \lambda_{21}^{(3)} \\ 0 & \mu_{23}^{(3)} & 0 & \mu_{12}^{(1)} & \zeta_{7,7} & 0 & \lambda_{21}^{(3)}+\lambda_{21}^{(2)} \\ 0 & 0 & \mu_{23}^{(3)} & \mu_{12}^{(2)} & 0 & \zeta_{9,9} & \lambda_{21}^{(3)}+\lambda_{21}^{(1)} \\ 0 & 0 & 0 & 0 & 0 & 0 & \zeta_{0,0} \end{pmatrix}$$

其中

$$\zeta_{1,1} = -(\lambda_{21}^{(1)} + \lambda_{21}^{(2)} + \lambda_{32}^{(3)} + \lambda_{31}^{(3)}) \qquad \zeta_{2,2} = -(\mu_{12}^{(1)} + \lambda_{21}^{(2)} + \lambda_{32}^{(3)} + \lambda_{31}^{(3)})$$

$$\zeta_{3,3} = -(\mu_{12}^{(2)} + \lambda_{21}^{(1)} + \lambda_{32}^{(3)} + \lambda_{31}^{(3)}) \qquad \zeta_{4,4} = -(\mu_{23}^{(3)} + \lambda_{21}^{(3)} + \lambda_{21}^{(1)} + \lambda_{21}^{(2)})$$

$$\zeta_{7,7} = -(\mu_{23}^{(3)} + \mu_{12}^{(1)} + \lambda_{21}^{(3)} + \lambda_{21}^{(2)}) \qquad \zeta_{9,9} = -(\mu_{23}^{(3)} + \mu_{12}^{(2)} + \lambda_{21}^{(3)} + \lambda_{21}^{(1)})$$

$$\zeta_{0,0} = 0$$

进而，依据系统状态跃迁强度矩阵 ζ，确定系统可靠度解算状态概率微分方程组如下：

$$
\begin{cases}
\dfrac{\mathrm{d}p_1(t)}{\mathrm{d}t} = -(\lambda_{21}^{(1)} + \lambda_{21}^{(2)} + \lambda_{32}^{(3)} + \lambda_{31}^{(3)})p_1(t) + \mu_{12}^{(1)}p_2(t) + \mu_{12}^{(2)}p_3(t) + \mu_{23}^{(3)}p_4(t) \\[2mm]
\dfrac{\mathrm{d}p_2(t)}{\mathrm{d}t} = \lambda_{21}^{(1)}p_1(t) - (\mu_{12}^{(1)} + \lambda_{21}^{(2)} + \lambda_{32}^{(3)} + \lambda_{31}^{(3)})p_2(t) + \mu_{23}^{(3)}p_7(t) \\[2mm]
\dfrac{\mathrm{d}p_3(t)}{\mathrm{d}t} = \lambda_{21}^{(2)}p_1(t) - (\mu_{12}^{(2)} + \lambda_{21}^{(1)} + \lambda_{32}^{(3)} + \lambda_{31}^{(3)})p_3(t) + \mu_{23}^{(3)}p_9(t) \\[2mm]
\dfrac{\mathrm{d}p_4(t)}{\mathrm{d}t} = \lambda_{32}^{(3)}p_1(t) - (\mu_{23}^{(3)} + \lambda_{21}^{(3)} + \lambda_{21}^{(1)} + \lambda_{21}^{(2)})p_4(t) + \mu_{12}^{(1)}p_7(t) + \mu_{12}^{(2)}p_9(t) \\[2mm]
\dfrac{\mathrm{d}p_7(t)}{\mathrm{d}t} = \lambda_{32}^{(3)}p_2(t) + \lambda_{21}^{(1)}p_4(t) - (\mu_{23}^{(3)} + \mu_{12}^{(1)} + \lambda_{21}^{(3)} + \lambda_{21}^{(2)})p_7(t) \\[2mm]
\dfrac{\mathrm{d}p_9(t)}{\mathrm{d}t} = \lambda_{32}^{(3)}p_3(t) + \lambda_{21}^{(2)}p_4(t) - (\mu_{23}^{(3)} + \mu_{12}^{(2)} + \lambda_{21}^{(3)} + \lambda_{21}^{(1)})p_9(t) \\[2mm]
\dfrac{\mathrm{d}p_0(t)}{\mathrm{d}t} = \lambda_{31}^{(3)}p_1(t) + (\lambda_{21}^{(3)} + \lambda_{31}^{(3)})p_2(t) + (\lambda_{21}^{(3)} + \lambda_{31}^{(3)})p_3(t) + \lambda_{21}^{(3)}p_4(t) + (\lambda_{21}^{(3)} + \lambda_{21}^{(2)})p_7(t) + (\lambda_{21}^{(3)} + \lambda_{21}^{(1)})p_9(t)
\end{cases}
\tag{3.4.7}
$$

取初始状态条件为 $p_1(0)=1$，$p_i(0)=0$（$i=0,2,3,4,7,9$），数值解算上述微分方程组，则有如图 3-11 所示，可靠度作为一类产品的固有属性，在不考虑任何修复活动的情况下，呈单调下降趋势。对于题中多状态船载燃油管路传输系统来说，在恒定燃油输出 1.2t/min 的需求下，0.2a 任务周期内，系统最低可靠度为 $R_{1,2}(0.2)$ =0.7430。

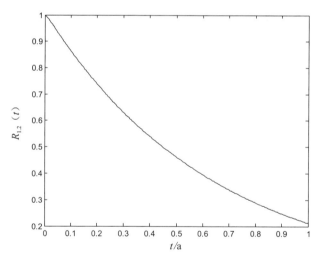

图 3-11　船载燃油管路传输系统可靠度函数

3.5　基于通用生成函数的舰船装备多状态系统可靠性分析

前述理论演绎和案例解算均表明，基于马尔可夫过程的舰船装备多状态系统可靠性建模、分析与评估方法，具备程式化高、适用度好、便于计算机自动化求解等特点。因此，仅从解决多状态复杂系统可靠性建模与分析问题的有效性来看，该方法可作为一类优选方法，在舰船装备维修保障工程应用中考虑选用。但实际上，应用马尔可夫过程法分析舰船装备多状态复杂系统的可靠性，也存在自身的技术风险。由于马尔可夫过程法，需要"绘制多状态系统时变状态跃迁图"和"解算多状态系统时变状态概率微分方程组"，而对于状态维度过高的舰船装备复杂系统而言，即便是借用高性能计算机进行辅助制图和数值解算，也面临极大难度，且存有解算精度低或无法解算、计算机硬件资源要求高等技术风险。随着当今舰船装备科技与制造工艺的高速发展，"内构组件繁多、耦合关联复杂、状态维度量级高"已成为现代舰船装备多状态复杂系统不可避免的固有特征，因此，完全依赖马尔可夫过程法开展舰船装备可靠性建模与分析的潜在技术风险必须正面面对。

为此，本节通过引入通用生成函数法，遵循"化繁为简，分割大维度状态为小维度状态，分级嵌套、递归迭算"的研究思路，实现舰船装备多状态复杂系统的合理切分与有效拼接，进而规避直接运用马尔可夫过程法可能遭遇的高状态维度解算技术风险，与马尔可夫过程法综合使用后，可更有效解决任意类型舰船装备多状态复杂系统的可靠性建模、分析与评估难题。

3.5.1　几类装备复杂系统通用生成函数

如 3.3.2 节所述，通用生成函数法的技术本质在于构建所研装备复杂系统的通用生成函数（z 变换函数）。鉴于可靠性工程研究领域中，大多装备复杂系统都能在一定程度上将其等价为串联、并联、串并混联等经典可靠性构架。因此，为使书中所述方法更具普适性和工程应用价值，这里给出几类经典可靠性构架下的装备复杂系统通用生成函数。

1. 串联系统

串联系统大致可分为两类，分别为流体传输串联系统和任务处理串联系统。对于由 n 个单元组成的多状态串联系统，其可靠性构架如图 3-12 所示。

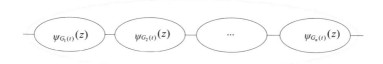

图 3-12　串联系统可靠性构架

（1）流体传输串联系统

流体传输串联系统通常以流量作为状态性能定义，此时系统状态性能取决于各组成单元中的最低状态性能，相关物理构型函数为

$$f_{\text{ser}}^{(1)}\big(G_1(t),G_2(t),\cdots,G_n(t)\big)=\min\big\{G_1(t),G_2(t),\cdots,G_n(t)\big\} \tag{3.5.1}$$

式（3.5.1）中，$G_i(t)$ 为系统第 i 个单元的状态性能，标号 ser 代表串联系统，标号 1 代表第 1 类串联系统。

（2）任务处理串联系统

任务处理串联系统通常以任务处理速度作为状态性能定义，一般假设系统执行任务期间，只有第 i 个单元完成任务处理后，第 $i+1$ 个单元才会后继启动任务处理，相关物理构型函数为

$$f_{\text{ser}}^{(2)}\big(G_1(t),G_2(t),\cdots,G_n(t)\big)=\frac{1}{\sum\limits_{i=1}^{n}T_i(t)}=\frac{1}{\sum\limits_{i=1}^{n}G_i^{-1}(t)} \tag{3.5.2}$$

式（3.5.2）中，$G_i(t)$ 为第 i 个单元的任务处理速度，$T_i(t)$ 为第 i 个单元的任务处理时长，标号 2 代表第 2 类串联系统。

综上所述，在明确串联系统的各型物理构型函数后，可知串联系统的通用生成函数 $\psi_{G(t)}^{\text{ser}}(z)$ 为

$$\psi_{G(t)}^{\text{ser}}(z)=\Omega_f^m\big(\psi_{G_1(t)}(z),\psi_{G_2(t)}(z),\cdots,\psi_{G_n(t)}(z)\big) \tag{3.5.3}$$

式（3.5.3）中：$\psi_{G_i(t)}(z)$ 为单元 i 的通用生成函数，Ω_f 为通用生成算子，m 为串联系统物理构型函数决定因子（取值 1 时代表第 1 类串联系统，取值 2 时代表第 2 类串联系统）。

2. 并联系统

与串联系统类似，并联系统也可分为流体传输并联系统和任务处理并联系统两类。对于由 n 个单元组成的多状态并联系统，其可靠性构架如图 3-13 所示。

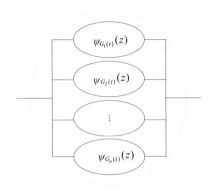

图 3-13　并联系统可靠性构架

（1）流体传输并联系统

流体传输并联系统通常以流量作为状态性能定义，当各组成单元相互独立且允许同时工作时，系统状态性能取决于各组成单元状态性能总和，相关物理构型函数为

$$f_{par}^{(1)}\big(G_1(t),G_2(t),\cdots,G_n(t)\big)=\sum_{i=1}^{n}G_i(t) \tag{3.5.4}$$

当各组成单元中，仅允许唯一最大状态性能单元工作时，系统状态性能取决于最大状态性能单元，此时，相关物理构型函数为

$$f_{par}^{(2)}\big(G_1(t),G_2(t),\cdots,G_n(t)\big)=\max\big\{G_1(t),G_2(t),\cdots,G_n(t)\big\} \tag{3.5.5}$$

式（3.5.4）和式（3.5.5）中，$G_i(t)$ 为第 i 个单元的状态性能，标号 par 代表并联系统，标号 1 代表第 1 类并联系统，标号 2 代表第 2 类并联系统。

（2）任务处理并联系统

任务处理并联系统通常以任务处理速度作为状态性能定义，若假设系统执行任务期间，各组成单元不共享任务内容，以竞争方式选择唯一单元实施任务处理，此时，系统状态性能取决于各组成单元中最优状态性能单元，相关物理构型函数为

$$f_{par}^{(3)}\big(G_1(t),G_2(t),\cdots,G_n(t)\big)=\max\big\{G_1(t),G_2(t),\cdots,G_n(t)\big\} \tag{3.5.6}$$

若系统执行任务期间，各组成单元可共享任务内容，此时，系统状态性能取决于各组成单元中最劣状态性能单元。注意，此时在确定其物理构型函数前，需做几点补充说明：

①任务内容可在各单元间，按照任意比例分配；

②有关任务途径规划工作，均在任务执行前完成，不再占用任务执行时间；

③忽略任务执行期间各单元的失效事件。

基于上述补充说明，假设系统总任务工作量为 y，各单元 i 分享任务工作量为 y_i，则有单元 i 的任务处理时长为 $y_i/G_i(t)$，全系统的任务处理时长为 $\max\{y_1/G_1(t), y_2/G_2(t), \cdots, y_n/G_n(t)\}$。通过优化解算易知，当 y_i 取 y^* 时，可确保全系统任务处理时长最短。

$$y^* = \frac{yG_i(t)}{\sum\limits_{i=1}^{n} G_i(t)} \tag{3.5.7}$$

此时，全系统任务处理时长为

$$T = \frac{y^*}{G_i(t)} = \frac{y}{\sum\limits_{i=1}^{n} G_i(t)} \tag{3.5.8}$$

至此，可得物理构型函数为

$$f_{\text{par}}^{(4)}\big(G_1(t), G_2(t), \cdots, G_n(t)\big) = G(t) = \frac{y}{T} = \sum_{i=1}^{n} G_i(t) \tag{3.5.9}$$

式（3.5.6）～式（3.5.9）中，$G_i(t)$ 为第 i 个单元的任务处理速度，$G(t)$ 为全系统的任务处理速度，标号 3 代表第 3 类并联系统，标号 4 代表第 4 类并联系统。

需要注意的是，第 1 类并联系统与第 4 类并联系统、第 2 类并联系统与第 3 类并联系统的物理构型函数表达式虽然完全相同，但具体物理意义不同，不应混为一谈。

综上所述，在明确并联系统的各型物理构型函数后，可知并联系统的通用生成函数 $\psi_{G(t)}^{\text{par}}(z)$ 为

$$\psi_{G(t)}^{\text{par}}(z) = \Omega_f^m\big(\psi_{G_1(t)}(z), \psi_{G_2(t)}(z), \cdots, \psi_{G_n(t)}(z)\big) \tag{3.5.10}$$

式（3.5.10）中，m 为并联系统物理构型函数决定因子（取值 1、2、3、4 时，分别代表第 1、2、3、4 类并联系统）。

3. 串并混联系统

装备复杂系统结构复杂，各单元间耦合方式多样，且多数情况下，并不以单一的串联或并联结构形式存在，而是以串并混联结构形式存在。这里，为便于描述串并混联系统的通用生成函数解算方法，给出一类最为经典的串并混联可靠性构架，如图 3-14 所示。其余形式的串并混联可靠性构架，均可采用恰当技术方法，将其转化为该经典构架。

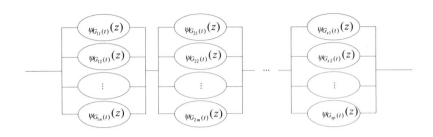

图 3-14　串并混联系统可靠性构架

观察图 3-14 可知，串并混联可靠性构架经局部割分后，均可回归为某类单一串联可靠性构架或单一并联可靠性构架。由此，对于串并混联系统的通用生成函数解算，可按如下技术步骤实施：

（1）局部割分串并混联可靠性构架，至单一串联或并联可靠性子构架；

（2）利用串联或并联可靠性子构架的通用生成算子 $\Omega_{f\text{ser}}^{m}/\Omega_{f\text{par}}^{m}$，解算串联或并联可靠性子构架的通用生成函数 $\psi_{G(t)}^{\text{ser}}(z)/\psi_{G(t)}^{\text{par}}(z)$；

（3）将解算后的串联或并联可靠性子构架，等价替换为串并混联可靠性构架的独立组成单元；

（4）等价替换后，如果串并混联可靠性构架内仍存有串联或并联可靠性子构架，则跳转至第（1）步；

（5）等价替换后，如果串并混联可靠性构架内再无串联或并联可靠性子构架，则利用串并混联可靠性构架的通用生成算子 Ω_f，解算串并混联可靠性构架的通用生成函数 $\psi(z)$。

3.5.2　基于通用生成函数的多状态系统可靠性分析

下面以某型考虑修复活动的船用汽轮发电系统为案例，详细说明基于通用生成函数的舰船装备多状态系统可靠性分析技术过程，相关研究成果可为破解舰船装备多状态复杂系统的可靠性建模、分析、评估、优化等工程难题，提供技术借鉴。

1. 案例描述

如图3-15所示，某型船用汽轮发电系统由锅炉、汽轮机、发电机三部分组成。其中：锅炉 A_1、A_2 组成系统供汽单元，负责供应系统运行蒸汽工质；汽轮机 B_1、发电机 C_1 组成系统主电力单元，作为系统首选电力输出使用；汽轮机 B_2、发电机 C_2 组成系统辅电力单元，作为系统次选和应急电力输出使用。

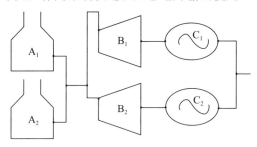

图 3-15　船用汽轮发电系统物理结构图

（1）基本假设

实施汽轮发电系统的多状态可靠性建模前，为确保模型简化程度合理，计算分析结果可信，作如下基本假设：

①仅考虑锅炉、汽轮机、发电机等整装设备的故障状态，各设备之间连接管路、控制阀门等系统附件的故障状态，不纳入本系统多状态建模范畴；

②将锅炉、汽轮机、发电机均视为可修复设备，且寿命期内的失效活动和修复活动范畴，仅局限于小失效（不存在跨状态失效可能）和小修复（不存在跨状态恢复可能）；

③设备各级状态性能间的跃迁过程，满足连续时间离散状态马尔可夫过程特征；

④反映不同设备工作性能的状态变量，均为相互独立的随机变量。

（2）设备多状态模型

①锅炉

锅炉设备 A_1 和 A_2，状态性能分布一致，均含 3 类运行状态。其中，2 类常态化运行状态，分别为按照设计功率的 90% 和 60% 运行；1 类故障运行状态，此时运行功率低于设计功率的 60%，无法继续使用。由此，锅炉状态向量 $\boldsymbol{g}^{(A)}$，记为

$$\boldsymbol{g}^{(A_i)}=\left[g_1^{(A_i)},g_2^{(A_i)},g_3^{(A_i)}\right]=[0,0.6,0.90]\ i=1,2 \tag{3.5.11}$$

相关状态跃迁图如图 3-16 所示。

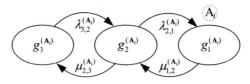

图 3-16　锅炉状态跃迁图

图 3-16 中，$\lambda_{nm}^{(A_i)}$、$\mu_{nm}^{(A_i)}$ 分别为 A_i 设备由 n 级状态向 m 级状态跃迁的失效率和修复率，相关取值为

$$\begin{cases} \lambda_{3,2}^{(A)} = \mathrm{a}^{-1}, \lambda_{2,1}^{(A)} = 0.8\mathrm{a}^{-1} \\ \mu_{1,2}^{(A)} = 120\mathrm{a}^{-1}, \mu_{2,3}^{(A)} = 150\mathrm{a}^{-1} \end{cases} \tag{3.5.12}$$

②汽轮机

与锅炉设备类似，主发电汽轮机 B_1，内含 3 类运行状态。其中，2 类常态化运行状态，分别为按照设计功率的 100% 和 80% 运行；1 类故障运行状态，此时运行功率低于设计功率的 80%，无法继续使用。由此，主发电汽轮机状态向量 $\boldsymbol{g}^{(B_1)}$，记为

$$\boldsymbol{g}^{(B_1)} = \left[g_1^{(B_1)}, g_2^{(B_1)}, g_3^{(B_1)}, \right] = [0, 0.8, 1.0] \tag{3.5.13}$$

相关状态跃迁图如图 3-17 所示

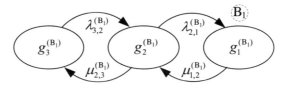

图 3-17　主发电汽轮机状态跃迁图

图 3-17 中，$\lambda_{nm}^{(B_1)}$、$\mu_{nm}^{(B_1)}$ 分别为 B_1 设备由 n 级状态向 m 级状态跃迁的失效率和修复率，相关取值为

$$\begin{cases} \lambda_{3,2}^{(B_1)} = 2\mathrm{a}^{-1}, \lambda_{2,1}^{(B_1)} = 1.5\mathrm{a}^{-1} \\ \mu_{1,2}^{(B_1)} = 100\mathrm{a}^{-1}, \mu_{2,3}^{(B_1)} = 120\mathrm{a}^{-1} \end{cases} \tag{3.5.14}$$

与主发电汽轮机 B_1 不同，辅发电汽轮机 B_2 性能较低，仅含 2 类运行状态，分别为按照设计功率的 85% 运行和故障失效状态。由此，辅发电汽轮机状态向量 $\boldsymbol{g}^{(B_2)}$，记为

$$\boldsymbol{g}^{(B_2)} = \left[g_1^{(B_2)}, g_2^{(B_2)} \right] = [0, 0.85] \tag{3.5.15}$$

相关状态跃迁图如图 3-18 所示。

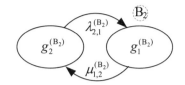

图 3-18　辅发电汽轮机状态跃迁图

图 3-18 中，$\lambda_{nm}^{(B_2)}$、$\mu_{nm}^{(B_2)}$ 分别为 B_2 设备由 n 级状态向 m 级状态跃迁的失效率和修复率，相关取值为

$$\lambda_{2,1}^{(B_2)} = a^{-1}, \mu_{1,2}^{(B_2)} = 120a^{-1} \tag{3.5.16}$$

③发电机

发电机 C_1 和 C_2，状态性能分布一致，且性能较为稳定，很难发生失效，可将其视为二元状态部件。由此，发电机状态向量 $\boldsymbol{g}^{(C_i)}$，记为

$$\boldsymbol{g}^{(C_i)} = \left[g_1^{(C_i)}, g_2^{(C_i)} \right] = [0, 1.0] \quad i = 1, 2 \tag{3.5.17}$$

相关状态跃迁图如图 3-19 所示。

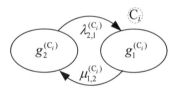

图 3-19　发电机状态跃迁图

图 3-19 中，$\lambda_{nm}^{(C_i)}$、$\mu_{nm}^{(C_i)}$ 分别为 C_i 设备由 n 级状态向 m 级状态跃迁的失效率和修复率，相关取值为

$$\lambda_{2,1}^{(C_i)} = 0.3a^{-1}, \mu_{1,2}^{(C_i)} = 100a^{-1} \tag{3.5.18}$$

2. 通用生成函数解算

基于前述案例说明，将船用汽轮发电系统的瞬态输出性能 $G(t)$，视为满足连续时间离散状态的随机变量，由通用生成函数的基本定义可知，求得汽轮发电系统的通用生成函数 $\psi_{G(t)}(z)$ 后，即可直接获取系统任意运行瞬时的多态性能及其发生概率。下面，解算多状态汽轮发电系统的通用生成函数 $\psi_{G(t)}(z)$。

首先，分析图 3-15 可知，多状态汽轮发电系统的可靠性构架，可归并于经典的串并混联系统可靠性构架，如图 3-20 所示。

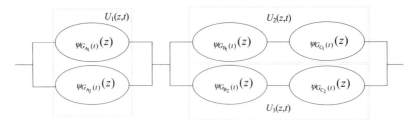

图 3-20 中，$\psi_{G_{A_i(t)}}(z)$、$\psi_{G_{B_i(t)}}(z)$、$\psi_{G_{C_i(t)}}$ 分别为反映锅炉、汽轮机、发电机状态性能的通用生成函数，$U_1(z,t)$、$U_2(z,t)$、$U_3(z,t)$ 分别为依据串并混联可靠性构架特点，局部割分后的供汽单元、主发电单元、辅发电单元通用生成函数。

进一步，依据不同组成单元间的耦合关联，定义不同种类通用生成算子 Ω_f 后，有

$$\psi_{G(t)}(z) = \Omega_{f_{\mathrm{ser}}^{U_1 \rightarrow}} \left[U_1(z,t), \Omega_{f_{\mathrm{par}}^{U_2 U_3}} \big(U_2(z,t), U_3(z,t) \big) \right] \tag{3.5.19}$$

式中

$$U_1(z,t) = \Omega_{f_{\mathrm{par}}^{A_1 A_2}} \big(\psi_{G_{A_1}(t)}(z), \psi_{G_{A_2}(t)}(z) \big), \quad U_{i+1}(z,t) = \Omega_{f_{\mathrm{ser}}^{B_i C_i}} \big(\psi_{G_{B_i}(t)}(z), \psi_{G_{C_i}(t)}(z) \big), \quad i=1,2$$

这里，结合船用电力系统功率换算惯例，明确相关物理构型函数 $f(\cdot)$ 如下：

$$f_{\mathrm{par}}^{A_1 A_2}(\cdot) = \frac{\sum(\cdot)}{2}, \quad f_{\mathrm{ser}}^{B_i C_i}(\cdot) = \min\{\cdot\}, \quad f_{\mathrm{par}}^{U_2 U_3}(\cdot) = \max\{\cdot\}, \quad f_{\mathrm{ser}}^{U_1 \rightarrow}(\cdot) = \min\{\cdot\}$$

最后，假定汽轮发电系统初始时刻各设备均处于最优状态水平，则可基于案例描述中给出的各设备失效率和修复率，解算汽轮发电系统各设备、单元以及本系统的时变状态性能与概率取值（相关计算过程，直接引用马尔可夫过程法即可，此处不再赘述）。继而，依据本小节中给出的各类通用生成算子和物理构型函数，可获得各设备、单元以及本系统的通用生成函数。鉴于实际工程应用中，多关注系统或设备的稳态状态性能，此处直接给出稳态概率下的通用生成函数解算结果，如下列诸式所示：

$$\begin{cases} \psi_{G_{A_i}(\infty)}(z) = 0.0001z^0 + 0.0066z^{0.6} + 0.9933z^{0.9} \\ \psi_{G_{B_1}(\infty)}(z) = 0.0002z^0 + 0.0164z^{0.8} + 0.9834z^{1.0} \\ \psi_{G_{B_2}(\infty)}(z) = 0.0083z^0 + 0.9917z^{0.85} \\ \psi_{G_{C_i}(\infty)}(z) = 0.0030z^0 + 0.9970z^{1.0} \end{cases} \tag{3.5.20}$$

$$\begin{cases} U_1(z,\infty) = 1\times10^{-8}z^0 + 1.3\times10^{-6}z^{0.3} + 2\times10^{-4}z^{0.45} + 4.4\times10^{-5}z^{0.6} + 0.0132z^{0.75} + 0.9866z^{0.9} \\ U_2(z,\infty) = 0.0032z^0 + 0.0164z^{0.8} + 0.9804z^1 \\ U_3(z,\infty) = 0.0113z^0 + 0.9887z^{0.85} \end{cases} \quad (3.5.21)$$

$$\psi_{G(\infty)}(z) \approx 1.7\times10^{-5}z^0 + 2.0\times10^{-4}z^{0.45} + 0.0132z^{0.75} + 1.83\times10^{-4}z^{0.8} + 0.0191z^{0.85} + 0.9673z^{0.9} \quad (3.5.22)$$

求得稳态概率下汽轮发电系统的通用生成函数 $\psi_{G(\infty)}(z)$ 后，即可反向确定汽轮发电系统的稳态性能概率分布，如表 3-5 所示。

表 3-5　多状态汽轮发电系统稳态性能 $G(\infty)$ 概率分布表

序号 j	状态性能 g_j	稳态状态概率 $\tilde{p}_j$	系统通用生成函数
1	0	1.7×10^{-5}	
2	0.45	2.0×10^{-4}	
3	0.75	0.0132	$\psi_{G(\infty)}(z) = \sum_{j=1}^{6} \tilde{p}_j z^{g_j}$
4	0.8	1.83×10^{-4}	
5	0.85	0.0191	
6	0.9	0.9673	

3. 多状态可靠性分析

以下重点关注指定性能需求 w 下，多状态汽轮发电系统的可用度 $A(t,w)$、期望性能输出 $G_{\mathrm{E}}(t)$、期望性能失效 $D_{\mathrm{E}}(t,w)$ 三类可靠性度量参数指标，并从稳态和瞬态两个方面，进行量化分析。

（1）稳态分析

①可用度 $A(\infty,w)$

$$A(\infty,w) = \delta_A\left(\sum_{j=1}^{6}\tilde{p}_j z^{g_j}, w\right) = \sum_{j=1}^{6}\tilde{p}_j H\big(F(g_j,w)\big) \quad (3.5.23)$$

式中，δ_A 为可用度算子，$H(\cdot)$ 为门域函数，$F(\cdot)$ 为接受度函数。算子及函数的具体构成，均视系统正常运行时的性能要求确定。对于此处汽轮发电系统案例，有

$$H(y) = \begin{cases} 1, y \geq 0 \\ 0, y < 0 \end{cases}, \quad F(g_j, w) = |g_j - w|$$

若取 $w=0.8$，则有

$$A(\infty, 0.8) = \sum_{j=4}^{6} \tilde{p}_j = 0.9866$$

若取 $w=0.85$，则有

$$A(\infty, 0.85) = \sum_{j=5}^{6} \tilde{p}_j = 0.9864$$

②期望性能输出 $G_E(\infty)$

$$G_E(\infty) = \delta_E \left(\sum_{j=1}^{6} \tilde{p}_j z^{g_j}\right) = \sum_{j=1}^{6} \tilde{p}_j g_j = 0.9025 \tag{3.5.24}$$

式中，δ_E 为期望性能输出算子。

③期望性能失效 $D_E(\infty, w)$

$$D_E(\infty, w) = \delta_D \left(\sum_{i=1}^{6} \tilde{p}_j z^{g_j}, w\right) = \sum_{i=1}^{6} \tilde{p}_j \max\{w - g_j, 0\} \tag{3.5.25}$$

式中，δ_D 为期望性能失效算子。若取 $w=0.8$，则有

$$D_E(\infty, 0.8) = \sum_{i=1}^{3} \tilde{p}_i (w - g_i) = 0.0051$$

若取 $w=0.85$，则有

$$D_E(\infty, 0.85) = \sum_{i=1}^{4} \tilde{p}_i (w - g_i) = 0.0064$$

（2）瞬态分析

瞬态分析前，需首先明确汽轮发电系统的瞬态通用生成函数 $\psi_{G(t)}(z)$，可写为如下数学表达形式

$$\psi_{G(t)}(z) = \sum_{j=1}^{6} p_j(t) z^{g_j} \tag{3.5.26}$$

鉴于该函数的解析表达形式较为烦琐，这里仅给出 $p_1(t)z^{g_1}$ 项解算结果

$$p_1(t)z^{g_1} = 2 p_2^{(A_1)}(t) p_3^{(A_1)}(t) p_3^{(B_1)}(t) p_2^{(B_2)}(t) p_2^{(C_1)}(t) p_2^{(C_1)}(t) z^{0.45} \tag{3.5.27}$$

进而，参照式（3.5.23）～式（3.5.25），可解算汽轮发电系统的瞬态可用度 $A(t,w)$、瞬态期望性能输出 $G_E(t)$、瞬态期望性能失效 $D_E(t,w)$。相关时变仿真结果，如图 3-21～图 3-23 所示。

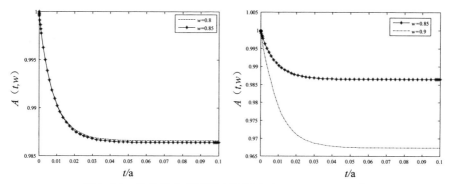

图 3-21 汽轮发电系统瞬态可用度（$w=0.8,0.85,0.9$）

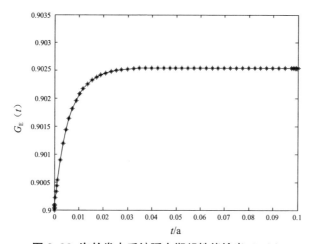

图 3-22 汽轮发电系统瞬态期望性能输出 $G_E(t)$

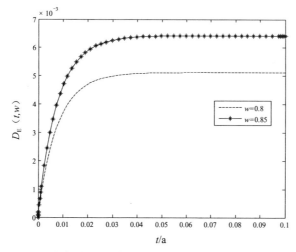

图 3-23 汽轮发电系统瞬态期望性能失效（$w=0.8,0.85$）

观察图 3-21 ～图 3-23 可知：①船用多状态汽轮发电系统的可靠性指标自设备运行伊始，迅速呈现单调收敛状态，约至 18 天后，系统各项可靠性指标趋于稳定。其中，瞬态可用度 $A(t,0.8)$ 逼近 0.9866、瞬态期望性能输出 $G_E(t)$ 逼近 0.9025、瞬态期望性能失效 $D_E(t,0.8)$ 逼近 0.0051，均与稳态分析结果保持一致；②船用多状态汽轮发电系统寿命期内的期望功率输出约为设计功率的 90%，即期望状态性能将处于系统 6 类状态性能（详见表 3-5）的最优状态；③不同性能需求下，多状态系统的可用度、期望性能输出、期望性能失效取值将会变更，这与常规二元状态设备的可靠性指标定义完全不同，因此，在多状态系统或设备的研发设计过程中，应给予重点关注；④对于部分仅关心系统稳态可靠性能的工程应用领域，为简化各项可靠性指标的解算过程，可将状态概率函数 $p_j(t)$ 视为常量处理，此时仅通过解算相应线性代数方程（非"常量"的情形，需解算微分方程），即可求取多状态系统的可靠性稳态指标。

综上所述及案例分析可知，引入通用生成函数法的重要价值在于，能够有效克服直接应用马尔可夫过程法可能遭遇的高状态维度解算瓶颈难题。实际上，取定多状态系统基本性能模型后，可供选择的解算方法很多，既可使用马尔可夫过程法，也可使用通用生成函数法，两类方法的通用性和适用性都较好。但就节省计算资源层面来讲，通用生成函数法具有很大优势。仍以本节所述多状态船用汽轮发电系统为例，进行量化比较说明。基于全系统状态性能空间维度的定义，并考虑到锅炉设备 A_1 与 A_2、发电机设备 C_1 与 C_2 的性能完全一致这一特定假设，同时将各设备"0"状态性能统一纳为一类状态，则汽轮发电系统最大可能存有（6-2）×（6-3）×（4-2）=24 种状态性能。若采用马尔可夫过程法直接求解，需建立一个 24 元的微分方程组，用于解算系统不同状态性能的发生概率。此时，即便利用高性能计算机辅助求解，运算工作量也极为巨大。然而，如果采用通用生成函数法，在不做"0"状态归并的前提下，仅需解算两个 3 元微分方程、两个 2 元微分方程，并辅以部分简单代数运算，即可解算系统不同状态性能的发生概率。无论是从运算的可实现性层面，还是从运算资源的需求量上，通用生成函数法都远优于马尔可夫过程法，这对于舰船装备大型复杂系统的多状态可靠性分析研究意义重大。

第三篇
舰船装备在航技术状态评估技术

"如果事情有变坏的可能，不管可能性有多小，它总会发生。"

——墨菲定律

本书的第三篇，站在装备使用人员的角度，探讨确保舰船装备在航状态完好保持的技术状态评估技术。接下来的章节，将涉及如下问题：

（1）传统舰船装备技术状态评估的主要方法与现实不足？

（2）如何在评估参数、评估指标、评估模型等方面改进传统的技术状态评估方法？

（3）改进后舰船装备技术状态评估方法的主要技术内容有哪些？

（4）如何在舰船装备维修保障工程实践中，有效组织和高效应用改进后的技术状态评估方法？

（5）为与新技术状态评估方法相匹配，舰船装备维修保障相关状态评估机制需做出哪些方面的适应性调整？

这些问题的回答，有助于在舰船在航使用阶段，准确把握装备技术状态和完好性水准，及时安排恰当的恢复性维护和修理工作，进而确保设计研制阶段赋予的装备优良固有保障特性长期稳定保持。

Chapter 4

第4章 | 舰船装备在航技术状态评估技术

　　"如果事情有变坏的可能，不管可能性有多小，它总会发生。"墨菲定律时刻警示我们，要坚持防微杜渐，小的隐患若不消除，就有可能扩大增长，最终导致不可接受的事故发生。这对于巨大、复杂的舰船装备技术系统而言，尤为可怕。为此，在前述篇章成功解决了如何在设计研制阶段赋予舰船装备良好的固有保障特性之后，如何在使用阶段确保舰船装备固有保障特性得以持续保持与及时恢复，就成为舰船装备维修保障工程中亟待解决的另外一项重要技术问题。

　　舰船装备作为一类长期在恶劣海洋使用环境中使用的特殊装备，在不开展预防性维修工作的前提下，不可能永久保持其固有保障特性，性能退化、状态劣化、功能失效等工程技术问题经常难以避免。开展舰船装备在航技术状态监测、检测工作，能够实时掌握舰船装备在航期间的技术状态演变态势，及时发现和排除舰船装备可能遭遇的潜在风险和事故苗头，因此，历来受到舰船装备各级使用人员、保障人员以及管理决策人员的高度重视。

　　近二十年来，舰船装备在航技术状态监检测技术高速发展，相关监检测理论、方法、手段层出不穷，尤其是在"在航技术状态评估"和"故障预测与健康管理"两个热点方向进展突出。本篇章结合笔者多年来的舰船装备维修保障工作实践经验，重点阐述"舰船装备在航技术状态评估"新技术。

　　随着当今军事装备实战化要求的不断深化，精细化掌控舰船装备的在航技术状态，已成为科学管装工作所需实现的首要目标，其对于舰船装备的任务使用和维修保障都具有重要意义。对任务使用而言，只有客观了解舰船装备的技术状态，才能确保历次任务的合理分配与有效执行；对维修保障而言，只有基于舰船装备技术状态实时态势，合理确定维修保障时机、科学调配维修保障资源，才能充分发挥相关装备的固有保障特性，减少维修保障过程中的资源浪费，确保全寿命期内舰船装备维修保障工作的有效性和经济性。此外，随着舰船装备等级修理模式逐步由"以定期修理为主"向"定期修理与视情修理相结合"转变，更是对舰船装备技术状态评估的时效性和科学性，提出了更高要求。

综上所述，面对舰船装备日趋复杂、军事对抗日趋激烈的新形势，传统的装备技术状态评估方法与机制，已不能完全适应舰船装备维修保障的精细化、科学化管装要求，亟须改进建立适应新形势的舰船装备技术状态评估方法和评估机制。

4.1 传统舰船装备技术状态评估方法

4.1.1 传统舰船装备技术状态评估内容

1. 核心评估指标

传统武器装备技术状态评估工作关注的核心评估指标主要为装备完好率。GJB451A—2005《可靠性维修性保障性术语》中将装备完好率（Materiel Readiness Rate，MRR）定义为能够随时遂行作战或训练任务的完好装备数与实有装备数之比，相关数学表达式如式（4.1.1）～式（4.1.2）所示。

$$某类武器装备日完好率 = \frac{某类武器装备当日完好数}{某类武器装备当日实有数} \times 100\% \qquad (4.1.1)$$

$$某类武器装备年度平均完好率 = \frac{某类武器装备当年每日完好率之和}{某类武器装备当年总日数} \times 100\% \qquad (4.1.2)$$

具体对于舰船装备而言，单艘舰船的装备完好率为

$$单艘舰船装备完好率 = \frac{N}{M} \times 100\% \qquad (4.1.3)$$

式（4.1.3）中，M 为单艘舰船所含装（设）备的台套总数，N 为单艘舰船中技术状态良好装（设）备的台套总数。如图 4-1 所示，工程上通常依据舰船装备的完好率指标，评判单艘舰船所处的技术状态类别，即是否应继续保持在航，还是应检修停航或返厂修理。

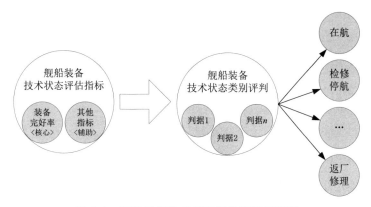

图 4-1　舰船装备技术状态评估流程示意图

2. 辅助评估指标

除去装备完好率这类核心评估指标外，舰船装备维修保障实际工作中，还会选择性地引入组织领导、规章制度、人员素质、安全管理、文书资料等管理类因素，作为舰船装备在航技术状态的辅助评估指标。

传统的舰船装备维修保障工程实践中，需要综合考虑前述核心评估指标与辅助评估指标，以此为评判舰船装备所处在航技术状态类别，提供技术决策依据。

4.1.2　传统舰船装备技术状态评估不足

如前所述，传统的舰船装备技术状态评估方法主要围绕全船的装备完好率指标开展，并辅以部分装备管理因素上的考虑。此种评估方法，在以往舰船装备技术状态评估过程中，发挥了重要作用，并具有一定的合理性。但随着当前舰船装备科技的快速革新，以及用装需求的持续激增，结构工艺复杂、性能要求高、运行状态多变的新型舰船装备大量出现，此时再完全沿袭传统的舰船装备技术状态评估方法，进行在航状态风险预报和状态类别转换决策，显然已不合时宜。具体来说，存在以下几点不足。

1. 没有建立具有层级结构的指标体系

舰船通常由若干个功能系统组成，例如船体、动力系统、电力系统、导航系统、通信系统、导弹武器系统、电子战系统、指挥控制系统等。舰船作战效能的发挥取决于各系统的技术状态，而系统又由多个设备组成，设备自身的技术状态以及各设备间的连接关系和协同性，又决定了系统的技术状态。因此，舰船装备技术状态评估以及状态类别的确定，应是一个复杂的多层级、多指标、"自下而上"逐级综合评价的过程。但从传统的舰船装备技术状态评估指标内容来看，还尚未建立起层级结构合理的量化评估指标体系。

2. 没有考虑装（设）备性能的退化状态

统计装备完好率、确定舰船技术状态类别时，仅对装（设）备是否有故障进行了"二元"判断，认为装（设）备技术状态只存有"完好"和"故障"两种状态，并没有考虑到装（设）备随着使用时间的增加，相关性能将呈逐渐退化趋势，即大部分舰船装（设）备除去"完好"和"故障"两种状态外，还存在中间状态——降功能状态。如何针对性能退化的降功能状态进行科学合理的评判，将直接影响舰船装备在航技术状态的最终评估结论。

3. 没有考虑不同装（设）备对舰船战斗力发挥的重要度差别

统计装备完好率、确定舰船技术状态类别时，只笼统地对各类完好装（设）备数量进行简单求和，并未在影响舰船对抗能力的重要度层面加以权衡区分。而实际上某些关键装（设）备的技术状态对舰船的安全和对抗能力起到的作用远远大于其他设备，甚至具有"一票否决"的地位。例如，对于潜艇而言，一旦声呐系统失效，潜艇就会在很大程度上丧失作战能力，甚至威胁到航行安全。例如，对于水面舰船而言，一旦对海对空搜索雷达失效，那么在现代战场环境下将无法先发制敌，极大程度丧失对抗能力。

4. 没有考虑装（设）备间的状态协同

舰船装备系统或子系统(例如动力系统、电力系统等)功能和性能的正常发挥，离不开下属装（设）备的状态协同。如果下属装（设）备间的状态协同出现了问题，即便各独立装（设）备均完好无故障，但由这些装（设）备组成的系统或子系统也可能无法充分发挥其预期功用。因此，在开展舰船装备技术状态评估时，除去传统的独立装（设）备层面的技术状态评估外，还应针对不同装（设）备间的状态协同进行评估，并将相关评估结果纳入全船的技术状态评估判据集合。

4.2　舰船装备技术状态评估方法改进思路

为进一步提升舰船装备技术状态评估的科学性、针对性和适用性，需要从如下几个方面改进传统舰船装备技术状态评估方法[32-33]。

（1）应分设备、系统、全船三个层级实施舰船装备技术状态评估，并采取"自下而上"逐级综合的方法，明确舰船装备的最终技术状态类别。不同层级间的技术状态评估指标体系关注重点应各自不同。

（2）设备层级的技术状态评估，应侧重于考核能够直接反映不同设备关键性能状态的特征参数，如温度、流量、压力、转速、功率等。

（3）系统层级的技术状态评估，不仅应考虑其主要组成设备的技术状态及其相互间的协同关系，还应考虑与装备维修保障密切相关的工装、备件、技术资料等的配套情况。

（4）应充分关注不同评估因素在舰船装备技术状态量化评估模型中的权重差别，包括舰船不同任务系统的量化权重差别、系统下属不同装（设）备间的量化权重差别、装备技术性能因素与装备管理因素间的量化权重差别等。

（5）应依据系统层级的技术状态评分，对舰船装备在航技术状态类别进行分级，并同步明确不同类别下的舰船装备执行任务能力和维修保障需求。舰船装备技术状态类别分级示例，如表 4-1 所示。

表 4-1　舰船装备技术状态类别分级示例表

装备等级	装备等级标准	执行任务能力	对应的技术状态类别	维修保障需求
一级	各系统技术状态评分均在 90 分（含）以上	具备执行全面对抗任务能力	A	—
二级	主要系统技术状态评分在 90 分（含）以上	具备执行部分对抗任务能力	B	通过临时修理，可在较短时间恢复执行全面对抗任务能力
三级	主要系统技术状态评分在 80 分（含）至 90 分	具备执行低强度对抗任务或非对抗任务能力	C	通过临时修理，可以恢复执行部分对抗任务能力
四级	主要系统技术状态评分在 70 分（含）至 80 分	具备执行航渡、扫海等基本任务能力	D	通过临时修理，可以恢复执行非对抗任务能力；或通过基地级修理，恢复执行全面对抗任务能力

装备等级	装备等级标准	执行任务能力	对应的技术状态类别	维修保障需求
五级	主要系统技术状态评分在 70 分以下	不具备执行任务能力	E	需通过基地级修理,才能恢复执行全面对抗能力

4.3　舰船装备技术状态评估改进方法

基于前述改进思路,给出改进后的"三层级(设备—系统—全船)"舰船装备技术状态评估方法如下。

4.3.1　设备层级技术状态评估

一般而言,装备刚入役时,各设备技术状态良好、性能发挥全面。因此,通常将设备入役试验试航时测得的数据,作为设备层级技术状态评估的初始值。随着服役时间的增长,设备的技术状态会逐渐退化,此时通过综合考量设备实际性能状态与初始值及正常运行技术指标要求的偏离程度,即可量化评判相关设备的当前技术状态。鉴于反映设备技术状态的性能指标可能并不唯一,相应运行指标要求也各具自身特点,下面首先给出单个性能指标的评分方法,之后在此基础上,给出设备层级的技术状态量化评分方法。

1. 单个性能指标评分

根据不同性能指标对应的技术要求特点,可分如下四种情况实施量化评分。

(1)性能指标的技术要求为一个单值的情况,例如发电机组的额定功率要求为 40kW,此时性能指标按式(4.3.1)量化评分[34-37]:

$$d_P = \left(1 - \left|\frac{x_1 - x_f}{x_1}\right|\right) \times 100 \tag{4.3.1}$$

式(4.3.1)中,d_P 为性能指标评分,x_1 为正常运行技术要求值,x_f 为性能指标的实测值。

(2)性能指标的技术要求为一个下限的情况,例如发电机绝缘电阻要求不低于 0.5MΩ,此时性能指标按式(4.3.2)量化评分:

$$d_{\mathrm{P}} = \begin{cases} 0 & x_{\mathrm{f}} < x_1 \\ 60 + \left(\dfrac{x_{\mathrm{f}} - x_1}{x_0 - x_1} \right) \times 40 & x_1 \leqslant x_{\mathrm{f}} < x_0 \\ 100 & x_0 \leqslant x_{\mathrm{f}} \end{cases} \tag{4.3.2}$$

式（4.3.2）中，d_{P} 为性能指标评分，x_1 为正常运行技术要求的下限值，x_0 为性能指标的初始值，x_{f} 为性能指标的实测值。

（3）性能指标的技术要求为一个上限的情况，例如发电机轴承温度要求不高于 90℃，此时性能指标按式（4.3.3）量化评分：

$$d_{\mathrm{P}} = \begin{cases} 0 & x_{\mathrm{f}} > x_1 \\ 60 + \left(\dfrac{x_1 - x_{\mathrm{f}}}{x_1 - x_0} \right) \times 40 & x_1 \geqslant x_{\mathrm{f}} > x_0 \\ 100 & x_0 \geqslant x_{\mathrm{f}} \end{cases} \tag{4.3.3}$$

式（4.3.3）中，d_{P} 为性能指标评分，x_1 为正常运行技术要求的上限值，x_0 为性能指标的初始值，x_{f} 为性能指标的实测值。

（4）性能指标的技术要求为一个范围的情况，例如滑油冷却器出口滑油温度要求控制在 40℃～45℃之间，此时性能指标按式（4.3.4）量化评分：

$$d_{\mathrm{P}} = \begin{cases} 0 & x_{\mathrm{f}} < x_1 \\ 60 + \dfrac{x_{\mathrm{f}} - x_1}{x_0 - x_1} \times 40 & x_1 \leqslant x_{\mathrm{f}} < x_0 \\ 60 + \dfrac{x_2 - x_{\mathrm{f}}}{x_2 - x_0} \times 40 & x_0 \leqslant x_{\mathrm{f}} \leqslant x_2 \\ 0 & x_{\mathrm{f}} > x_2 \end{cases} \tag{4.3.4}$$

式（4.3.4）中，d_{P} 为性能指标评分，x_1 为正常运行技术要求的下限值，x_2 为正常运行技术要求的上限值，x_0 为性能指标的初始值，x_{f} 为性能指标的实测值。

2. 设备技术状态评分

完成设备单个性能指标的评分后，进一步可实现设备层级的技术状态评估。

（1）对于结构功能较简单的设备，一般仅具有一个体现其技术状态的性能指标，且该性能指标通常是日常可测的，此时直接选取该性能指标来评定设备的技术状态，即有

$$d_{\mathrm{E}} = d_{\mathrm{P}} \tag{4.3.5}$$

式（4.3.5）中，d_{E} 为设备技术状态评分；d_{P} 为设备单一性能指标评分，相关评分方

法参见式（4.3.1）~式（4.3.4）。

（2）对于需要选用多个可测性能指标综合评判其技术状态的较复杂设备，则应将各性能指标的评分值按照重要程度进行加权平均，继而基于加权平均值评判设备的技术状态，即有

$$\begin{cases} d_E = \sum_{n=1}^{Q} \alpha_n d_{P(n)} \\ \sum_{n=1}^{Q} \alpha_n = 1 \end{cases} \qquad (4.3.6)$$

式（4.3.6）中，d_E 为设备技术状态评分，$d_{P(n)}$ 为设备第 n 个可测性能指标评分，Q 为用于综合评判设备技术状态的可测性能指标的总数目，α_n 为不同可测性能指标基于重要程度的加权权重，取值 $0<\alpha_n<1$。

（3）对于部分性能指标难以检测，但有明确使用寿命要求的设备，其技术状态评分可由式（4.3.7）确定。

$$d_E = \begin{cases} 60 + \dfrac{T_1 - T_f}{T_1} \times 40 & T_f \leqslant T_1 \\ 0 & T_f > T_1 \end{cases} \qquad (4.3.7)$$

式（4.3.7）中，d_E 为设备技术状态评分，T_1 为设备的固有使用寿命，T_f 为设备的累计工作时间。

（4）对于部分性能指标难以检测，且没有明确使用寿命要求的设备，其技术状态评分可由多名经验丰富的专家或使用人员，依据相关设备的技术状态检查规程打分估计后求得，具体估计方法如式（4.3.8）所示。

$$d_E = \frac{\sum_{i=1}^{N} d_i}{N} \qquad (4.3.8)$$

式（4.3.8）中，d_i 为第 i 个专家或使用人员的打分值，对于故障设备，其取值为 0，对于非故障设备，其取值根据设备的实际技术状态确定，介于"60 ~ 100"分；N 为可获取的有效打分样本总数，一般要求 $N \geqslant 30$。

4.3.2　系统层级技术状态评估

系统层级的技术状态评估，需综合设备层级的技术状态、不同设备间的系统协同性以及配套维修器材、工装具、技术资料等多方面因素后，反复权衡确定。

1. 指标体系

指标体系是系统层级技术状态评估的基础，关系到评估结果的科学性和准确性。舰船装备系统层级技术状态评估的指标体系建立，一般通过专家会议法获得，即由对系统结构、组成、使用、维护等具有丰富经验的人员组成专家组，通过会议讨论、统一意见、形成决议的形式，建立舰船装备系统层级的指标体系。工程上，可用于实施舰船装备系统层级技术状态评估的指标体系有很多种，这里给出比较常见的一种，如图 4-2 所示。其中，一级评估指标 3 个，分别为主要设备综合技术状态、保障资源综合配套性和不同设备相互协同性；二级评估指标 $n+3$ 个，分别为保障工装具配套性、保障供应品配套性、保障技术资料配套性和下属各独立设备的技术状态。图中，"灰色"背景标注的评估指标为管理类评估指标，不便于直接量化建模；"网格"背景标注的评估指标为技术类评估指标，便于直接量化建模，相关建模与评分方法如 4.3.1 节所述。

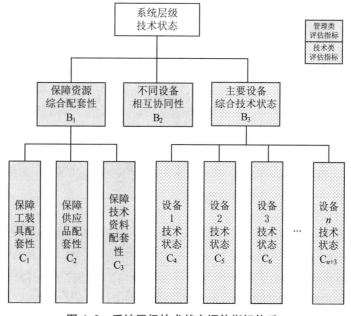

图 4-2　系统层级技术状态评估指标体系

2. 权重确定

明确了舰船装备系统层级的技术状态评估指标体系后，下一步需要解决的是如何合理确定不同技术指标间的权重关系，这也是正式实施舰船装备系统层级技术状态评估的另外一项基础性工作。

舰船装备系统层级技术状态评估的指标权重确定工作，分为两种情况。对于系统内存在明确物理构型关联的各设备的技术状态指标，其权重分配应严格遵循如下规则。

（1）串联系统层级

如图 4-3 所示，对于串联系统层级，只有当其内含全部设备都正常工作时，系统才能正常工作。此时，如果存在某一设备技术状态很差，将对整个系统层级任务完成产生很大影响的情况，则可以采用权重向技术状态相对较差设备倾斜的分配做法。相关权重分配计算方法，如式（4.3.9）所示。

图 4-3　串联系统层级

$$\begin{cases} a_i = \dfrac{1}{n} - \sum_{j=1}^{n} \dfrac{d_i - d_j}{10 \times n^2} \\ \sum_{i=1}^{n} a_i = 1 \end{cases} \tag{4.3.9}$$

式（4.3.9）中，d_i 为串联系统层级中第 i 个设备的技术状态评分，$i=1,2,\cdots,n$；a_i 为第 i 个设备在串联系统层级主要设备综合技术状态评估过程中的权重分配值，$0<a_i<1$。

（2）并联系统层级

如图 4-4 所示，对于并联系统层级，只有当内含所有设备都失效时，系统才会失效。此时对照系统内含设备的重要程度进行权重分配，即分配权重值与重要程度值成正比例关系，式（4.3.10）所示

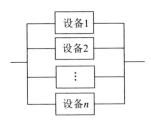

图 4-4　并联系统层级

$$\begin{cases} \dfrac{a_i}{a_j} = \dfrac{I_i}{I_j} = \beta_{ij} \\ \sum_{i=1}^{n} a_i = 1 \end{cases} \tag{4.3.10}$$

式（4.3.10）中，β_{ij} 为并联系统层级中第 i 个设备相对于第 j 个设备的重要度比例系数，$i,j=1,2,\cdots,n$ ；a_i 为第 i 个设备在并联系统层级主要设备综合技术状态评估过程中的权重分配值，$0 < a_i < 1$ ；I_i 为第 i 个设备在并联系统层级中的相关重要度取值，这里相关重要度取值约束逻辑为"重要度取值越大，则相关设备对于系统功能实现的重要程度越高"。

（3）表决系统层级

如图 4-5 所示，对于表决系统层级，要求系统 n 个组成设备中至少有 k 个设备正常工作才能正常工作。此时，分配权重的具体策略是"在系统所属的最优设备清单中选择 k 台设备，并赋以相同的权重值"。相关权重分配计算方法，如式（4.3.11）所示。

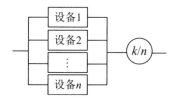

图 4-5 表决系统模型

$$\begin{cases} a_1 = a_2 = \cdots = a_k = \dfrac{1}{k} \\ \displaystyle\sum_{i=1}^{k} a_i = 1 \end{cases} \tag{4.3.11}$$

式（4.3.11）中，a_i 为第 i 个设备在表决系统层级主要设备综合技术状态评估过程中的权重分配值，$0 < a_i < 1$ ；k 为表决系统结构特征参数，$1 \leqslant k \leqslant n$ 。

（4）混联系统层级

上述几种系统层级的混合组成，即为混联系统层级，相关权重分配方式可通过将其局部切分为串联系统、并联系统、表决系统等子模块后，依据相应子模块系统层级的权重分配策略，逐级确定系统各组成设备的权重分配值。

对于系统内相互关联性不大的同级技术状态指标，如设备协同性指标、保障资源配套性指标等，其相关权重分配建议遵循"专家会议法"确定，具体如下：

首先，由专家对同一级技术状态指标进行两两比较，形成权重判断矩阵，并进行一致性检验。检验通过后，利用权重判断矩阵的归一化特征向量，解算明确各技术状态指标的权重分配值。工程上，基于权重判断矩阵分配系统不同技术状态指标权重的解算方法已较为成熟，相关解算分配流程如图 4-6 所示。

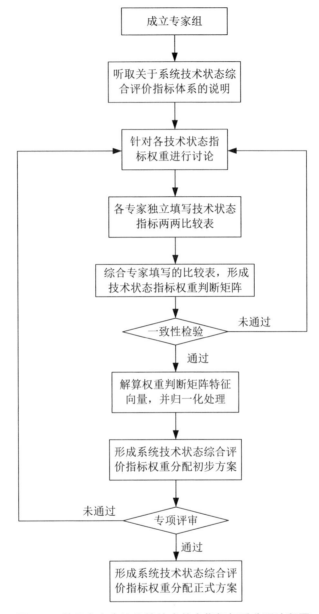

图 4-6　基于专家会议法的技术状态指标权重分配流程图

3. 管理类评估指标评分

4.3.1 节中，针对设备层级的性能指标评分方法，给出了详细论述。但相关评分方法，仅适用于便于量化描述的技术类评估指标，对于不便量化描述的保障资源配套性、设备间协同性等管理类评估指标，则需提供另外的评分方法。这里给出一类工程上较为成熟且应用较为普遍的定性管理类指标评分方法。

首先，建立管理类指标量化评分的基本规则：

$$\{好，较好，一般，较差，差\}=\{100，75，50，25，0\}\qquad(4.3.12)$$

进一步，给出基于这一评分规则的管理类指标量化评分标准表，如表 4-2 所示。在系统层级的技术状态评估过程中，可根据所评管理类指标的实际情况，视情选择表 4-2 中相应量化评分标准，确定指标量化评估分值。

4. 系统层级技术状态综合评分

对图 4-2 中的各项技术类、管理类指标分别进行量化评分后，再参照前述指标权重确定方法，明确权重、加权求和，即可获取系统层级技术状态的综合评分。

表 4-2　管理类指标量化评分标准表

一级指标	二级指标	定义	评语集合		量化取值标准
保障资源综合配套性	工装具配套性	工装具满足维修保障的能力	好	100 分	工装具数量充足、性能完好，能满足维修保障要求
			较好	75 分	工装具数量足够、性能良好，能基本满足维修保障要求
			一般	50 分	工装具数量一般、性能一般，能部分满足维修保障要求
			较差	25 分	工装具数量不足、性能较差，满足维修保障要求的程度较低
			差	0 分	工装具数量缺乏、性能较差，不能满足维修保障要求
	供应品配套性	技术资料满足维修保障的能力	好	100 分	供应品配备充足、性能完好，满足维修保障要求
			较好	75 分	供应品配备足够，性能良好，基本满足维修保障要求
			一般	50 分	供应品配备一般，性能一般，能部分满足维修保障要求
			较差	25 分	供应品配备不足，性能较差，满足维修保障要求程度低
			差	0 分	供应品缺乏，性能差，不能满足维修保障要求

一级指标	二级指标	定义	评语集合		量化取值标准
保障资源综合配套性	供应品配套性	技术资料满足维修保障的能力	好	100 分	技术资料齐全，适用性强，能满足维修保障要求
			较好	75 分	技术资料足够，适用性较强，能基本满足维修保障要求
			一般	50 分	技术资料一般，适用性一般，能部分满足维修保障要求
			较差	25 分	技术资料不足，适用性较差，满足维修保障要求程度较低
			差	0 分	技术资料缺乏，适用性差，不能满足维修保障要求
不同设备相互协同性	—	设备间协同的能力	好	100 分	设备间接口匹配，连接稳定，数据传输速率高，功能协同性强
			较好	75 分	设备间接口匹配，连接较稳定，数据传输速率较高，功能协同性较强
			一般	50 分	设备间接口较匹配，偶尔连接不稳定，数据传输速率一般，功能协同性一般
			较差	25 分	设备间接口匹配性较差，经常连接不稳定，数据传输速率慢，功能协同性较差
			差	0 分	设备间接口不匹配，连接不稳定，数据传输不畅，功能协同性差

4.3.3　舰船层级技术状态评估

舰船层级的技术状态评估是对全船技术状态的顶层评估结果，直接影响全船装备的对抗任务使用与维修保障。依据舰船层级的技术状态评估结果，指挥决策人员可视情判别舰船历次遂行任务要求的能力水平，保障决策人员可视情确定舰船装备维修保障的时机、类型、工程范围及保障力量投入。具体来说，舰船层级的技术状态评估建立在各系统层级的技术状态评估基础上，因此，在明确各系统层级的技术状态评分后，可参照表 4-1 所示舰船装备技术状态类别分级要求，评估全船装备的技术状态等级和遂行任务能力水平。

需要额外说明的是，舰船在遂行不同的任务时，其下属各任务系统的重要程度可能不尽相同，由此相应的技术状态要求也不尽相同。例如，对于执行扫海、警戒任务的舰船，主要保证舰船平台系统的良好技术状态水平；对于舰船编队中担任区域防空任务的舰船，对空导弹武器系统的技术状态必须保持在最佳水平，而对海、反潜武器系统的技术状态可相对较低；对于执行高强度对抗任务的舰船，其下属各分系统均应要求很高的技术状态水平。如图 4-7 所示，某项任务约束要求下全船各分系统的技术状态要求并不相同。图中，直方条表示各分系统的技术状态评分，虚线表示执行该项任务时各系统的技术状态量化门限要求，只有全船所有分系统的技术状态评分均达到门限以上分值时，舰船才具备执行该项任务的能力。同时，对于图中所示未达技术状态门限要求的主炮、副炮系统，则应纳为该船执行任务前技术状态恢复与维修保障工作的重点。

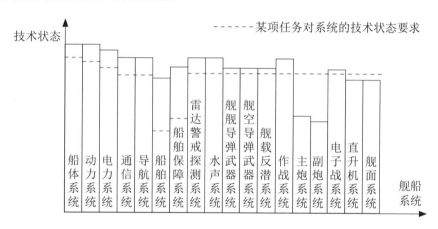

图 4-7　特定任务约束下舰船各分系统的技术状态要求（示例）

4.4　改进舰船装备技术状态评估方法应用案例

为验证 4.3 节所述舰船装备技术状态评估改进方法的可行性和有效性，下文以某型舰船为应用对象，进行舰船装备技术状态模拟案例评估。

4.4.1　评估范围

舰船装备技术状态模拟评估的对象是处于在航状态的某型舰船，评定范围涵盖动力系统、电力系统、船舶保障系统、生命力系统、直升机舰面系统、综合导航系统、对海导弹武器系统、对空导弹武器系统、近程反导系统、主炮武器系统、反潜武器系统、电子战系统、指控系统、通信系统、电磁兼容系统、火力兼容系统等。

4.4.2 组织实施

1. 职责分工

（1）主管机关

下达舰船装备技术状态评估任务，协调各部门工作。

（2）技术责任单位

制定、发布评定方法、检查规程等规范性技术文件，并对评定工作进行技术指导。

（3）评估检查组

深入舰船装备现场，获取用于装备技术状态定性指标和定量指标评估的基础性数据；依据发布的评定方法和评定细则，实施舰船装备技术状态量化评估和等级评定。

2. 实施步骤

（1）下达舰船装备技术状态评估任务，发布、宣贯技术状态评定方法、检查规程等规范性技术文件；

（2）划分系统，针对各分系统，识别明确对系统技术状态起主要作用的设备；

（3）分析确立各分系统主要设备之间的逻辑关联，并画出逻辑协同关系图；

（4）针对逻辑协同关系图中所列设备，参照 4.3.1 节给出的技术状态评估方法，实施设备层级的技术状态评分，并形成设备层级技术状态评分表和各系统设备技术状态一览表；

（5）建立系统层级技术状态评估指标体系，按照 4.3.2 节所列方法确定各评估指标权重；

（6）综合考虑系统层级的多方因素，参照表 4-2 所列定性指标量化评分标准，实施保障资源配套性、设备间协同性等定性指标的量化评估；

（7）对不同评估指标按照确定的权重进行加权求和，给出各分系统的技术状态量化评分；

（8）确定不同任务需求下各分系统的技术状态评分要求，并参照表 4-1 所列舰船装备技术状态类别分级要求，确认全船技术状态类别等级；

（9）形成全船在航技术状态评估报告，上报上级主管机关。

3.　评估流程

该型舰船的在航技术状态模拟评估详细流程，如图 4-8 所示。

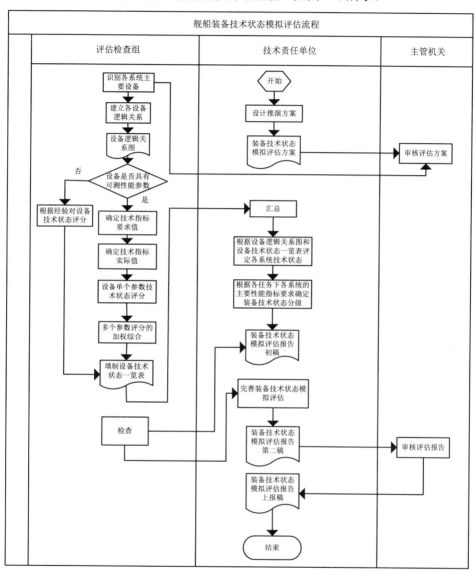

图 4-8　舰船装备在航技术状态评估流程示意图

4.4.3 评估过程及数据分析

1. 设备技术状态评估

参照式（4.3.1）～式（4.3.8），并将入役初期测得的设备性能指标值作为初始值 x_0，则可量化评估相关设备的在航技术状态水平。鉴于本书篇幅所限，这里仅以汽轮发电机组为例，进行说明。相关技术状态性能指标的要求值、初始值、实测值，以及汽轮发电机组的在航技术状态评分终值，如表 4-3 所示。

表 4-3 汽轮发电机组技术状态评分表

参数名称	单位	技术性能指标			技术状态评分 d_P
		要求值 x_1	初始值 x_0	实测值 x_f	
冷态绝缘电阻	MΩ	≥ 0.5	65	60	96.9 分
功率	kW	2140	2140	2089	97.6 分
发电机轴承温度	℃	≤ 90	73	75	95.3 分
频率	Hz	50	50	50	100.0 分
电压	V	380 ～ 400	390	390	100.0 分
滑油冷却器后滑油温度	℃	40 ～ 45	42	42	100.0 分
设备技术状态总评分					97.1 分

对于汽轮发电机组而言，功率是直接反映其技术状态优劣的最主要性能参数，因此对功率参数赋予 0.5 的指标权重，绝缘电阻、轴承温度等其他五项性能指标，均担剩余 0.5 的指标权重。按此权重分配方法，加权平均各可测参数评分后，可得汽轮发电机组在航技术状态的总评分为 97.1。其他设备的在航技术状态评分方法，均照此进行，此处不再赘述。

2. 系统技术状态评估

（1）指标体系与权重

系统层级的技术状态评估指标体系，采用图 4-2 所示指标体系，下含主要设备综合技术状态、保障资源综合配套性、不同设备相互协同性三类一级评估指标，以及独立设备技术状态、保障工装具配套性、保障供应品配套性、保障技术资料配套性四类二级评估指标。

关于"设备协同性"一级评估指标的权重确定：对于武器系统、通信系统等，设备间的数据传输与相互控制是系统功能实现的基础，因此系统协同要求占据非常重要的地位，相关设备协同性指标权重应视情加大。而对于船舶保障系统、生命力系统等，其下属各设备间的运行彼此相对独立，没有数据传输与相互控制，因此对于此类分系统，可以不赋设备协同性指标权重，即不考虑系统设备间的协同性。

关于"独立设备技术状态"二级评估指标的权重确定：参照式（4.3.9）～式（4.3.11），依据系统与所属设备间的不同构型关联特征，确定相关指标权重。

关于"保障资源配套性"二级评估指标的权重确定：对于工装具配套性、保障供应品配套性、保障技术资料配套性三类二级评估指标，按照等分原则分配指标权重，即相关指标权重值均取 0.33。

（2）主要设备综合技术状态评分

以舰船主动力系统为例，进行分析和说明。该型舰船主动力系统内含主要设备的功能逻辑关系框图，如图 4-9 所示。相关独立设备层级的技术状态评分及其分配权重，如表 4-4 所示。

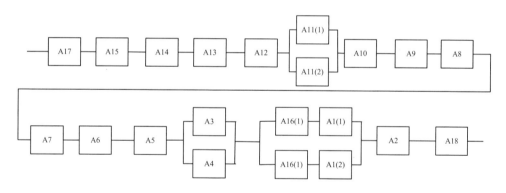

图 4-9　主动力系统主要设备功能逻辑关系框图

表 4-4　主动力系统下属独立设备技术状态评分及其分配权重

序号	设备数量（台）	独立设备技术状态评分		组合评分	权重
		（1）	（2）		
A1	2	94.1 分	97.7 分	96.4 分	0.06
A16	2	97.6 分	97.0 分		

序号	设备数量（台）	独立设备技术状态评分		组合评分	权重
		（1）	（2）		
A2	1	93.1 分	—	93.1 分	0.08
A3	1	92.3 分	—	94.8 分	0.07
A4	1	100.0 分	—		
A5	1	90.3 分	—	90.3 分	0.10
A6	1	98.1 分	—	98.1 分	0.05
A7	1	98.4 分	—	98.4 分	0.05
A8	1	87.3 分	—	87.3 分	0.14
A9	1	95.0 分	—	95.0 分	0.07
A10	1	100.0 分	—	100 分	0.04
A11	2	99.4 分	99.1 分	99.2 分	0.04
A12	1	99.5 分	—	99.5 分	0.04
A13	1	100.0 分	—	100 分	0.04
A14	1	96.9 分	—	96.9 分	0.06
A15	1	99.9 分	—	99.9 分	0.04
A17	1	98.9 分	—	98.9 分	0.05
A18	1	94.6 分	—	94.6 分	0.07

读图 4-9、表 4-4 可知：A11 所示两型设备为并联构型，假设两型设备重要程度相当，因此取两型设备技术状态评分的平均值 99.2 作为该并联构型技术状态的最终评分；A3、A4 所示两型设备也为并联构型，但由于 A3 设备起主要作用，A4 设备仅起辅助加强作用，因此取 A3 设备分配权重为 0.67，A4 设备分配权重为 0.33，将两者技术状态评分的加权值 94.8 作为该并联构型技术状态的最终评分；A16、A1 所示四型设备为混联构型（A16 和 A1 先串联后再并联），相关设备评分的权重分配，参照 4.3.2 节所述方法执行，将四者技术状态评分的加权值 96.4 作为该混联构型技术状态的最终评分；其余各型设备间，均表现为简单的串联逻辑关联，因此，可参照式（4.3.9），分配各独立设备技术状态间的权重。综合考虑表 4-4 中所列各项评分与权重数据，解算可得该型舰船主动力系统的主要设备综合技术状态评分为 95。

（3）设备协同性与保障资源配套性评分

考虑到该型舰船主动力系统多年以来的良好使用成效和保障条件建设实绩，这里根据工程专家经验，直接给出主动力系统的设备协同性评分为 90 分，保障资源配套性评分为 95 分（工装具配套性评分、保障供应品配套性评分、保障技术资料配套性评分加权后的总评分值）。

（4）主动力系统技术状态综合评分

综合主动力系统的主要设备综合技术状态评分、系统设备协同性评分和保障资源配套性评分，以及各一级评估指标的权重设定，解算可得该型舰船主动力系统的技术状态评分为 94 分。

（5）全船各系统技术状态综合评分

该船其他系统的技术状态综合评分方法与上述主动力系统相同，此处不再重复赘述，直接给出相关评分结果，如表 4-5 所列。

表 4-5　全船各系统技术状态综合评分

| 系统 | 系统在航技术状态评分 | | | | | | 总分 |
| | 主要设备技术状态 | | 设备协同性 | | 保障资源配套性 | | |
	权重	得分	权重	得分	权重	得分	
动力系统	0.6	95.0 分	0.2	90 分	0.2	95 分	94.0 分
电力系统	0.6	92.8 分	0.2	87 分	0.2	95 分	92.1 分
船舶保障系统	0.8	94.2 分	0	—	0.2	90 分	93.4 分
生命力系统	0.8	92.5 分	0	—	0.2	90 分	92.0 分
直升机舰面系统	0.5	88.8 分	0.3	85 分	0.2	95 分	88.9 分
综合导航系统	0.6	94.6 分	0.2	85 分	0.2	95 分	92.8 分
导弹武器系统	0.5	93.1 分	0.3	85 分	0.2	95 分	91.1 分
舰炮武器系统	0.5	91.5 分	0.3	85 分	0.2	95 分	90.3 分
反潜武器系统	0.5	77.2 分	0.3	80 分	0.2	95 分	81.6 分
指控系统	0.5	99.0 分	0.3	90 分	0.2	95 分	95.5 分
通信系统	0.5	99.0 分	0.3	90 分	0.2	95 分	95.5 分

3. 舰船技术状态类别评级

分析表 4-5 中各系统的在航技术状态评分数据可知，全船 11 个主要系统中 9 个系统的技术状态评分在 90 分以上，2 个系统的技术状态评分在 90 分以下（直升机舰面系统 88.9 分、反潜武器系统 81.6 分）。参照表 4-1，该船的装备技术状态等级应评为三级，即具备执行低强度对抗任务或非对抗任务的能力；且直升机舰面系统和反潜武器系统，通过临时修理，可以恢复执行部分对抗任务的能力；其他各系统，通过临时修理，可在较短时间内恢复执行全面对抗任务的能力。

4.5　舰船装备技术状态评估机制改进建议

4.5.1　健全技术状态评估标准体系

建立健全的技术状态评估标准体系，是舰船装备在航技术状态评估的基础。只有在统一标准下实施舰船装备的技术状态评估和状态类别评定，得出的对抗态势评估和兵力部署才能真实反映舰船装备的实力水平，明确的装备维修时机和工程范围才能符合舰船装备保障现实需求。目前，舰船装备技术状态评估的相关规定大都分散于多部条例和法规条文中，缺乏有效的整合，引领性和约束力不够，针对性和可操作性不强，信息化和协同思想体现不明显。在当前信息化条件下，舰船装备技术状态数据呈现日益融合趋势，为此，相关技术状态评估的标准体系建设，应在主管机关组织领导下统一开展，体现出舰船装备技术状态评估标准体系的层次性和综合性。

综上所述，舰船装备技术状态评估标准体系建设应着重围绕以下两个层面开展。一是在管理层面，要自上而下制定技术状态评估管理规定，明确技术状态评估组织机制、目的要求、评价时机、评价对象、奖惩措施等。二是在技术层面，要构建统一的舰船装备技术状态标准体系框架，从宏观和整体角度明确技术状态评估的总体思路、指导原则、基本方法、实施规划等，并在该体系框架下，由各技术责任单位针对各型舰船的特点，分舰型制定技术状态评估技术标准。此外，舰船装备技术状态评估的关键在于，列装设备具有可测的性能状态参数和稳定可靠的状态数据来源。同时，为获取稳定可靠的技术状态检查数据，应结合舰船装备的日常保养与例行技术保障工作，编制舰船装备技术状态检查规程。

4.5.2　完善技术状态评估组织体系

舰船装备技术状态评估既是一项基础性管理工作，又是一项综合性技术工作，为此有效开展舰船装备技术状态评估，必须坚持"两条腿"走路。一是形成管理有力的行政指挥线，二是建立扎实顶用的技术指挥线。基于设备的舰船装备技术状态评估，需要开展大量技术性、基础性工作，包括规章制度的建立、技施手段的建设、评价过程的技术指导、性能状态数据的统计分析、装备对抗效能的决策建议等。如此众多的技术支持工作，无法由一家单位全部承担，必须依托技术实力强、对装备使用、管理和保障均熟悉的单位来实施技术抓总，发挥技术状态评估技术指挥线的核心作用，组织装备设计、建造、使用、保障等相关单位，共同为舰船装备技术状态评估工作提供全面技术支撑。

4.5.3　建立技术状态评估信息系统

舰船装备技术状态评估需要对大量设备的技术状态参数进行统计，并综合分析设备和系统间的协同性能。要在较短的时间内，对如此众多的数据进行处理与管理，必须依靠信息化的分析与管理系统。开发舰船装备技术状态评估一体化信息管理系统，是高效推行技术状态评估与管理工作的重要基础条件和有效技术手段。为此，应充分依托现有信息基础设施，以各级装备维修保障和使用管理部门为枢纽，遵循技术状态评估行政指挥线和技术指挥线的基础架构，运用先进的信息技术和手段，构建集装设备技术状态数据采集、技术状态评估和类别确定、装备健康状态管理、维修保障辅助决策、装备任务态势评估等功能于一体的网络化信息管理系统平台。

4.5.4　加强技术状态监测手段建设

随着舰船装备复杂度和技术集成度的提高，要准确评估舰船装备技术状态，越来越离不开装备技术状态的监测与分析。传统的装备技术状态监测手段信息化程度不高，数据的实时性、精确性不能有效满足复杂大型装备技术状态实时监测和健康管理的需要。因此，需要加强装备状态监测技术与分析手段建设，通过现代传感器技术和信号处理技术，准确测量有关技术状态参数，为舰船装备技术状态评估提供及时准确的基础性数据；进而，通过相应的处理和分析，对故障类型、故障位置、发生时间进行预先判断，并根据舰船装备的健康状态实时态势，及时开展预测性维修工作，以确保在航期间舰船装备技术状态的良好保持与及时恢复，以及舰船战备完好性水平与在航率的大幅度提升。

4.5.5　建立基于技术状态的维修机制

长期以来，传统的装备维修指导思想强调"积极预防"和"以预防为主"，主张在装备损耗到一定程度时，对装备进行定期的预防性维修。在这一预防性维修思想指导下，舰船修理目前采用的是一种"以舰体防护日历时间为主要因素来确定等级修理间隔"的定期修理模式。近年来，随着舰船使命任务、现实需求、市场环境、技术基础的发展变化，定期修理方式针对性不强、精确性不够所导致的维修过剩或维修不足的问题日益凸显，难以满足信息化条件下遂行多样化任务时非线性、高消耗、快节奏等特点对装备维修保障工作提出的新要求。

为适应未来装备维修保障发展需要，必须全面深入开展舰船装备技术状态评估，切实掌握真实技术状况，摸清装备损耗规律和器材消耗规律，预测装备剩余寿命，开展装备健康管理，基于技术状态水平科学确定维修时机和维修工程范围，做到视技术状态"该修才修"。同时，应合理设置各级各类保障机构并区分职能任务，明确保障资源配置建设标准，并建立基于装备完好性的维修机制。相关配套舰船装备技术状态评估机制的初步规划，如图 4-10 所示。

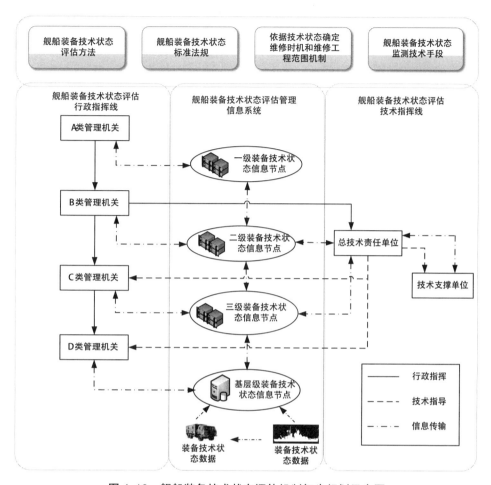

图 4-10　舰船装备技术状态评估机制初步规划示意图

第四篇
舰船装备等级修理优化决策与组织实施技术

"*魔鬼存在于细节之中。*"

——密斯·凡德·罗

本书的第四篇，站在装备维修人员的角度，探讨舰船装备长周期使用后，停航阶段实施全船高等级恢复性修理的相关管理决策技术。接下来的章节，将涉及如下问题：

（1）国产舰船等级修理结构的典型安排及其在新形势下面临的新技术挑战有哪些？

（2）国外舰船等级修理结构安排的先进策略及其可供国内学习借鉴的重要启示有哪些？

（3）如何通过合理设计舰船等级修理结构，大幅度提升舰船全寿命期间的在航率和装备完好率？

（4）现阶段抑制国内舰船等级修理成效的关键技术环节有哪些？

（5）面向诸项关键技术环节，可供选择且便于实现的舰船等级修理先进管控策略有哪些？

（6）相关管控策略在舰船等级修理中的具体应用方法和应用成效如何？

这些问题的回答，有助于装备维修管理决策人员，科学规划舰船全寿命期间的等级修理结构，以及高质量实施历次舰船等级修理技术工作，进而大幅度提升舰船在役期间的在航率和装备完好率水平。

Chapter 5

第5章 舰船装备等级修理结构优化技术

前面篇章分别就舰船装备良好固有保障属性的设计与长期稳定保持给出了详细论述，解决了舰船装备的"优生"与"优育"问题。所谓"优生"指在舰船装备论证与研制阶段，通过合理的固有保障特性设计，确保生产交付的舰船装备产品好保障、易保障；所谓"优育"指在舰船装备服役阶段，通过及时准确的状态监测、故障预测、故障诊断、状态评估、健康管理等技术工作，充分发挥其固有的保障设计特性，并确保长期稳定保持。

应该注意到的是，舰船装备固有保障特性的长期稳定保持是需要付出相应的工程代价的。一方面，舰船装备在航阶段需要针对随机偶发故障及时开展修复性维修活动，针对具有明显耗损性故障特征的组部件及时开展预防性维修活动；另一方面，在舰船装备停航阶段需要综合全船技术状态实情及时开展高等级的装备功能与性能深度恢复性维修活动。鉴于目前维修保障工程研究领域，有关舰船装备在航阶段的修复性维修与预防性维修研究内容较多，且研究成果已较为成熟，本书对其不再过多赘述。反之，目前有关舰船装备停航阶段（或高等级修理阶段）的修理规划、修理实施等研究内容还较少，且现有理论与技术成果大多过于陈旧，亟须结合现代舰船装备技术发展实际予以丰富、完善与革新。为此，本篇章将在前述篇章基础上，重点探讨舰船装备长期高质量在航使用后，为确保全船技术状态能够得到周期性的彻底恢复，应如何恰当安排舰船装备的高等级修理结构，以及如何高效组织实施相关修理活动等关键技术问题。

合理恰当的设计舰船装备修理结构（简称"舰船修理结构"），使得在役舰船获得最为理想的高等级修理循环与技术状态恢复周期，能够确保在役舰船全寿命期内保持尽量长的在航率，对于具有军事任务属性的舰船装备而言意义重大。此外，在保证舰船装备高等级修理工作质量的前提下，寻求能够充分加快修理进度、高效调配修理资源的先进工程管理办法,对于大幅度提升舰船装备等级修理工作的综合效益,具有重要工程借鉴价值。上述这些看似过于"细节"的技术问题,将直接决定着舰船装备全寿命期内的状态完好性保持水平,必须认真对待、不容忽视。综上所述,为实现前述目标,本篇章引入"舰船装备等级修理结构优化"和"舰船装备等级修理综合管控"两项维修保障工程新技术。

这里,首先介绍舰船装备等级修理结构优化新技术。

5.1   我国舰船等级修理结构现状

5.1.1   修理结构现状

我国舰船维修指导思想强调"积极预防"和"预防为主",主张在舰船装备耗损到一定程度将要发生故障前,对装备进行定期的预防性维修。在这一预防性维修思想指导下,大量在役舰船修理目前采用的是一种基于日历时间确定修理需求的定期修理模式。这种定期修理模式的核心体现在:一是按预先确定的以日历时间表述的修理间隔期实施舰船各类别修理;二是将船体修理作为各类别修理工程的重要组成部分,基本修理间隔期主要依据船体修理需求确定。

一般来说,将舰船等级修理分为四个类别,即"坞修、小修、中修和大修",其中:坞修主要指舰船定期进坞(上排)进行检修保养,目的是清除舰体污锈,进行设备检修保养与排除故障;小修主要指舰船使用一定年限后,对舰体及各种装备进行局部拆检修理,目的是在下次中修或小修前使舰船基本保持其正常的技术状态;中修主要指舰船经过若干次坞修与小修后,进行较全面的拆检修理,目的是使舰船保持或基本恢复战技术性能;大修主要对舰体及各种装备进行全面的检查与修理,目的是恢复或基本恢复舰船的技术性能。

从多年的舰船修理实践情况看,舰船等级修理通常采用坞修、小修、中修三个修别就可以满足全寿命期内使用和保障需要,大修通常无须实际安排。导致此种情况的原因主要是舰船机电设备通过中修可基本保持和恢复技术性能,而舰载系统设备又更新换代较快,通常结合中修安排改换装,以提升舰载系统装备整体性能,因此,大修往往仅作为一个特定修别予以保留,但并不实际实施。

5.1.2　面临的新挑战

近年来，随着舰船装备使命任务、现实需求、市场环境、技术基础的发展变化，传统的舰船等级修理结构面临着诸多新的挑战。

一是随着舰船执行多样化任务不断走向远海，装备使用强度、频次日益增加，许多单装设备的修理间隔与所属舰船的现行等级修理间隔严重不匹配的问题日益显现。例如，2009 年以后，某型舰船柴油机每年平均工作时间较 2009 年以前增加了3 倍多，由此该型柴油机间隔不到两年就要进行一次部分解体性维修，入役 8 年左右就达到了整机解体性维修时限（通常结合中修进行），而这与其所属舰船的现行等级修理间隔（按原柴油机装备使用强度论证）存在较大差异，进而给该型舰船在役阶段的等级修理计划安排，带来了较大冲击。

二是随着舰船装备腐蚀防护技术的发展进步，传统以船体防护日历时间为主要因素来确定舰船等级修理间隔的"定期修理"模式，已逐渐不适应舰船装备发展的最新需求。例如，某新型舰船通过进坞检查发现，在 4 年多的在航间隔期内，水线以下船体结构防腐涂层效果良好。同时，就近些年国内船体水下清洗技术的发展来看，相关水下清洗技术已比较成熟，并已在部分在役舰船上得以成功应用，完全可在不进坞（上排）的情况下，有效地解决船体表面的污损问题。

三是舰船装备维修作业方式和修理技术工艺的进步，以及装备状态监测和故障诊断技术的发展，为舰船装备视情修理和缩短在修时间提供了可靠、有效的技术基础。例如，对某型舰船的燃气轮机、巡航柴油机高级别修理采取整机"先换后修"方式，可以大大缩短舰船停航时间；对舰船实施在航和修前状态监测，以及历史使用和维修信息收集分析，准确掌握主要装备的技术状态，可以更加科学地确定舰船等级修理时机和修理工程范围。

综上所述，随着目前国内舰船装备相关制造与保障技术的高速发展，以及用船需求、用船强度的大幅度变化，已经不能再完全沿用以往的舰船装备等级修理保障策略，需要不断创新保障方法和手段，探索与新形势下舰船装备发展相适应的等级修理新结构。近十几年来，国内在舰船等级修理结构优化上，进行了一些有益探索。例如，在某些舰船上开展了基于状态监测和故障诊断的"视情维修"试点探索。前期的这些研究和探索工作，对于提高舰船全寿命期内的在航率、提高舰船高等级修别的维修经费使用效益，发挥了一定积极促进作用。但从舰船装备维修保障工程领域来看，无论是理论体系层面，还是技术应用层面，都尚缺乏普遍性的规律探索和规范化的技术建议。

5.2 美国海军舰船等级修理结构简介

美军舰船一直采用定期维修制度，但随着国家军事战略的演变、舰船使命任务变化和装备发展，其维修政策也在不断完善，修理类别及其时机进行了多次调整。分析美军舰船等级修理结构及其采用的修理类别，可为我国舰船等级修理结构的优化论证与模式革新，提供技术借鉴和结构参考。

5.2.1 美军舰船修理类别

美国海军舰船修理类别（类似国内舰船等级修理的类别）主要包括：

（1）试航后检修（Post Shakedown Availabilities，PSA）：为新造或大修后舰船安排的一种修理，在交船试航后进行。主要用以修理试航或验收期间发现的缺陷，以及经过批准的少量改进工作。

（2）选择性有限修理（Selected Restricted Availabilities，SRA）：改进式修理结构或定期修理结构中采用的一种修理类别。修理时舰船无须进入船坞，完成修理和有选择的现代化改装工作，是一种修期较短、工作强度较高的基地级修理。实施改进修理结构的舰船由选择性有限修理分散了部分大修工作，从而降低了大修的频率。

（3）扩大选择性有限修理（Enhanced Selected Restricted Availabilities，ESRA）：除了完成选择性有限修理的工程外，还完成选择性有限修理中所不能完成的修理和现代化改装工作，修理时舰船无须进入船坞。

（4）进坞选择性有限修理（Docking Selected Restricted Availabilities，DSRA）：扩大修理范围的选择性有限修理，部分修理工作需要进入船坞完成。

（5）扩大进坞选择性有限修理（Enhanced Docking Selected Restricted Availabilities，EDSRA）：扩大范围的进坞选择性有限修理，可完成不能在进坞选择性有限修理完成的修理和现代化改装工作。

（6）基地现代化改装（Depot Modernization Plan，DMP）：为重大的、高优先级作战装备改装安排的基地级修理。

（7）延长的整修期（Extended Renovation Period，ERP）：工作强度较高的弹道导弹核潜艇修理和现代化改装类别，该项工作不能在一般的整修期内完成。

（8）计划渐进式修理（Planned Incremental Availabilities，PIA）：也称为"预定增加可用性维修"，一般在基地级修理厂进行，是根据预先安排计划对航母实施渐进式修理的一种修理类别，修理时不需要进坞，通常情况下，不同 PIA 的工作量是渐进增加的。

（9）进坞计划渐进式修理（Docking Planned Incremental Availabilities，DPIA）：也称为"坞内预定增加可用性维修"，一般在基地级修理厂进行，是根据预先安排计划对航母实施渐进式修理的一种修理类别，其修理规模大于计划渐进式修理，部分修理工作需要在船坞中进行，通常情况下，不同 DPIA 的工作量是渐进增加的。

（10）大修（Overhaul）：通常指修理时间超过 6 个月的修理和现代化改装工作。在实施大修过程中，项目管理人员经常使用下列术语：

①定期大修（Regular Overhaul，ROH）、复杂大修（Complex Overhaul，COH）或工程大修（Engineering Overhaul，EOH）：用以说明或确定不同级别舰船大修计划制定和实施的区别；

②换料复杂大修（Refueling Complex Overhaul，RCOH）或工程换料大修（Engineering Refueling Overhaul，EROH）：用以说明或确定不同级别核动力舰船反应堆换料计划制定和实施的区别。

（11）非现役修期（Independent Non Active Cycle，INAC）：为计划退役或报废的舰船安排的基地级修理，其工程范围依计划报废的舰船而定。

5.2.2　美军舰船修理结构

美军针对不同类型舰船采用不同的等级修理结构。目前，美军舰船采用的等级修理结构主要有四种类型：定期修理结构（Engineering Operating Cycle，EOC）、改进式修理结构（Product Readiness Operating Growth，PROG）、阶段修理结构（Phased Maintenance，PM）和渐进式修理结构（Incremental Maintenance Plan，IMP）。

1. 定期修理结构（EOC）

定期修理结构是为保持或提高舰船状态完好性水平，使舰船装备保持在可接受技术状态的一种修理结构，其目的是通过采用结构性的工程方法，缩短基地级修理时间。该修理结构的主要特点是：

（1）对选定的系统和装备进行周期性检查，以确定和记录所需的修理工作和装备技术状态的变化趋势；

（2）周期性地定期开展修理工作；

（3）寿命期内通过中继级修理、选择性有限修理、进坞选择性有限修理和定期大修，保持或提高舰船装备技术状态；

（4）进行现代化改装，以保持和提高作战能力。

2. 改进式修理结构（PROG）

改进式修理结构是为人员编配少、只有有限舰员级修理能力，且装备使用频率较高、要求修期较短的舰船制定的一种修理结构，也在状态完好性水平要求较高的舰船上实施。通过合理设计，主要部件实行换件修理，换下来的故障件修理主要依靠中继级和基地级来完成，其所要求的修理和后勤保障系统与传统的舰船装备有较大的区别。该修理结构的主要特点是：

（1）修理工程计划提前制定；

（2）改进的大修；

（3）对从舰船向中继级维修站交接的装备进行修理与改进；

（4）模块更换；

（5）要求专用器材保障和高库存水平的采购。

3. 阶段修理结构（PM）

阶段修理结构是指通过一系列频繁的、短时间的基地级计划修理，代替定期大修的一种修理结构，其目的是达到最高的舰船可用性，提高状态完好性。该修理结构的主要特点是：

（1）修理在舰船母港实施，每隔 15 ～ 18 个月进行一次为期 2 ～ 4 个月的计划修理，其内容包括修理和现代化改装；

（2）根据装备技术状态确定修理内容，只进行保持装备功能所必需的修理和更换工作；

（3）港口工程师参与维修规划、预算、管理和实施等所有维修工作，在舰船寿命期内始终与同艘舰船保持联系；

（4）修理是否批准取决于舰长、港口工程师、造船改装与修理监督员；

（5）由于在采用视情维修时，精确确定全部维修工作非常困难，因此采用多舰多年承包方式，使修理承包商在修理计划制定前就参与有关工作。

4. 渐进式修理结构（IMP）

渐进式修理结构通常应用于大型舰船，例如尼米兹级航母，是指通过一系列工作量递增的基地级修理，使舰船装备长期保持在可接受状态。其主要特点是：

（1）通过一系列持续的、短周期的基地级修理，来长期保持舰船装备良好的状态完好水平；

（2）对于同一种类别的基地级修理，在寿命周期中在修时间虽然一样，但修理工作量却是渐进递增的。

5.2.3　美军舰船修理类别和结构的特点

美军舰船修理类别和周期结构经过不断调整和优化，较好地满足了舰船装备的作战使用要求，主要具有以下特点。

1. 依据舰船作战使用要求确定修理结构

美军水面舰船由于隶属于不同舰队、作战使用要求不同，其训练部署节奏和装备使用强度差别较大，因此根据所部署区域的不同，美军主要水面舰船的修理结构分为前沿部署和驻守美国本土两种。2000 年之前，驻守美国本土舰船的修理结构又分为驻守大西洋和太平洋两种。从 2000 年以后（包括 2000 年），这种区别消失。因此，即使是同一型舰船，由于执行任务的部署区域不同，其修理周期结构也不同。例如，2010 年，驻守美国本土的阿利伯克级导弹驱逐舰（DDG-51）进坞修理间隔为 104 个月，不进坞修理间隔为 24 个月；而前沿部署的阿利伯克级导弹驱逐舰进坞修理间隔为 81 个月，不进坞修理间隔为 14 个月。并且，当舰船由训练舰队向前沿部署舰队轮换时，其修理结构也将由驻守美国本土类型转换为前沿部署类型。表 5-1 列出了美军舰船的主要修理周期结构，以及各修理周期结构适用的主要舰船及其对应的主要修理类别和修理时机。

表 5-1 美军舰船主要修理类别汇总表

修理结构	适用舰船	修理类别	是否进坞	修理间隔或循环周期	修理时间
定期修理结构	核潜艇	换料工程大修（EOH）	是	21 年	16 个月
		现代化改装（DMP）	是	10 年	13 个月
		进坞选择性有限修理（DSRA）	是	4 年	5 个月
改进式修理结构	主战水面舰船	扩大进坞选择性有限修理（EDSRA）	是	寿命中期	6 个月
		扩大选择性有限修理（ESRA）	否		9 个月
		进坞选择性有限修理（DSRA）	是	85 个月	4 个月
		选择性有限修理（SRA）	否	17 个月	3 个月
阶段修理结构	辅助船和本土部署的一般性作战舰船	阶段坞修（DPMA）	是	66 个月	4 个月
		阶段修理（PMA）	否	22 个月	3 个月
渐进式修理结构	尼米兹级航母	换料综合翻修（RCOH）	是	寿命中期	32 个月
		进坞计划渐进式修理（DPIA）	是	96 个月	10.5 个月
		计划渐进式修埋（PIA）	否	32 个月	6 个月

表 5-1 中，舰船修理间隔和修理时间两项内容，核潜艇以海狼级（SSN-21）为例，主战水面舰船以前沿部署的阿利伯克级导弹驱逐舰（DDG-51）为例，辅助船以快速战斗补给舰（AOE 1 级）为例。

2. 舰船修理设置了不进坞修理类别

美军舰船修理类别的名称很多，但归纳分析后可以发现，美军舰船全寿命周期内一般安排三种类型的定期计划修理。一类是根据舰船现代化改装或核动力装置换料等需求设置的修理类别，此类修理规模较大，时间较长，一般在寿命中期安排一次；另一类是根据舰船舰体防护期效等要求设置的修理类别，需舰船进坞开展中等规模的修理；还有一类是安排相对频繁、均衡、灵活的不进坞修理类别，该修理类别的设置主要是为了满足系统、装备的在航修理需求。

3. 舰船进坞修理的间隔不断延长

美军通过不断调整舰船修理结构，延长进坞修理间隔，采用修期较短、工作强度较高的选择性有限修理分散部分装备大修工作，从而降低了舰船进坞修理的频率。2000 年以后，驻守美国本土的阿利伯克级导弹驱逐舰进坞修理间隔从 6 年逐步延长到 9 年，全寿命周期内共安排 4 次进坞修理；前沿部署的阿利伯克级导弹驱逐舰进坞修理间隔从 4.5 年逐步延长到 7 年，全寿命周期内共安排 5 次进坞修理。随着寿命期内舰船总的进坞修理次数不断减少，舰船可部署能力不断提高。美军宣称，在完全解决水线以下船体以及附属装置的水下修理技术后，其进坞间隔期将延长至 12 年。

4. 舰船在修时间不断缩短

改进式修理结构中基地级计划修理在修时间相对较短。以阿利伯克级导弹驱逐舰为例，其进坞修理在修时间为 4 个月，不进坞修理在修时间为 3 个月，全寿命周期内开展两次扩大修理，在修时间分别为 6 个月和 9 个月。为有效控制在修时间，美军强调主要部件实行换件修理，换下来的故障件依靠中继级和基地级来完成修理。此外，美军另一个控制在修时间做法是：相同类别的基地级修理在修时间相同，但根据修理工程量大小，每次修理规定的修理工作日不同。

5. 航母修理周期结构调整的主要目标是提高部署能力

美军航母目前采用的修理周期结构为渐进式修理周期结构。典型的渐进式修理周期结构采用"计划渐进式修理—计划渐进式修理—进坞计划渐进式修理"循环模式。在目前采用的 32 个月周期的渐进式修理周期结构中，通常每隔 26 个月左右进行一次为期 6 个月的计划渐进式修理，计划渐进式修理时航母不进坞；每隔 7.5 年左右进坞进行一次为期 10.5 个月的进坞计划渐进式修理；中寿 24 年左右进行一次为期 33 个月左右的换料综合翻修。航母全寿命周期内，一般安排 12 次计划渐进式修理、4 次进坞计划渐进式修理和一次换料综合翻修。随着美军战略的变化，航母修理周期结构也在不断调整，而调整的主要目标始终围绕着提高航母部署能力进行。为了提高航母的部署能力，美国海军于 2003 年提出了舰队反应计划，从两方面着手应对美军战略对部署能力的更高要求。一方面，不断延长航母基地级修理间隔期，航母计划渐进式修理的间隔期已从最初的 18 个月延长到目前的 26 个月，这样做的目的是延长航母拥有"部署能力"的时间。另一方面，综合权衡航母的修理、训练和部署，将修理和训练由交替式进行变为同时进行，航母部署任务的结束和人员训练的开始几乎是同时的，在基地级修理前后，基本训练都在进行。这样做的目的是使处于非部署期的航母更早具有较高的战备水平，同时使航母拥有高战备水平的时间更长，以便航母能在较短时间内部署。

5.2.4　美军舰船修理类别和结构的启示

美军舰船修理类别和结构经过多年的调整和完善，较好地满足了其作战使用和装备战备完好率要求，形成了一套系统完整的确定修理结构的思想和方法。认真分析其确定修理类别和结构的主要做法，对论证优化国内舰船装备的等级修理结构，有如下启示。

1.　注重训练与作战要求对舰船修理结构的牵引

美军舰船修理结构的确定，充分体现了国家战略和作战使用要求，其基本做法是，通过舰船部署能力和装备战备完好率体现作战需求，依据作战需求确定舰船的预防性维修时机，进而确定舰船的修理结构。由此，对于国内遂行多样化使命任务的舰船而言，应进一步重视舰船训练与作战任务使用对舰船全寿命期内等级修理安排的牵引。在舰船论证设计阶段，就应准确把握舰船在航率和装备状态完好率等技术要求，有效开展装备"六性"设计工作，进而制定科学合理的舰船修理结构。

2.　把握舰船等级修理时机的科学性和针对性

美军根据驻守区域将舰船分为驻守本土和前沿部署两类，两类舰船规定了各自的修理结构，以满足不同使用强度下的装备修理需求。随着近年来我国舰船遂行远航任务的常态化，以及舰船用装强度的日益增大，应以定期修理结构为基础，科学把握等级修理的时机，使等级修理时机能够有针对性地进行动态调整，以满足由于舰船高强度使用对装备技术状态和修理的要求。

3.　控制舰船等级修理在厂修理时间

美军通过减少舰船进坞修理频次、主要部件实行换件修理、在修时间不变而工作日增加等方式，控制舰船在厂修理时间。舰船等级修理在修时间是影响舰船在航率的重要因素。针对国内目前舰船在厂修理时间较长的现状，应借鉴美军的做法，通过延长舰船进坞修理间隔、减少等级修理工程量、推广换件修理模式、提高工厂修理工作强度等方法，有效缩短舰船等级修理在厂修理时间，不断提高舰船在航率。

4. 增强舰船在航期间装备修理工作

美军将任务期修理（类似在航修理）作为基地级计划修理的重要补充，在两次基地级计划修理期间，开展连续维修，以满足由于基地级修理间隔期延长而产生的装备修理需求。由此，国内舰船装备修理模式及修理结构确定过程中，需要把握好等级修理与在航修理的合理统筹。应注重在航修理对等级修理的影响，进一步完善在航修理制度，将原来等级修理的部分工作交由在航修理来完成，持续开展在航期间的修理工作，使舰船装备的状态完好率始终保持在较高水平。

5.3　等级修理结构优化的目标与要点

5.3.1　优化总体目标

舰船等级修理结构优化的目标是，以舰船装备定期修理为基础，以基于状态信息的视情修理为辅助，将现行以"定期修理"为主的等级修理模式，向"定期与视情修理相结合"的新模式转变，科学确定舰船等级修理类别、修理时机、工程范围和在修时间，使修理类别更加符合实际，修理结构更加科学合理，修理时机切实满足需求，在修时间得到有效缩短，并探索建立与新形势下舰船装备发展规律相适应的组织管理体制和运行机制，实现舰船装备合理使用与适时修理的科学统筹，进一步提高舰船寿命期内的在航率和装备完好率。

5.3.2　优化技术要点

1. 以任务需求为牵引，采用定期与视情相结合的修理模式

以舰船任务需求与使用要求为牵引，将舰船等级修理类别由目前的"大修、中修、小修、坞修"四个类别，调整为"大修、中修、小修"三个类别，并根据不同

舰型特点，准确把握装备技术状态和修理需求，采用定期与视情相结合的方式，重新界定各修别的内涵和主要工程范围，确保舰船使用效能的持续有效发挥。

定期与视情相结合修理模式的核心是，以装备的定期修理需求为基础，以基于技术状态的装备视情修理为补充，合理统筹等级修理与在航修理，准确把握舰船等级修理时机的科学性和针对性。具体来说：一是要根据舰船任务需求，确定舰船在航率和装备状态完好率目标，明确任务需求与日常使用对舰船装备修理的要求；二是要根据装备设计信息，分析各类装备的使用寿命、维修时限、修理工期等，明确舰船定期修理要求；三是要根据舰船实际情况，掌握关键装备运行时间和技术状态，实时把握装备修理需求；四是在此基础上，确定合理的舰船修理时机，实现舰船合理使用与适时修理、等级修理与在航修理、定期修理与视情修理的科学统筹。

2. 以舰船任务为依据，新型舰船修理结构应当"量体裁衣"

舰船等级修理结构优化应当遵循"量体裁衣"的原则，改变目前安排的寿命期修理结构"一刀切"的方式。一是不同舰型根据各型舰船任务特点和装备特性的不同，应当采取不同的修理结构。二是同型舰船根据不同的任务需求、装备特性和使用强度，也应采用不同的修理结构。在这方面，美军基本做法是针对驻守本土和前沿部署舰船使命任务的不同，同型舰船分别制定了两类不同的修理结构。

针对我国舰船型号众多、多代并存现状，对于早期入役且已基本完成一轮以上中修的舰船，暂不打破其原有修理结构，仅调整为"小修—中修—小修—大修"；对于新入役的舰船，由于装备可靠性提高，服役时间较短，舰船执行任务强度大，现有修理结构的不适应性比较突出，需要根据其舰船装备设计选型特点和使用现状，对寿命期修理结构进行重新论证。在此基础上，根据舰型和装备特点对定期和视情修理需求进行合理分类，准确反映舰船装备使用强度、技术状态等动态信息，科学编制相应修别的基准工程单，避免搞"一刀切"。

3. 把握装备技术状态，科学合理确定舰船等级修理时机

根据舰船装备修理需求分析，部分关键装备的修理要求与其使用强度密切相关，并且对舰船修理时机的确定有直接影响。因此，舰船等级修理时机必须能反映高强度使用装备的修理需求，应综合舰船装备日历时间和运行时间要求进行动态调整和确定，以使舰船装备始终处于良好的技术状态。

图 5-1 所示为优化后新型舰船寿命期修理结构的基本形式。舰船大修和中修遵

循"定期修理"为主、"视情修理"为辅的原则，在寿命期内修理时机相对固定，通常在舰船寿命中期 T 年左右进行一次大修，间隔 T/2 年左右进行一次中修；舰船小修的频次和时机依据关键装备的使用强度和技术状态，遵循"视情修理"为主、"定期修理"为辅的原则灵活确定。小修可以选择进厂修理（船体根据情况可选择进坞涂装或者水下清洗），也可以将出航前准备和返航后集中检修纳入小修范畴，选择驻泊地码头集中停航一段时间进行排故检修。

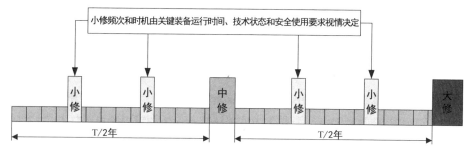

图 5-1　优化后新型舰船寿命期修理结构基本形式

4. 采取切实可行措施，有效控制舰船等级修理在修时间

等级修理在修时间的长短直接影响到舰船在航率的高低，而在修时间通常由主要装备高等级别修理工期决定。目前主要装备修理一般采用原位修理方式，往往造成修期难以控制。美军通过采用"主要部件实行换件修理""在修时间不变、仅工作日增加""开展任务期连续维修"等方式，有效地控制了等级修理在修时间。

舰船等级修理结构优化可采取整机"先换后修"、加大在厂修理工作强度、开展在航期间装备连续维修等可行措施，有效控制等级修理在修时间。一是舰船部分装备修理由"原位修复"向"部组件更换为主"转变，对修期影响较大的主副机装备采用"先换后修"的整机替换模式。二是通过增加规定在修时间内的修理工作强度等方式，提高在厂修理期间的时间效率。三是针对舰船在航期间装备的预防性修理需求，建立常态化技术状态监测和故障诊断机制，将在航期间的排故修理、装备巡检、系统标校等作为等级修理的重要补充，减少舰船厂修期间修理工程量，缩短在修时间。这一点主要是针对舰船装备中没有维修时限要求，也没有使用寿命要求，只有技术状态指标要求的装备。此时，通过基于状态监测及故障诊断的视情修理模式，开展在航期间的不间断修理，保持其技术状态。

5. 重视研制阶段维修设计，同步开展舰船修理结构论证

舰船修理结构是舰船全寿命周期内使用与修理安排顶层规划的重点之一，与装备研制阶段的设计选型密切相关，必须在舰船研制早期阶段就开展科学的研究论证。目前，从掌握的国内舰船设计信息来看，大部分装备既没有明确维修时限，也没有使用寿命要求，只有技术指标要求，且部分装备的预防性维修要求均根据经验确定，没有经过可靠性、维修性验证，这也客观上对舰船服役后再行研究其寿命期修理结构，带来了许多困难和不确定因素。

为此，建议有关舰船总体设计单位，自装备论证和研制阶段起，就科学论证舰船装备的修理结构，并在装备功能、性能及通用质量特性设计方面，充分考虑其对舰船修理结构的直接或间接影响。一是在装备选型上，在充分考虑装备状态指标满足设计任务书要求的基础上，还要更多地关注装备使用期限内的可靠性和维修性要求（如关键装备后续维修时机的确定，包括日历时间和工作时间等）。二是在维修性设计上，要在目前以"预留维修空间、预设出舱通道为主"的理念上，逐步向"科学合理确定主要舰船装备修理时机、修理工程范围和修理工期的系统论证"过渡，进而提出合理的舰船寿命期修理结构。三是在对维修工作认识上，要以装备的可靠性、维修性试验验证为基础，科学制定装备预防性维修大纲，确定舰船装备预防性维修要求。

5.4 舰船修理结构优化案例分析

随着舰船装备技术水平的提高、现代维修理论的发展以及舰船使命任务的拓展，有必要对舰船修理结构进行优化分析，提出契合新形势的舰船修理结构。下面，以某型在役柴油动力舰船为例，进行舰船修理结构优化示例说明。

5.4.1 舰船等级修理时机要求

某型在役柴油动力舰船上的装（设）备可分为结构类、机械类和电子类三个类别，各类装设备适于采用的维修方式及修理需求见表 5-2。

表 5-2　舰船装备维修方式及修理需求

序号	装备类型	主要装备	修理方式	修理需求
1	结构类	船体结构、附体等	定时维修	寿命中期 T 年需进坞进行一次大范围综合翻修；T/2 年需进坞检修，更换防腐涂料等；T/4 年左右需视情对防污涂料、牺牲阳极等检查修理
2	机械类	主柴油机、发电柴油机	定时维修或视情维修	由维修等级要求决定
		空压机、冷水机组	定时维修或视情维修	由维修等级要求决定
		离心泵、燃油泵等	定时维修或视情维修	按照规定的工作时间进行全面检修
		滑油冷却器、滑油加热器、造水机等	定时维修或视情维修	按规定的日历时间或工作时间进行全面检修
		燃油系统、滑油系统、淡水系统等	定时维修或视情维修	按日历时间进行全面检修
		海水系统、生活污水系统、日用蒸汽系统等	定时维修或视情维修	按日历时间进行全面检修
3	电子类	任务系统装备、控制和监测系统设备等	定时维修或事后维修	在舰船寿命中期 T 年需结合等级修理进行全面检修或现代化改装。实际使用中一般结合等级修理，开展相应级别的修理
		装有水线以下传感装置的测速、测深、测音设备	定时维修	按日历时间进行检修

综合表 5-2 中所列三类装备修理需求可知，舰船主要装备对舰船修理时机的日历时间要求见图 5-2，其中主柴油机、发电柴油机、空压机按平均使用强度和最大使用强度计算。

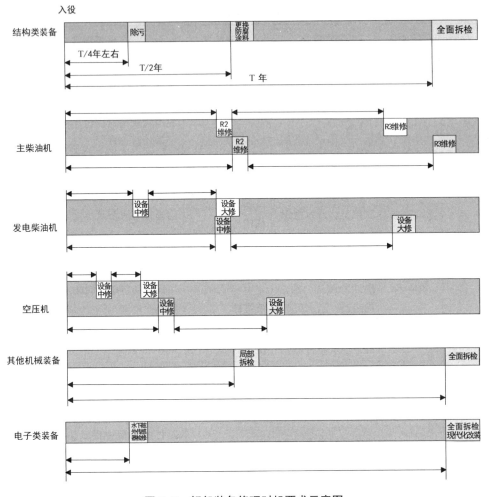

图 5-2　舰船装备修理时机要求示意图

由图 5.2 可以看出：

（1）船体结构一般在舰船寿命中期 T 年需停航进坞进行一次大范围的综合翻修；
T/2 年需停航进坞更换防腐涂料；T/4 年左右需视情况采取措施去除附着于船体的海
生物。

（2）主柴油机在舰船寿命中期内一般使用 T/2 年左右需进行 R2 级维修，使用
T 年左右需进行 R3 级维修。发电柴油机在舰船寿命中期内需进行若干次设备中修
和设备大修，其修理时机与使用强度密切相关。

（3）其他机械装备一般在舰船寿命中期 T 年需进行一次大范围的综合翻修及
改换装；T/2 年左右需进行局部拆检修理。

（4）电子类装备一般在舰船寿命中期，结合舰船等级修理进行部分电子装备全面拆检或现代化改装；实际使用中，一般结合舰船等级修理视情进行相应级别的修理。装有水线以下传感装置的电子类装备一般 T/4 年需进行检修。

注意，图 5.2 中部分装备不同底色的修理时机要求，代表相关修理时机需视装备的具体使用强度而定。其中，白底代表最大使用强度，浅灰底代表平均使用强度。

5.4.2　舰船修理结构优化的基本形式

综合考虑修理频次增加后每次修理工程量会相对减少、部分修理工作可由在航修理完成、单装最长修理工期等因素，结合现役舰船修理工作实际，初步确定小修在修时间为 n 个月左右，中修在修时间为 $2n$ 个月左右，大修在修时间为 $4n+2$ 个月左右。

结合上述分析，按照确定舰船修理结构的基本原则，可以构建出舰船修理结构优化的基本形式为：在寿命中期 T 年左右进行一次大修，大修在修时间为 $4n+2$ 个月；间隔 T/2 年左右进行一次中修，中修在修时间为 $2n$ 个月；在高等级修理间隔期内，灵活安排若干次小修，小修频次和时机依据主要机电装备实际运行时间和技术状态视情决定，小修在修时间为 n 个月。同时，舰船在航任务期内，针对舰船上系统装备的实时修理需求，由基地级修理力量适时开展在航修理。

5.4.3　不同使用强度下的舰船修理结构

依据舰船修理结构优化的基本形式，针对不同的关键装备使用强度，可以分别构建出不同的舰船优化修理结构。

1. 修理结构 A

按照发电柴油机入役以来的平均使用强度，可以构建出舰船修理结构 A，如图 5-3 所示，其寿命期内使用和计划修理时间分配见表 5-3。

图 5-3　舰船修理结构 A（平均使用强度）

表 5-3　舰船寿命期内使用和计划修理时间分配表（修理结构 A）

										合计
使用（个月）	$12n$	$12n$	$12n$	$12n$	$12n$	$12n$	$12n$	$12n$	$12n-5$	$108n-5$
修理（个月）	n	$2n$	n	$4n+2$	n	$2n$	n	n		$13n+2$

在舰船修理结构 A 中：①该型舰船服役期为 2T 年；②全寿命期内，共有 9 个任务期，每个任务期的时间为 $12n$ 个月，安排 1 次大修、2 次中修和 5 次小修；③大修在入列后的第 T 年左右进行，中修间隔为 $25n$ 个月，小修间隔为 $12n$ 个月；④大修在修时间为 $4n+2$ 个月，中修在修时间为 $2n$ 个月，小修在修时间为 n 个月；⑤每个任务期内适时开展在航修理。

2. 修理结构 B

按照发电柴油机入役以来的最大使用强度，可以构建出舰船修理结构 B，如图 5-4 所示，其寿命期内使用和计划修理时间分配见表 5-4。

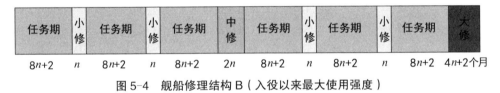

图 5-4　舰船修理结构 B（入役以来最大使用强度）

表 5-4　舰船寿命期内使用和计划修理时间分配表（修理结构 B）

												合计
使用(个月)	$8n+2$	$8n+2$	$8n+2$	$8n+2$	$8n+2$	$8n+2$	$8n+2$	$8n+2$	$8n+2$	$8n+2$	$8n$	$96n+22$
修理（个月）	n	n	$2n$	n	n	$4n+2$	n	n	$2n$	n		$16n+2$

在舰船修理结构 B 中：①该型舰船服役期为 2T 年；②全寿命期内，共有 12 个任务期，每个任务期的时间为 $8n+2$ 个月，安排 1 次大修、2 次中修和 8 次小修；③大修在入列后的第 T 年左右进行，中修间隔为 $26n+6$ 个月，小修间隔为 $8n+2$ 个月；④大修在修时间为 $4n+2$ 个月，中修在修时间为 $2n$ 个月，小修在修时间为 n 个月；⑤每个任务期内适时开展在航修理。

5.4.4　优化前后舰船修理结构对比

1. 修理类别、修理时机与在修时间

优化前后舰船修理结构对比，如图 5-5 所示。可以看出：①优化后的修理类别为大修、中修、小修，各修理类别内涵和工程范围较现行"中修、小修、坞修"发生了变化；②优化后大修在舰船寿命中期 T 年左右进行，中修间隔为 T/2 年左右，均比现行修理结构间隔期适当延长；③优化后小修时机依据主要机电装备实际运行时间和技术状态动态确定，高等级修理间隔期内小修次数可以是 1 次，也可以是 2 次，较现行的"坞修—小修—坞修—中修"模式有较大变化；④优化后大修在修时间为 $4n+2$ 个月，中修在修时间为 $2n$ 个月，小修在修时间为 n 个月，与现行各类别等级修理在修时间相当。

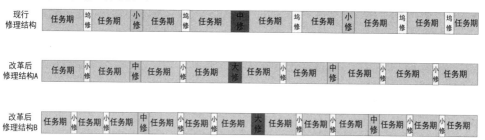

图 5-5　优化前后某型舰船修理结构对比

2. 理论在航率

舰船修理结构优化前后理论在航率对比，如表 5-5 所示。优化后修理结构 A 理论在航率为 88.6%，较现行修理结构提高了 3 个百分点；优化后修理结构 B 理论在航率为 86.1%，较现行修理结构提高了 0.5 个百分点。

表 5-5　舰船修理结构优化前后理论在航率对比（已进行归一化）

	现行修理结构	改革后修理结构 A	改革后修理结构 B
任务时间	1	1.04	1.01
计划修理时间	0.169	0.133	0.162
理论在航率	85.6%	88.6%	86.1%

3. 全寿命修理经费

舰船修理结构优化前后修理经费测算结果，如表 5-6 所示。综合比较等级修理

经费和临时修理经费需求等指标，优化后修理结构 A 等级修理经费最低、临时修理经费最高、修理总经费最低；优化后修理结构 B 等级修理经费低于现行修理结构、临时修理经费高于现行修理结构，但总经费仍低于现行修理结构。因此，舰船修理结构优化后修理总经费需求均低于现行修理结构，优化经济效益显著。

表 5-6   舰船修理结构优化前后修理经费需求对比（已进行归一化）

	等级修理经费	临时修理经费	总经费
现行修理结构	0.85	0.15	1.00
改革后修理结构 A	0.67	0.16	0.83
改革后修理结构 B	0.82	0.16	0.98

5.5   配套机制的建立

为切实将"定期修理与视情修理相结合"的修理模式落到实处，科学优化确定舰船等级修理类别、修理时机、工程范围和在修时间，需重点配套建立以下三方面的工作机制。

5.5.1   依据状态信息确定舰船修理需求机制

主要针对舰船装备的预防性维修需求，建立常态化的装备使用、维修和监测诊断等状态信息采集分析机制，实现舰船修理由"定期维修"向"视情维修"的转变。

1. 任务目标

一是通过对在航舰船装备使用、维修和监测诊断等状态信息采集分析，动态掌握装备使用强度和技术状态，科学确定舰船等级修理时机。二是通过对厂修舰船历史使用、维修信息和修前状态监测信息采集和分析评估，准确掌握装备技术状态，为待修舰船合理确定主要装备的修理范围、编制等级修理技术方案提供技术支撑。

2. 装备状态信息收集

装备状态信息的收集、处理及评估是依据状态信息确定舰船修理需求机制的核心。装备状态信息主要包括：

（1）舰船在航期间的状态信息主要收集装备使用信息、修理信息和监测诊断信息。其中：使用信息反映舰船装备日常使用历程，主要收集舰船执行任务信息、主要装备运行时间信息、关键寿命件寿命消耗信息，以及部分关键装备典型工况运行参数信息等；修理信息反映舰船装备历史故障维修历程，主要收集装备故障与修理信息、历次修理任务信息等；监（检）测诊断信息反映舰船装备在航技术性能，主要收集主要装（设）备的油液分析、振动监测、噪声监测、红外检测、无损检测、电气检测、热工检测和腐蚀检测信息等。

（2）舰船厂修前的状态信息主要收集装备监测诊断信息，用于掌握装备修前技术性能状态，主要包括油液分析、振动监测、噪声监测、红外检测、无损检测、电气检测、热工检测和腐蚀检测信息等。

3. 工作流程

依据状态信息确定舰船修理需求的工作需采用行政和技术两线管理，其中行政管理线分为"A 类管理机关—B 类管理机关—C 类管理机关"三级行政管理，技术管理线分为"总体技术责任单位—舰船装备技术状态监测、使用、维修信息采集单位和分析评估单位"两级技术管理体制。舰船在航状态信息采集与评估工作流程如图 5-6 所示，舰船厂修前状态信息采集与评估工作流程如图 5-7 所示。

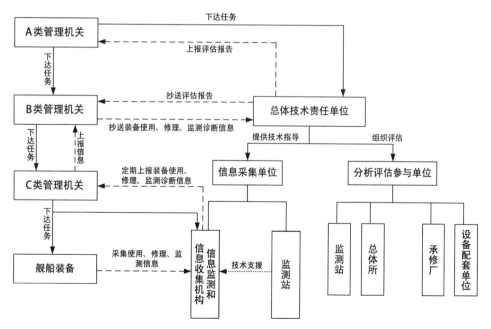

图 5-6　舰船在航状态信息采集与评估工作流程

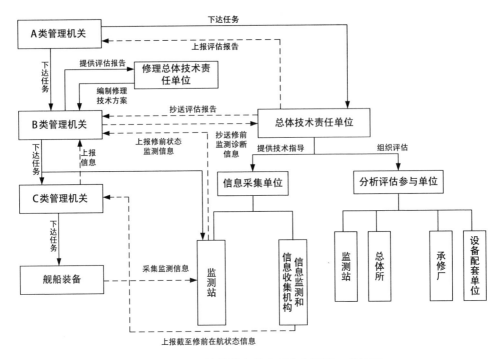

图 5-7　舰船厂修前状态信息采集与评估工作流程

5.5.2　舰船主要设备整机"先换后修"机制

建立舰船主要设备整机"先换后修"机制，可确保舰船等级修理修期得到有效控制。等级修理在修时间长短通常由修理网络关键路径上主要装备的修期来决定。目前主要装备修理通常采用原位修理方式，往往造成修期难以有效管控。开展主要装备高级别修理由原位修复向整机"先换后修"转变，不仅可以有效解决单装需修间隔与舰船等级修理间隔不匹配的问题，而且可以大大缩短舰船停航时间，提高舰船在航率。在某型舰船柴油机整机"先换后修"试点中，舰船停航时间比原位修理缩短明显，效益非常显著。

舰船主要设备整机"先换后修"机制的建立，是一个系统工程，换修装备的选择、换修时机的确定、换修效益的分析极为关键，需要整体考虑，合理安排。

1. 科学选择换修装备

目前舰船上列装的柴油机、燃气轮机等主副机装备，其修理工期较长，往往是影响舰船整体修理网络计划关键路径上的装备，采用"整机换修"方式对于缩短舰船修期会产生显著效果，为此一般应考虑采用整机"先换后修"方式；海底门、船舷阀、测深仪、计程仪等水线以下通用件、标准件的拆检修理，通常对舰船驻坞时间影响大，一般也应考虑采用整机换修方式，以减少舰船坞内工程总量，缩短舰船驻坞时间。

装备出舱通道、相关牵连工程等往往是影响装备能否整机换修的关键因素，也是整机出舱的先决条件。为此，考虑装备是否采用整机换修时：一是要能合理设计出舱通道，减少整机出舱牵连工程，具备整机出舱条件；二是要能科学确定船体开口方案，避免开口对船体结构强度的影响，确保舰船的安全性。

2. 合理确定换修时机

舰船主副机等装备通常都有明确的维修时限要求，以确保装备完好率，降低装备使用风险。随着装备使用强度增大，单装修理间隔与舰船等级修理间隔不匹配的现象日益突出，往往会出现主副机等装备需要开展高等级修理，但深度拆检修期较长，而舰船此时机按规定只需开展低级别等级修理，在修时间无法满足主副机等装备的深度拆检周期要求。这种情况下，主副机等装备应考虑采用整机换修方式，以有效控制舰船在修期，提高装备完好率，确保任务用船需要。

对复杂装备的常规修理，通常可在规定的时间内完成相应修理工作。但当复杂装备出现重大技术问题时，其修理时间往往难以预期，且修复周期可能远远超过其他装备修理周期，造成舰船计划修理时间延长。这种情况下，也应考虑采用整机换修方式，控制舰船修期，确保任务用船需要。对拆下的有重大技术问题装备，通过技术攻关，在返厂修理期间逐步解决。

3. 注重军事经济效益

应综合权衡经费投入与效益产出的关系，重点针对批量服役舰船，通用性强、在相同或相近舰（船）型上具备互换使用条件的主要装备开展整机"先换后修"，增强维修经费使用效益。新型舰船的数量大、任务频次多、装备使用强度高，同系列舰船主要装备型号基本相同，主要装备采用整机"先换后修"方式，可以有效控制舰船在修时间，提高整机轮换频率，降低轮换机储存数量，减少轮换机储存时间，提高轮换机使用效率，相对于轮换机的采购和储存费用，能够更好地发挥维修经费的使用效益。

5.5.3 舰船水下清洗机制

建立舰船水下清洗和检修机制，目的是确保舰船进坞修理频次的有效控制。保持舰船水线以下船体及附属装置的技术状态，是安排舰船等级修理工作的一个关键因素。同时，舰船等级修理期间安排进坞（上排）进行防护涂层更换、附属装置检修等坞内工程，也是修期管控的一个重要环节。通过"水下清洗"技术的推广应用，安排在航舰船实施水下清洗，恢复舰船的适航性和水下船体防护涂层期效，可以适当延长舰船的进坞间隔；通过对厂修舰船实施水下清洗，保持舰船水线以下船体及附属装置的技术状态，可以减少舰船进坞频次或驻坞时间，从而增加舰船在航时间。

1. 水下清洗技术原理

复杂的海洋环境给先进舰船性能发挥制造了许多障碍，特别是污损海生物所引起的一系列问题，一直制约着舰船装备技术性能的发挥。污损海生物以其坚韧的生命力，使得舰船的污损问题成为各国舰船征服海洋的一个难以逾越的障碍。

舰船污损海生物的防除是一个较为复杂的过程，"防"与"除"是舰船污损海生物治理的两个方面。以往，"防污"和"除污"总被认为是两个相对独立，互不干涉的过程。在防污方面，主要靠防污涂层在舰船下水后来切断污损海生物的生长环境，基本原理可以概括为杀生作用、抑制生长、抑制附着、表面自由能、白抛光作用、导电膜等。而除污主要是舰船定期进坞或上排后，进行喷砂或用高压水清洗，去除附着在船体的海生物。由于清除污底的作业条件恶劣，对环境的污染相当严重，并且受到船坞数量的限制，因此舰船体的海生物往往不能得到及时清除。

随着水下船体清洗技术的出现，舰船污损海生物的防除正成为一体，"防"与"除"两者相互依存，互为补充。水下船体清洗无须使用船坞，可以在任何水域和时间进行，因此节省了昂贵的船坞和与此相关的费用。通过合理地安排水下清洗，一方面能有效解决污损造成的航速降低、燃油费用增加以及声呐声学性能下降等问题，另一方面又有利于防污涂层更为持久地发挥效能，目前已是舰船污损海生物治理发展的新方向。

到现阶段，水下清洗技术主要有两种技术实现形式，一种是利用旋转的刷子在船体表面进行刷洗，即旋刷式水下清洗技术；另一种是利用水下空泡破裂时产生的冲击力对船体表面进行清洗，即空化射流水下清洗技术。

（1）旋刷式水下清洗技术

旋刷式水下清洗技术的研发开展较早，是目前最为成熟的一种水下清洗方式。旋刷式水下清洗技术的原理较为简单，它依靠清洗设备上安装的两个或者三个清洗刷旋转时产生的磨刷力清除船体水下部分附着的海生物，其典型设备如图 5-8 所示。根据污损海生物的情况，可以选用不同材质的清洗刷。例如，对附着力较弱的粘泥藻类和附着厚度较薄的海生物用尼龙刷，对附着力较强的海生物用钢丝刷。

图 5-8　典型的旋刷式水下清洗设备

（2）空化射流水下清洗技术

空化射流水下清洗的原理不同于旋刷式水下清洗纯机械式的清洗方式，其清洗原理是诱使从喷嘴出来的射流内部生成充满水蒸气的空泡，适当调节喷嘴结构与冲击物体表面距离，使这些空泡有长大、压缩过程；当射流冲击到物体表面时空泡破裂，由于空泡破裂时产生微射流冲击和激波冲击，能量高度集中，并局限在较小的面积上，从而在物体表面局部区域产生极高的冲击压力和应力集中，使物体表面迅速破坏，以达到清洗的目的。空化射流水下清洗的技术原理，如图 5-9 所示。

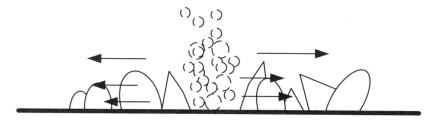

图 5-9　空化射流产生的剪切作用力

2. 水下清洗范围与清洗时机

由于舰船水线以下不同部位具有不同的清洗时机需求，为了便于水下清洗工作的安排，根据水下清洗范围不同，将舰船水下清洗分为全船清洗和局部清洗两类。

全船清洗的范围为：水线以下船体外板与附属装置（球鼻艏导流罩、减摇鳍、舭龙骨、测深仪、计程仪、所有海底门、船舷阀、阴极保护装置、防蚀锌块、艉轴、螺旋桨、桨毂、舵、轴包板、前后艉轴架等）。

局部清洗的范围为：水线以下附属装置（球鼻艏导流罩、减摇鳍、舭龙骨、测深仪、计程仪、海底门、船舷阀、阴极保护装置、防蚀锌块、艉轴、螺旋桨、桨毂、舵、轴包板、前后艉轴架等）、船体布墩处，以及清洗前勘验中发现的局部涂漆船体严重污损区域。

根据舰船水线以下船体及附属装置的水下清洗需求，全船清洗的间隔约为 18 个月左右，局部清洗的间隔约为 6 个月左右。为了适时掌握在航舰船的污损情况，准确确定清洗范围，每间隔 3 个月应进行一次全船性的例行勘验，以全面掌握舰船的污损程度，进而为后续确定水下清洗类别和清洗时机，提供状态信息支撑。

3. 水下清洗工作内容

（1）清洗前勘验

清洗前勘验，需准备水下摄像拍照器材，并准备相应的位置标识牌和可吸附式发光警示灯。前者用以摄像拍照时标识部位名称，后者用以海底门、布墩处、涂层损伤处等需谨慎清洗或易遗漏部位的水下标记。

准备工作完成后，进行清洗勘验施工，并在勘验过程中使用标识牌和在有关部位放置发光警示灯；之后，分析勘验录像和照片，评估船体污损程度和涂层损伤程度，确定清洗范围，记录相关数据，形成勘验报告；若勘验评估结果为不进行水下清洗，则应收回吸附于船体的水下警示灯。

（2）清洗施工

清洗施工应在勘验报告完成后，按照勘验报告所确定的清洗范围进行；水下清洗施工由专业清洗单位按照相关技术要求组织开展。

（3）清洗后验收

清洗完毕后，应立即对已清洗的全部范围进行录像拍照，并对比分析清洗前后照片，依据清洗质量验收标准，评估清洗效果和涂层损伤情况；同时，评估水线以下防污涂层剩余寿命，填写相关数据，形成验收报告。

Chapter 6

第6章 | 舰船装备等级修理综合管控技术

前面章节，专题论述了确保舰船装备固有保障特性长期稳定保持与周期性状态完好恢复的等级修理结构优化技术，解决了长期困扰舰船装备维修保障工程的"用船周期"与"修船周期"难以实现最佳统筹协调的瓶颈问题。本章节，将在此基础上，进一步探讨优化修理周期结构下舰船装备厂修期间维修活动的最优综合管控问题。工程上，影响舰船装备等级修理综合效益的关键管控要素诸多，鉴于书中篇幅所限，笔者这里重点关注舰船装备修理进度管控和修理安全管控两项因素。为此，一方面通过引入先进的大型工程项目关键链管控技术，力求舰船装备等级修理各项维修工程活动关键节点可控、资源竞争可控、整体进度可控；另一方面通过借鉴前沿的大型工程项目风险源排查、确认与管控技术，力求舰船装备等级修理各项维修工程活动全过程生产安全和人员安全可控。

6.1 舰船装备等级修理进度管控技术

6.1.1 舰船装备等级修理进度的潜在风险

从以往的舰船装备等级修理工程实践来看，舰船装备等级修理在工程进度层面，往往存在以下几类潜在风险：

（1）等级修理期间，修理工程数量和内容繁多，修理工程计划次序安排不尽合理，导致的工程进度拖期风险；

（2）等级修理期间，修理工程数量和内容繁多，由于共享保障资源（维修设备、工装具、设施、人力、技术资料、备品备件等）使用冲突，导致的预期修理项目无

法顺畅实施和按期完成的风险;

（3）等级修理期间，部分新增厂修项目缺乏可借鉴的类似修理经验与管控经验，各项工程周期安排过于保守，导致的全船整体修理完工周期拖期风险;

（4）等级修理期间，由于舰船修理保障条件提供不及时、不充分、不完备，导致的修理进度拖期风险。

6.1.2　几类舰船装备等级修理进度管控技术

为有效缓解、规避舰船装备等级修理过程中可能潜在的各类修理进度管控风险，工程上，比较常用的先进项目进度管理技术主要有关键日期表、甘特图、网络计划技术和关键链技术。其中：

关键日期表主要关注项目实施过程中的主要活动及其相关时间起点，并通过表格形式呈现整个项目进度过程。优势在于表达形式的简捷性，但其对整个项目进度管理的指导力不足，仅适用于一些小型简单项目的计划制定，并不具备单独进行项目进度管理的能力。

甘特图主要通过条形进度条表现不同项目任务间的逻辑关联与工期要求。优势在于能够直观反映任务负荷与任务逻辑，实时监控项目执行进度，及时发现计划进度执行偏差，但其不能在项目计划执行发生重大改变时进行自适应调整，因此多被用于中小项目及短期项目的进度管理中，而对于大型复杂项目进度管理，该方法一般仅作为辅助管理手段使用。

网络计划技术是一类时间约束性进度管理技术，主要包括关键路径法（Critical Path Method，CPM）与计划评审技术（Program Evaluation and Review Technique，PERT）两类。关键路径法是在不考虑资源约束的情况下，通过分析每一活动项目的最早和最晚浮动时间，实现项目进度的弹性管理;计划评审技术是通过引入概率估算手段，刻画项目执行过程中的动态过程，以此实现项目进度的反馈控制管理。两者均是较好的项目进度管理技术，但因其对于人力、物力资源冲突等不确定因素的考虑较少，因此，对于大型复杂项目进度管理的成效有时欠佳。

关键链技术（Critical Chain Method，CCM）是一类计及保障资源约束实际的先进项目进度管理技术，其通过关联关键资源活动与关键路径活动间的不确定影响，从项目运行的约束瓶颈入手，综合系统管理理论与约束管理理论，实现项目进度的最优化管理。关键链技术是将确定性分析与不确定性分析系统结合的一类强约束工程进度应用管理理论，与关键日期表、甘特图、网络计划技术相比，无论是在技术的适用层面，还是在管理的成效层面，都具有明显优势。

6.1.3　舰船装备等级修理关键链管控技术

关键链管控技术遵循"约束理论（Theory of Constraints，TOC）"基础，实施项目进度管理时，既兼顾不同工作任务间的逻辑关联，又考虑项目进度过程中可能产生的资源冲突，并对项目实施的责任主体作出如下四类假设：

①假定施工责任人总到工作终止最后一刻，才开始努力提升工作效率；

②假定如果为每项工作任务安排了充足的工作时间，施工责任人总会放慢节奏耗尽所有可分配的工作时间；

③假定项目实施过程中，如果存有意外或冲突发生可能，则在项目实际进程中相关事件一定会发生；

④假定项目实施过程中，一个紧前项目任务期被延长，则会导致后续项目任务的拖期；如果一个紧前项目任务期被缩短，则可能会因为资源冲突等多种原因，导致后续项目并不能提前完成。

（1）约束理论核心思想

如图 6-1 所示，约束理论的核心分析思路是：①找出影响所求问题的关键制约因素；②分析能够突破或缓解制约因素导致薄弱环节的具体举措；③配套调整非制约因素实现举措，最大限度适应制约因素变化；④实现制约因素平衡或消除；⑤评判制约因素是否已全部消除，以及是否有新的制约因素出现；⑥完成约束理论分析。

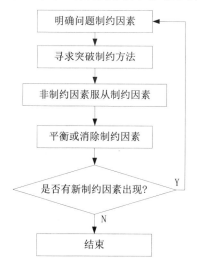

图 6-1　约束理论核心分析思路

（2）关键链管控技术核心思想

关键链管控技术虽然也基于约束理论思想，但与网络计划技术不同，其遵循"尽晚开工"原则安排各类项目任务计划（网络计划技术遵循"尽早开工"原则）。同时，对于项目任务工期的估算，采用小概率（0.5 可能性）的乐观估计算法［网络计划技术采用大概率（0.9 可能性）的悲观估计算法］。此外，通过添加项目缓冲区（Project Buffer，PB）、汇入缓冲区（Feeding Buffer，FB）和资源缓冲区（Resource Buffer，RB），并加以科学管理，以实现对项目整体进度的最优管控。利用关键链技术实施舰船装备等级修理进度管控的基本思路，如图 6-2 所示。

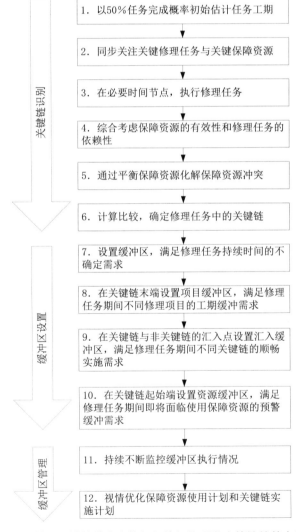

图 6-2 基于关键链技术实施舰船等级修理进度管控的基本思路

（3）关键链管控技术对于修理进度管控的应用价值

①完善修理进度计划

关键链管控技术强调从厂修整体角度制定修理进度计划，将厂修过程中的项目进度需求、保障资源需求、技术准备需求、质量监控需求等，统一纳入厂修整体进度计划体系，进行综合评判、综合权衡，有助于修理进度计划的完善与可行。

②优化保障资源分配

关键链管控技术充分考虑了修理任务间的逻辑关联和修理实施过程中的资源限制，降低了不同项目执行过程中的资源冲突风险。同时，通过设置资源缓冲区和加强关键工序资源预警管理等方式，强化了多任务共享资源下项目实施的有序性与顺畅性。

③合理释放保守工期评判压力

与传统的保守估计修理工期换取项目进度安全不同，关键链管控技术综合考虑施工责任主体心理因素对于项目进度的影响，通过减少项目进度中的安全舒适时间，并给予合理化的汇入缓冲和项目缓冲管理等技术手段，最大化消除项目实施过程中由于诸多不确定因素影响而导致的进度延期风险。

④有效保证过程保障工作成效

关键链管控技术通过针对项目关键工序设置项目缓冲、资源缓冲和汇入缓冲等手段，可有效化解由于项目实施过程中各类不确定因素导致的进度延期影响。同时，通过集中开展针对缓冲区的监控、分析、管理、调配等技术活动，可确保修理过程中实施的诸项保障工作举措更具成效。

（4）关键链技术实现的核心环节

在舰船等级修理过程中应用关键链管控技术实施项目进度管理主要包含关键链识别、缓冲区设置和缓冲区管理 3 个核心环节。

①关键链识别

关键链识别是应用关键链技术的首要任务，通过建立修理项目分解结构、50%完工概率估算修理工期、明确修理项目逻辑关联、明确修理项目资源约束、形成初始项目进度网络图、确定项目进度关键链、确定非关键链汇入点 7 个步骤实现。舰船装备等级修理关键链识别的详细方法与技术步骤，参见 6.1.4 节。

②缓冲区设置

明确相关修理项目中的关键链后，面向整个修理项目进度计划，依次插入汇入缓冲、项目缓冲和资源缓冲，以此应对整个修理项目实施过程中可能出现的诸项不确定因素导致的项目延期风险。舰船装备等级修理缓冲区设置的详细方法与技术步骤，参见 6.1.5 节。

③缓冲区管理

项目缓冲与汇入缓冲的管理，通过实时监控修理期间各缓冲区的实际消耗情况实现。如果修理项目自启动起，缓冲区储备就已大量消耗，则该项目出现延期后果的可能性较大，应尽快采取针对性调整举措，降低项目延期导致的系列后续风险；如果直到修理项目尾声阶段，缓冲区储备才出现大量消耗，则该项目出现延期后果的可能性较小，大体可保证项目如期完工。图 6-3 所示为最常见的一类修理项目缓冲管理示意图。其中，绿色区域代表当前状态项目进展状态良好，一般不需要采取任何调整举措；黄色区域代表当前状态项目进展存有一定延期风险，需加强对关键工序与项目实施过程的监控，并初步明确相应的风险应对策略；红色区域代表当前状态项目进展延期的风险很大，必须尽快采取相关项目进度调整举措，追赶项目进度。

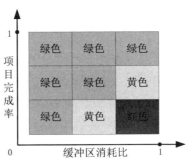

图 6-3　修理项目缓冲管理示意图

6.1.4　舰船装备等级修理关键链识别方法

（1）修理项目工序分级

根据修理项目工作分解结构（Work Breakdown Structure,WBS）对舰船修理项目工序进行优先级分级。1 级：无紧前工序的相关修理任务；2 级：紧前工序仅为 1 级的任务；3 级：紧前工序最高级为 2 级的修理任务；类似，对全部修理任务进行工序分级。

（2）资源冲突工序全排列

对处于同一级别且占用同种资源的修理项目工序进行全排列，并由此生成不同修理阶段项目实施的全部可执行序列。例如，对于含有 4 个工序级别的修理项目，如

表 6-1 所示，全部修理项目存在 8（2×2×2×1）种可执行序列可能；表 6-1 中，A、B、C、D 分别代表 1、2、3、4 级修理工序；R 代表修理资源。

表 6-1　舰船修理项目工序分级示例

工序级别	任务集合	全排列	排列种类数
1	{A1(R1),A2(R2),A3(R1)}	{A1,A3,A2};{A3,A1,A2}	2
2	{B1(R3),B2(R2),B3(R3)}	{B1,B3,B2};{B3,B1,B2}	2
3	{C1(R1),C2(R1)}	{C1,C2};{C2,C1}	2
4	{D1(R1)}	{D1}	1

（3）开工时间解算

将紧前工序分为工序紧前作业和资源紧前作业两类，其中工序紧前作业反映不同修理工序实施先后间的逻辑顺序，资源紧前作业反映不同修理工序实施时需占用同一资源的最近修理项目。

① 若修理工序 i 的工序紧前作业集合为 $J=\{j_1,j_2,\cdots,j_n\}$，则工序 i 的最早工序开工时间 $PEST_i$ 为

$$PEST_i=\max\{PEFT_j\},j\in J \qquad (6.1.1)$$

式（6.1.1）中，$PEFT_j$ 为工序紧前作业的最早工序完工时间，具体取值由下式确定

$$PEFT_j=PEST_j+D_j \qquad (6.1.2)$$

式（6.1.2）中，$PEST_j$ 为工序紧前作业的最早工序开工时间，D_j 为工序紧前作业的工期。对于不存在工序紧前作业的情况，则相关工序最早开工时间为 0。

若修理工序 i 的资源紧前作业集合为 $U=\{u_1,u_2,\cdots,u_n\}$，则工序 i 的最早资源开工时间 $REST_i$ 为

$$REST_i=\max\{REFT_u\},u\in U \qquad (6.1.3)$$

式（6.1.3）中，$REFT_u$ 为资源紧前作业的最早资源完工时间，具体取值由下式确定

$$REFT_u=REST_u+D_u \qquad (6.1.4)$$

式（6.1.4）中，$REST_u$ 为资源紧前作业的最早资源开工时间，D_u 为资源紧前作业的工期。对于不存在资源紧前作业的情况，则相关资源的最早开工时间为 0。

综上所述，修理工序 i 的最早开工时间为

$$EST_i=\max\{PEST_i,REST_i\}$$

②若修理工序 i 的工序紧后作业集合为 $J=\{j_1,j_2,\cdots,j_n\}$，则工序 i 的最晚工序开工时间 $PLST_i$ 为

$$PLST_i=\min\{PLST_j-D_i\},j\in J \tag{6.1.5}$$

式（6.1.5）中，$PLFT_j$ 为工序紧后作业的最晚工序开工时间，D_i 为工序 i 的工期。对于修理项目的最后一项工序，则其工序紧后作业的最晚开工时间为项目完工时间。

若修理工序 i 的资源紧后作业集合为 $U=\{u_1,u_2,\cdots,u_n\}$，则工序 i 的最晚资源开工时间 $RLST_i$ 为

$$RLST_i=\min\{RLST_u-D_i\},u\in U \tag{6.1.6}$$

式（6.1.6）中，$RLST_u$ 为资源紧后作业的最晚资源开工时间。对于修理项目的最后一项工序，则其资源紧后作业的最晚开工时间为项目完工时间。

综上所述，修理工序 i 的最晚开工时间为

$$LST_i=\min\{PLST_i,RLST_i\}$$

（4）确定关键链

最晚开工时间集合（Latest Start Time，LST）与最早开工时间集合（Earliest Start Time，EST）中，对应的开工时间数值相等的修理项目，按其在可执行序列中出现的次序排列，即可确定该可执行序列下修理项目的关键链。求得全部可执行序列下的修理项目关键链后，结合项目缓冲情况确定预期的关键链计划长度，并取工期最短链路为修理项目的最终关键链。

6.1.5 舰船装备等级修理缓冲区设置方法

舰船装备等级修理缓冲区可分为项目缓冲区、汇入缓冲区和资源缓冲区 3 类。工程上，相关缓冲区的常见设置方法如下。

（1）项目缓冲区（PB）设置

工程实践表明，非关键链的任务工期会对关键链的任务工期产生直接影响，因此，将直接影响项目缓冲区的设置。一般引入非关键链修正因子 η，并结合根方差法，识别项目缓冲区长度

$$\begin{cases} PB=\eta\sqrt{\sum\limits_{j\in K}(D_j-d_j)^2} \\ \eta=\dfrac{\sum\limits_{i\in UK}T_i}{\sum\limits_{j\in K}T_j} \end{cases} \tag{6.1.7}$$

式（6.1.7）中，D_j 为关键链上每一修理项目的悲观完工工期预计值（90% 完工概率），d_j 为关键链上每一修理项目的乐观完工工期预计值（50% 完工概率）；K 为关键链项目集合，UK 为非关键链项目集合；T_j 为关键链上任意项目的修理工期，T_i 为非关键链上任意项目的修理工期。

（2）汇入缓冲区（FB）设置

工程上，一般综合工序复杂度 γ 和风险系数 ρ 等因素，识别汇入缓冲区长度

$$\begin{cases} \min \mathrm{FB} = \mu \sqrt{\sum_{j \in \mathrm{UK}} (D_i - d_i)^2} \\ \mu = \gamma \times \rho \\ \gamma = n/m \\ \rho \in (0,1) \end{cases} \tag{6.1.8}$$

式（6.1.8）中，μ 为改进因子，由工序复杂度 γ 和风险系数 ρ 的取值乘积确定；n 为不同汇入点间非关键链上的项目总数，m 为汇入点前关键链上的项目总数；其他未作说明符号含义，与项目缓冲区识别公式中的含义等同，不再赘述。

（3）资源缓冲区（RB）设置

与项目缓冲和汇入缓冲不同，资源缓冲本质上是一类预警机制。通过围绕项目实施所需资源进行系统化和制度化的安排，确保项目的实施进度不因资源的冲突和可用性而延期。针对舰船修理实际，可分为生产设施、关键设备、稀缺材料和技术人员四类情况，进行资源缓冲区设置。

舰船修理期间的生产设施资源主要包括泊位、船坞、大型装（设）备综合修理车间等，此类资源生产调度时间一般较长，相关资源缓冲的设置应于舰船修理工作启动伊始进行。

舰船修理期间的关键设备资源主要包括塔吊、高精度自动化机加工设备等价格昂贵且配置数量有限的大型修理设备，此类资源的缓冲区长度一般设置为 3 到 5 天。

舰船修理期间的稀缺材料资源主要包括对于型号、规格和品牌有严格技术要求且市场储备并非足够充足的系列修理工程材料，此类资源的缓冲区设置应于使用相关稀缺材料资源工序前设置，缓冲区长度视修理现场储备和市场储备的具体情况而定。

舰船修理期间的技术人员资源主要指能够完成某类较高专业技术要求的修理技术人员，此类资源的缓冲区设置应于使用相关技术人员的修理工序前设置，确保实施修理项目时技术人员能按计划到岗工作。

6.1.6 基于关键链的舰船装备修理进度管控案例

假设某型舰船等级修理过程中，主动力装置的等级修理工序与修理工期预计情况，如表 6-2 所示。

表 6-2 某型舰船主动力装置等级修理工序信息表

工序级别	工序编号	预计工期 （乐观：0.5）	预计工期 （悲观：0.9）	所需关键资源	紧后作业
1	A1	6 天	10 天	R2	B1
1	A2	9 天	15 天	R1	B1
1	A3	5 天	10 天	R2	B2
2	B1	4 天	7 天	R3	C1
2	B2	8 天	10 天	R3	C2
3	C1	7 天	9 天	R1	D1
3	C2	4 天	7 天	R2	D1
4	D1	5 天	8 天	R3	

读表 6-2 可知，舰船主动力装置等级修理实施共分 4 个工序级别和 9 个修理项目，且修理实施过程中需要利用 3 类关键修理资源。假设 3 类关键资源的可用量均为 1，下面通过量化比较分析，展现基于关键链技术的舰船装备修理进度管控优势。

（1）传统厂修模式下的进度安排

传统厂修模式下，通常取 0.9 概率预计不同修理项目的实施工期，同时主要关注工序逻辑约束条件。由此，可知传统厂修模式下该主动力装置等级修理的网络进度计划如图 6-4 所示。

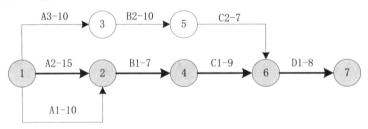

图 6-4 传统修舰模式主动力装置网络进度计划图

读图 6-4 易知，传统厂修模式下以修理项目的工序逻辑为主导，不考虑修理资源约束，此时主动力装置修理项目管理的核心链路为：A2 → B1 → C1 → D1，预计完成修理所需的总工期为 15+7+9+8=39 天。

（2）基于关键链技术的进度安排

首先，识别主动力装置修理项目管理的关键链。依据修理资源约束情况，对不同工序级别的修理项目进行全排列，则主动力装置等级修理关键链识别信息如表 6-3 所列。

表 6-3　主动力装置等级修理关键链识别信息表

工序级别	修理项目集合	全排列	排列种类数
1	{A1-6-R2, A2-9-R1, A3-5-R2}	{A1-6-R2, A3-5-R2, A2-9-R1}；{A3-5-R2, A1-6-R2, A2-9-R1}	2
2	{B1-4-R3, B2-8-R3}	{B1-4-R3, B2-8-R3}；{B2-8-R3, B1-4-R3}	2
3	{C1-7-R1, C2-4-R2}	{C1-7-R1, C2-4-R2}	1
4	{D1-5-R3}	{D1-5-R3}	1

读表 6-3 易知，主动力装置等级修理全部可执行序列为：{A1A3A2B1B2C1C2D1}、{A3A1A2B1B2C1C2D1}、{A1A3A2B2B1C1C2D1}、{A3A1A2B2B1C1C2D1}。

进一步，考虑逻辑约束与资源约束，分别计算不同可执行序列的最早开工时间（Earliest Start Time，EST）与最晚开工时间（Latest Start Time，LST），如表 6-4 所列。

表 6-4　不同序列 EST 与 LST 对比分析表

编号	可执行序列集合	EST	LST
1	{A1A3A2B1B2C1C2D1}	{0,6,0,9,11,13,19,23}	{0,6,3,12,11,16,19,23}
2	{A3A1A2B1B2C1C2D1}	{0,5,0,9,13,13,21,25}	{8,2,0,9,13,18,21,25}
3	{A1A3A2B2B1C1C2D1}	{0,6,0,11,19,23,19,30}	{0,6,10,11,19,23,26,30}
4	{A3A1A2B2B1C1C2D1}	{0,5,0,5,13,17,13,24}	{0,7,4,5,13,17,20,24}

比较表 6-4 中 4 类可执行序列的 EST 和 LST，保留开工时间数值相同项目，则有主动力装置等级修理的 4 条待选关键链路分别为

Path1：A1 → A3 → B2 → C2 → D1；Path2：A2 → B1 → B2 → C2 → D1；

Path3：A1 → A3 → B2 → B1 → C1 → D1；Path4：A3 → B2 → B1 → C1 → D1。

下面，分别确定 4 条待选关键链路的汇入点，这里以 Path1 为例。考虑到非关键链路修理项目 C1 的最晚完工时间（Latest Finish Time，LFT）与关键链路修理项目 D1 的最晚开工时间 LST 相等，均为 23 天，取 Path1 的汇入点为修理项目 C1 与关键链路的交叉点。此时，主动力装置的网络进度计划图调整后如图 6-5 所示。

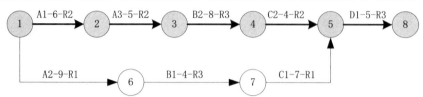

图 6-5　Path1 路径下主动力装置网络进度计划图

继而，可知 Path1 的项目缓冲区长度 PB 应为 5.7 天。由此，可知 Path1 待选关键路径的项目总工期预计为 23+5+5.7=33.7 天。类似，可分别计算其他 3 条待选路径的项目总工期为

Path1：23+5+5.7=33.7 天；Path2：25+5+4.9=34.9 天；

Path3：30+5+3=38 天；Path4：24+5+1.7=30.7 天。

比较 4 类待选关键路径的项目总工期后，可确定 Path4：A3 → B2 → B1 → C1 → D1 为主动力装置等级修理的最终关键链（考虑项目缓冲后，预计总工期最短）。进一步，对于非关键链路上的修理项目 A1、A2 和 C2，分别设定相关汇入缓冲长度 FB 分别为 1.2 天、1.2 天和 3.6 天；对于关键链路设定项目缓冲长度 PB 为 1.7 天。至此，基于关键链 Path4 的计及缓冲的主动力装置网络进度计划如图 6-6 所示。此时，舰船等级修理过程中主动力装置修理进度的管控目标，由原来预期的 39 天，压缩至 33.7 天。

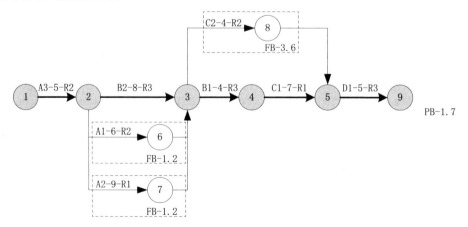

图 6-6　基于关键链 Path4 的计及缓冲的主动力装置网络进度计划图

综上所述，通过利用关键链技术合理安排不同装备修理任务的实施工序，并就预期工期和进度进行缓冲式（汇入缓冲—项目缓冲—资源缓冲）控制管理，可有效规避"船进厂、人离舰"新修理模式下由于厂修期间工程数量和内容大大增多，而导致的厂修工程计划次序安排不尽合理、厂修期间保障资源（维修设备、工装具、设施、人力、技术资料、备品备件等）使用冲突、厂修各项工程周期安排过于保守等系列修理进度拖期风险，进而确保新修理模式下舰船等级修理各项工作按期顺畅完成。

6.2　舰船装备等级修理安全管控技术

6.2.1　舰船装备等级修理安全的潜在风险

从以往的舰船装备等级修理工程实践来看，舰船装备等级修理在工程安全层面，往往存在以下几类潜在风险：

（1）由于厂修力量对于部分舰船装备的修理环境缺乏了解，导致施工过程接触部分风险源后诱发的安全生产风险；

（2）部分舰船装备修理工程，由于缺乏修理经验和翔实修理工艺要求，导致施工过程误操作（违规操作）诱发的安全生产风险；

（3）由于舰船厂修力量缺乏安全防范意识，以及厂修环境缺乏安全标识，导致施工过程中偶发的多类安全生产风险；

（4）由于厂修力量对舰船环境下的应急反应能力有限，导致施工过程突遇应急风险环境（局域失火、局域进水、局部高温、高压、高速失控等）诱发的舰船装备修理重大安全生产事故风险；

（5）由于厂修力量操船能力有限，导致施工过程突遇恶劣自然环境（防台风、防冻、防火等）诱发的舰船装备修理重大安全生产事故风险。

6.2.2　舰船装备等级修理安全管控对策

为有效缓解、规避舰船装备等级修理过程中可能潜在的各类修理安全管控风险，给出如下几方面舰船装备修理安全管控对策：

（1）针对舰船装备等级修理全过程，详细梳理可能存在的安全风险源清单，专题明确舰船装备等级修理实施过程中的安全管控目标；

（2）针对梳理明确的舰船装备等级修理安全管控目标，按风险类别制定相应管控举措，确保管控手段有效且具备可操作性；

（3）综合现代工业管理"6S"理论，构建舰船装备等级修理风险源可视化管控标识网络，积极预防装备修理风险事件发生；

（4）建立舰船装备等级修理期间的风险源定期宣贯与定期巡查制度，确保将修理现场经常可能出现的操作风险、环境风险、化学风险、热、电、辐射、机械风险等，扼杀在萌芽状态；

（5）成立修理安全应急反应队伍，确保一旦出现修理安全事故，厂修力量能够第一时间快速恢复装备修理安全状态或最大程度遏制风险发展势头；

（6）成立厂修应急操船队伍，确保一旦出现恶劣环境下的应急操船需求，厂修力量能够第一时间快速实现操船，有效恢复舰船安全状态或最大程度遏制风险发展势头。

6.2.3　基于风险源排查的舰船装备修理安全管控案例

为科学应对前述舰船装备等级修理实施过程中可能出现的诸项安全风险，并确保拟定的诸项安全管控方案切实可行且易实现，这里给出一类基于风险源检查的装备修理安全管控技术手段。基本思路为：梳理厂修装备修理风险源检查清单→分析不同风险源可能诱发的装备修理安全后果与风险等级→制定针对性装备修理风险管控举措→成立装备修理风险专项管控队伍。鉴于本书篇幅所限，此处仅就"风险源检查清单""装备修理安全管控举措"和"图示标识化管控手段"三项核心技术内容，进行案例说明。

（1）风险源检查清单

舰船装备等级修理过程中的风险源检查清单如表 6-5 所列。

表 6-5　舰船装备等级修理风险源检查清单

序号	风险源类别	风险源清单	风险后果	备注
1	触电风险	断电错误造成的触电	造成人员伤亡	人体电流达到或超过 20 ～ 25mA，开始感觉到麻痹或剧痛，呼吸困难；达到 100mA，只需 3 秒会因心室颤动或呼吸窒息而死亡
2	触电风险	误送电造成触电	造成人员伤亡	
3	触电风险	电气设备附近缺乏应有的安全措施，因维修空间狭小导致触及周围其他带电设备造成触电	造成人员伤亡	
4	触电风险	带电作业时，维修人员防护措施不到位导致触电	造成人员伤亡	
5	烧烫风险	操作焊接装置失误导致人员烧烫	造成人员伤亡	人体接触 60℃ 以上工质或物体 5 分钟以上，可能造成低温烫伤；70℃ 以上工质或物体 1 分钟以上，会造成皮肤烫伤
6	烧烫风险	对高温高压设备、管路附近实施维修作业时，由于操作疏忽导致被高温高压设备或管路烧烫	造成人员伤亡	
7	烧烫风险	对高温高压设备或管路实施维修作业时，由于阀门关闭不严或其他突发状况导致高温高压设备或管路发生蒸汽泄漏，造成人员烧烫	造成人员伤亡	
8	机械伤害	维修作业时，由于设备卷绕和绞缠导致的机械伤害	造成人员伤亡	维修或操作高速旋转类机械时，容易发生
9	机械伤害	维修作业时，由于设备挤压、剪切和冲击导致的机械伤害	造成人员伤亡	
10	机械伤害	维修作业时，由于高速飞出物打击导致的机械伤害	造成人员伤亡	
11	施工环境风险	维修作业时，由于物体坠落打击导致的人员伤害	造成人员伤亡	施工组织管理松散时，容易发生
12	施工环境风险	维修作业时，由于环境恶劣和人员粗心导致的碰撞、刮、蹭、擦伤害	造成人员损伤	安全意识淡薄时，容易发生

序号	风险源类别	风险源清单	风险后果	备注
13	施工环境风险	维修作业时，由于环境恶劣和人员粗心导致的人员跌倒、坠落伤害	造成人员伤亡	上层建筑维修作业时，容易发生
14	电磁辐射伤害	维修作业时，接近高频辐射源导致的电磁辐射伤害	造成人员损伤	电磁辐射能量超过 $50\mu W/cm^2$，即会对人体产生伤害；射频雷达维修测试时，容易发生
15	噪声辐射伤害	维修作业时，长期接近或处于高分贝噪声辐射环境导致的人员伤害	造成人员损伤	人体长期处于 90dB 以上噪声环境，即会对人体产生伤害；主机和电站测试时，容易发生
16	毒害物质伤害	维修作业时，灭火剂泄漏或误喷导致的人员伤害	造成人员损伤	二氧化碳、惰性混合气体和三氟甲烷等
17	毒害物质伤害	维修作业时，抑制剂泄漏或误喷导致的人员伤害	造成人员损伤	类似灭火剂
18	毒害物质伤害	维修作业时，氟利昂超压或泄漏导致的人员伤害	造成人员损伤	二氯二氟甲烷
19	毒害物质伤害	维修作业时，长期处于油漆涂料挥发环境导致的人员伤害	造成人员损伤	化学混合易挥发涂料
20	固体火灾风险	维修现场固体可燃物、易燃物管理不当，以及维修作业时用火不当，导致火灾发生	造成人员伤亡	黄磷、松节油、橡胶、纸张、麻绒、硫、布匹、棉花、松香、木材等
21	液体火灾风险	维修现场液体可燃物、易燃物管理不当，以及维修作业时用火不当，导致火灾发生	造成人员伤亡	汽油、煤油、柴油、重油、滑油、苯、酒精、醚、酮、醛等
22	电气火灾风险	维修现场电气设备使用与管理不当，导致火灾发生	造成人员伤亡	供电系统及电力电缆，高压配电设备及电气设备，生活电器、照明、断路器等普通电气设备

序号	风险源类别	风险源清单	风险后果	备注
23	固体爆炸风险	维修现场易爆固体受热、受压、受撞击后，导致爆炸发生	造成人员伤亡	各类弹药及各类蓄电池等
24	液体爆炸风险	维修现场易爆液体挥发后，与空气（或氧气）混合浓度达到爆炸极限，导致爆炸发生	造成人员伤亡	航汽 0.7% ～ 8%；航煤 0.6% ～ 8%；柴油 0.6% ～ 6.5%；汽油 0.8% ～ 6.5%
25	气体爆炸风险	储存压缩气体、液化气体在高温高压环境下，受到冲击、碰撞或遭遇火源，导致爆炸发生	造成人员伤亡	高压空气、高压氮气、高压氧气及各类制气、压缩装置等
26	应急操船风险	等级维修过程中，突遇恶劣自然环境（超大风浪、超低温）或意外危急状况，不能及时驶离码头，导致舰船受到损伤	造成舰船意外损伤	防台风、防冻、防沉、防损
27	应急调度风险	等级维修过程中，装备突遇局部暴力损伤风险后，不能及时调度人力遏制损伤范围扩大，导致舰船更多部位受到损伤	造成舰船意外损伤	防沉、防损

（2）装备修理安全管控举措

针对表 6-5 中所列舰船装备等级修理施修过程中潜在的各类安全风险源，依据不同风险类别，分别明确相应的装备修理安全管控举措，如表 6-6 所列。

表 6-6　舰船等级修理风险源安全管控举措

序号	风险类别	管控举措	备注
1	触电风险	a. 对各类高压电气设备进行现场图示标识化管理，从视觉角度提升维修人员的触电防范意识，避免触电事故发生； b. 规范装备维修电气作业流程，明确电气作业安全管理规定，并加强宣贯与监管，避免断电错误或误送电等造成的触电事故； c. 为维修人员配齐电气作业相关防护装具，并强制使用	

序号	风险类别	管控举措	备注
2	烧烫风险	a. 对各类高温高压工质管路或设备局部进行现场图示标识化管理，从视觉角度提升维修人员的烧烫防范意识，避免烧烫事故发生； b. 规范高温高压工质管路或设备局部的维修作业流程，明确相关安全管理规定，并加强宣贯与监管，避免造成人员烧烫事故； c. 规范焊接、热处理等施修过程中可能产生高温高压烧烫源的操作步骤，并加强宣贯与监管，避免造成人员烧烫事故； d. 为维修人员配齐烧烫防护装具，并强制使用	
3	机械伤害	a. 对各类易发生卷绕、绞缠、挤压、剪切和高速飞出物的维修设备，进行现场图示标识化管理，从视觉角度提升维修人员防范意识，避免相关损伤事故发生； b. 加强施工现场维修人员的安全防范意识宣贯与监管	
4	施工环境风险	a. 对各类易发生物体坠落打击、碰撞、刮、蹭、擦伤害，以及人员跌倒、坠落维修区域，进行现场图示标识化管理，从视觉角度提升维修人员防范意识，避免相关损伤事故发生； b. 加强施工现场维修人员的安全防范意识宣贯与监管	
5	电磁辐射伤害	a. 强化等级修理期间高频电磁设备开机的预警意识，建立高频电磁设备开机通报预警制度； b. 为维修人员配齐射频辐射防护装具，并强制使用	
6	噪声辐射伤害	a. 强化等级修理期间强噪声环境下人员活动管控意识，合理限制强噪声环境下的人员活动时间； b. 为维修人员配齐强噪声辐射防护装具，并强制使用	
7	毒害物质伤害	a. 对各类有毒有害物质进行现场图示标识化管理，从视觉角度提升维修人员防范意识，避免相关损伤事故发生； b. 强化等级修理现场对有毒有害物质的状态监控，并定期进行安全巡视； c. 规范毒害物质环境下的维修作业流程，明确相关安全管理规定，并加强宣贯与监管，避免造成人员损伤； d. 为维修人员配齐相关防护装具，并强制使用	

序号	风险类别	管控举措	备注
8	火灾风险 I	a. 对固体及液体火灾危险源进行现场图示标识化管理，从视觉角度提升维修人员火灾防范意识，避免相关损伤事故发生； b. 强化等级修理现场的明火使用管控，动火作业前严格审批，动火作业时严格按安全规程操作，且安全员全程跟踪； c. 火灾危险源现场应配置足量灭火器材，并确保其能有效工作	固体、液体
9	火灾风险 II	a. 规范维修现场电气设备的维修作业流程，加强宣贯与监管，避免由于违规作业或误操作导致电气火灾； b. 严控等级修理现场违规用电现象，定期进行安全巡视； c. 火灾危险源现场应配置足量灭火器材，并确保其能有效工作	电气
10	爆炸风险	a. 对易爆化学品、液体油料、压缩气体及液化气体进行现场图示标识化管理，从视觉角度提升维修人员爆炸防范意识，避免相关损伤事故发生； b. 强化对易爆化学品及液体油料的状态监控，配置相关告警及应急响应装置，并定期进行安全巡视； c. 明确在易爆化学品、液体油料、压缩气体及液化气体附件进行作业的安全距离、安全注意事项及相关管理规定，避免由于动火或碰撞等引起爆炸	
11	应急操船风险	a. 强化等级修理期间恶劣自然环境的预警意识，建立等级修理自然环境每日通报制度； b. 强化等级修理现场装备保管主人翁意识，成立厂修期间应急操船队伍，并定时开展应急操船演练	
12	应急调度风险	a. 强化等级修理现场施工事故风险状态监控意识，重点部位专人或专机 24 小时实时监控； b. 强化等级修理现场装备保管主人翁意识，成立修理安全应急反应队伍，并定时开展应急反应演练	

（3）图示标识化安全管控手段

安全管控中的修理现场图示标识化管控主要是沿袭现代大型企业"6S"管理中的目视化先进管理理念，其核心思想是通过对约束对象进行目视标识刺激，以实现预期"整顿"工作的高效运行。这里，以施工环境和高频电磁辐射两项风险源为例，进行图示说明，如图 6.7、图 6.8 所示。

图 6-7　施工环境安全管控图示标识化管理样例

图 6-8　高频电磁辐射安全管控图示标识化管理样例

第五篇
舰船装备保障资源建设需求分析技术

"工欲善其事，必先利其器。"

——《论语·卫灵公》

本书的第五篇，站在装备保障资源管理与供应人员的角度，探讨舰船装备全寿命期间的保障资源需求预测与储供优化技术。接下来的章节，将涉及如下问题：

（1）什么是装备保障性分析技术，其与装备保障资源需求预测间技术关联如何？

（2）装备维修保障工程上，常见的几类装备保障性分析技术有哪些？

（3）不同装备保障性分析技术的具体工程应用方法与应用技术细节有哪些？

（4）现阶段面向舰船维修器材保障的主要技术问题有哪些？

（5）面向多级供应体系的舰船维修器材配置核心理论与关键技术有哪些？具体工程实现方法如何？

（6）面向舰船任务携行需求的维修器材配置优化策略和关键技术有哪些？具体工程实现方法如何？

这些问题的回答，有助于装备保障资源管理与供应人员，科学谋划舰船全寿命期间各类保障资源的需求预测与供应链建设工作，进而有助于实现舰船装备维修保障管理与供应工作，由"粗放式"向"精细化"转变。

Chapter 7

第7章 | 舰船装备保障资源需求分析技术

　　舰船作为一类在海洋环境下长期使用的多种机械、电气、电子等装备的综合集成体，其结构组成高度复杂、操作使用环境恶劣，维修保障需求远高于常规陆用工程装备。为确保舰船装备遂行海上任务期间的状态完好水平和高可用性，前面篇章分别从舰船装备的固有保障特性设计、在航健康状态监测与保持、周期性状态完好整体恢复等方面，明确了相关维修保障工程技术突破点。其中，良好的固有保障特性设计，用于保证新研舰船装备自带"好保障、易保障"的免疫基因，更适于海洋环境下的长期使用与维修保障；有效的状态监测与健康管理，用于保证舰船装备在航期间长期保持良好工作状态，出现故障及时预警、及时决策、及时实施维修保障；周期性的状态完好整体恢复，用于保证舰船装备全寿命期间的任务完好状态能够通过合理的高等级的维修保障工作安排，得以及时、全面恢复。

　　然而，无论是固有保障特性设计工作、在航状态监测与健康管理工作，还是周期性状态完好整体恢复工作，都离不开与其匹配的保障资源支持。首先，良好的固有保障特性设计，势必与良好的配套保障资源设计同步开展，两者不可分割、互为设计约束条件，这也是装备全系统设计理念的基本要求。其次，有效的在航状态监测与健康管理，需要以充足的在航保障资源（含使用保障资源和维修保障资源）作为物质支撑，否则健康管理成效无法切实落地。最后，舰船装备周期性状态完好整体恢复（例如，坞修、小修、中修等），通常涉及大量级的人力、物力以及信息保障资源的综合统筹、调度与管理，否则状态完好整体恢复往往沦为"空谈"，或仅能实现部分装备的功能性恢复。综上分析可知，舰船装备配套保障资源建设工作是实现前述篇章各类舰船装备维修保障新技术的工程基础条件，将直接影响相关维修保障工程新技术的实施成效，必须给予高度关注。

　　为此，本篇章引入"舰船装备保障资源需求分析技术""舰船装备维修器材需求分析与储供优化技术"和"面向任务的舰船装备携行器材保障方案优化与评估技术"三项维修保障新技术。一方面力求从保障源头上探索能够充分满足舰船装备全寿命期使用与维修保障的配套保障资源初始配置建设需求，另一方面从保障需求的动态变化角度探索舰船装备配套保障资源的全寿命期筹储供优化方法。

这里，首先介绍舰船装备保障资源需求分析技术新技术。有关舰船装备保障资源需求分析技术的现有研究成果较多，本章节重点围绕舰船装备复杂系统独有的耦合结构复杂、运行状态复杂、性能刻画复杂、使用环境复杂、优化决策复杂等技术特征，阐述一类更契合舰船装备保障工作开展的保障资源需求分析新技术，工程上一般将其称为保障性分析技术。为此，本章内容后续所述保障性分析技术，均指一类特殊的保障资源需求分析技术。

7.1　保障性分析的技术内涵

GJB451A—2005《可靠性维修性保障性术语》中将保障性分析（Logistic Support Analysis，LSA）定义为"在装备的整个寿命期内，为确定与保障有关的设计要求，影响装备的设计，确定保障资源要求，使装备得到经济有效的保障而开展的一系列分析活动"。GJB1371A—1992《装备保障性分析》中又进一步将保障性分析工作涉及的关键工作项目分为五大系列十五种，如图7-1所示。具体的五大系列保障性分析工作项目分别为"保障性分析工作规划与控制""装备与保障系统分析""备选方案制定与评价""确定保障资源要求"和"保障性评估"。其中，"确定保障资源要求"作为后期制定装备保障方案和建设配套保障系统的重要接口性工作（如图7-2所示），因此是系列相关保障性分析工作项目中的最为核心的工作项目。

"确定保障资源要求"涵盖的技术内涵极其丰富，包含装备全寿命期内潜在修复性和预防性维修项目确定，装备使用与维修项目过程、技术内容与基础保障资源条件分析，以及装备维修保障责任主体优化分工等诸项技术内容。鉴于本书篇幅所限，书中所述保障性分析技术，主要指与上述几类技术内容要求密切相关的可用于合理确定装备保障资源要求的几类核心保障性分析技术——即故障模式、影响及危害性分析（FMECA）、以可靠性为中心的维修分析（RCMA）、使用与维修工作分析（O&MTA）和修理级别分析（LORA）。

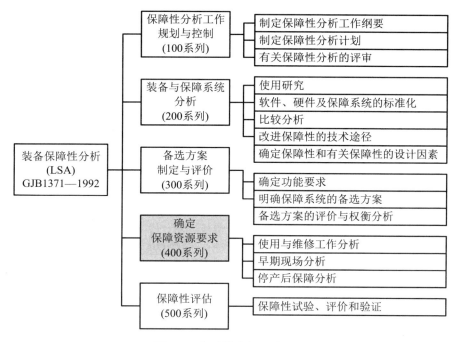

图 7-1　保障性分析工作项目

7.2　舰船装备保障性分析的特点

舰船装备保障性分析是确保舰船装备保障性要求在舰船装备的设计过程得以考虑的各种技术与方法的综合和运用。其主要特点如下：

（1）舰船装备设计与保障系统设计相协调的纽带

按照装备全系统全寿命设计理念，必须在舰船装备的研制早期就综合考虑维修保障问题，并在舰船装备设计过程中将所需维修保障问题用来影响舰船装备的设计，并同步设计舰船装备的配套保障系统。在舰船装备研制过程的各个阶段，舰船装备保障性分析工作用于直接协调舰船装备设计研制工作与配套保障系统研制建设工作的相互关系，且要求保障性分析的进度与深度保持与舰船装备研制的进度与深度相一致。

（2）多专业、多接口的综合性分析

舰船装备保障性分析是一种综合性的分析方法。它运用各种分析技术，协调与综合可靠性、维修性、测试性、生存性等与维修保障有关的工程分析结果，用以影

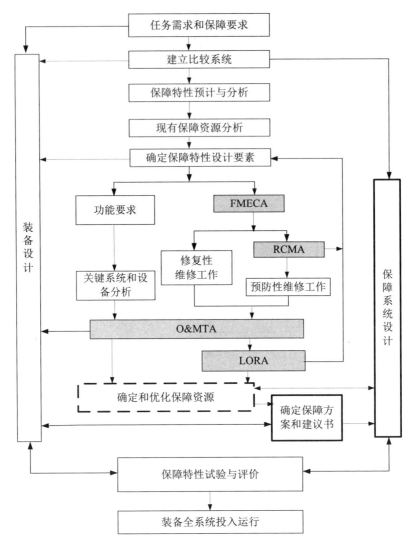

图 7-2　装备保障性分析核心流程

响舰船装备及其配套保障系统的设计结果与建设方向。工程上，一般涵盖故障模式、影响及危害性分析，故障模式、机理与影响分析，损坏模式与影响分析，以可靠性为中心维修分析、修理级别分析、故障诊断权衡分析、运输性分析、使用与维修工作分析、生存性分析、关键能源分析、寿命周期费用分析等综合分析内容。

（3）反复多轮次、有序迭代的分析过程

舰船装备保障性分析是贯穿于装备寿命周期各个阶段（特别是舰船装备的论证、研制与生产阶段）的一个反复多轮次、有序迭代的分析过程。随着舰船装备研制进展的逐步深入与详尽，保障性分析工作按照从系统功能到硬件结构、从设计研制到工艺生产、从保障系统到保障资源逐层逐级渐进深入。同时，随着分析所需输入信息的逐渐准确与细化，保障性分析的详细程度也由粗到细，并与各阶段的保障性分析要求相适应。此外，通过多轮次迭代分析不断地修正保障性分析结果，优化舰船装备及其配套保障系统的设计与研制，可逐步实现费用、进度、性能与可靠性、维修性、保障性的最佳平衡。

（4）系统工程分析技术的综合运用

实施舰船装备保障性分析时，要综合运用系统工程中的各种分析技术解决舰船装备的各种维修保障问题。例如，在研制早期阶段确定维修频次时，利用模拟或蒙特卡罗分析法；在确定舰船装备保障设备种类与数量时，采用排队论分析法；在早期确定零备件需求时，应用泊松分布函数与库存论理论；在确定维修保障资源的分配、运输与器材装卸要求时，利用线性规划或动态规划方法；在进行费效分析或寿命周期费用分析时，采用统计分析与网络分析方法等。

7.3　舰船装备保障性分析的主要任务

舰船装备保障性分析是舰船装备研制系统工程中的一个重要组成部分，是研究舰船装备保障问题影响舰船装备设计和确定配套保障资源的重要分析方法。舰船装备保障性分析运用系统工程的观点和思维推理，在确定或不确定的约束条件下，分析解决有关舰船装备保障工作的系列问题。舰船装备保障性分析贯穿于寿命周期整个过程，主要完成以下两项任务：

（1）影响论证研制阶段的装备设计工作

从任务需求和使用要求出发，提出和确定与保障有关的设计因素，包括舰船装备使用特性、保障特性和保障性要求；从备选方案出发，分析、评价与权衡装备设计方案、使用方案和保障方案，确定最佳保障方案，进而影响装备设计，使装备设计既满足任务要求，又便于实施保障，即从设计上让装备"好保障"和"能保障"。

（2）综合权衡、优化确定装备初始保障资源要求

从舰船装备任务完好性和保障性目标出发，利用 FMECA、RCMA、LORA、O&MTA 等各类保障性分析技术，综合权衡、优化确定新研装备的使用与保障工作要求、工作任务内容以及配套保障资源要求，并形成保障性分析记录，建立统一的

保障数据库，为后续开展保障规划、建设保障系统奠定基础。

7.4　几类保障性分析技术的逻辑关联

　　舰船装备作为一类经典的复杂装备系统，符合耦合结构复杂、运行状态复杂、性能刻画复杂、使用环境复杂、优化决策复杂等装备复杂系统的技术特征，与其维修保障工作密切相关的保障性分析技术主要包括故障模式、影响及危害性分析（FMECA）、以可靠性为中心的维修分析（RCMA）、使用与维修工作分析（O&MTA）和修理级别分析（LORA）四类。其中，FMECA 技术指"分析产品中每一可能的故障模式并确定其对该产品及上层产品所产生的影响，以及把每一个故障模式按其影响的严重程度予以分类的一种技术方法"；RCMA 技术指"按照以最少的维修资源消耗保持装备固有可靠性和安全性的原则，应用逻辑决断的方法确定预防性维修要求的技术方法"；O&MTA 技术指"分析研究装备的每项使用和维修工作，并确定所需保障资源的技术方法"；LORA 技术指"在装备研制、生产和使用阶段，对预计有故障的产品，进行非经济性或经济性的分析以确定最佳修理级别的技术方法"。工程上，一般习惯上把这四类保障性分析技术简称为"4A"分析技术。

　　四类保障性分析技术间的逻辑关联，如图 7-3 所示。其中，FMECA 是后续开展 RCMA、O&MTA 和 LORA 的技术基础，用于分析明确装备寿命期间潜在的故障维修项目全集；RCMA 在 FMECA 的基础上，进一步分析明确装备寿命期间需要实施的预防性维修项目全集；O&MTA 针对故障维修项目全集和预防性维修项目全集，分析明确每一维修项目的实施工艺步骤与配套保障资源要求；LORA 则在前述三项保障性分析工作基础上，综合经济性和非经济性约束因素，分析明确每一维修项目具体实施的最优责任主体。"4A"分析的最终结果，将直接服务于装备保障方案的制定，并同步指导装备配套保障资源的研制与建设工作。

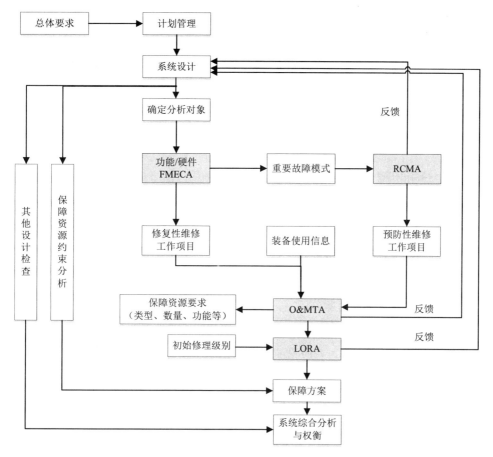

图 7-3 "4A" 分析技术间的逻辑关联

7.5 舰船装备复杂系统保障性分析技术

7.5.1 故障模式、影响及危害性分析技术

1. 分析用途

故障模式、影响及危害性分析（FMECA）可应用于不同的专业工程中。在制定设计准则和装备方案设计的早期进行初步的 FMECA，可用以评定设计方法和评比设计方案；在装备可靠性工程中，FMECA 是一种设计评定方法，其结果用于判定故障的严重程度和发生的可能性及其对相关装备功能的影响，之后通过优化设计以消

除故障或将故障发生频率降低到某种可接受的程度，从而降低故障的最终危害程度；在装备维修性工程中，FMECA 用于从诸多可能的故障模式及其对装备的影响中，确定所需的维修性设计特征信息，如故障物理位置确认、故障隔离要求、故障检测方法选择与检测点布置以及拆装修理的可达性与便捷性要求等；在装备保障性工程中，FMECA 是确定装备修复性维修项目和重要预防性维修工作项目的基本依据，且可为合理确定装备维修保障资源提供故障模式、故障原因、故障影响等有关信息。

2. 分析步骤

（1）准备工作

首先，需要掌握以下有关舰船装备的技术资料：

A. 舰船装备结构、功能的相关说明资料；

B. 舰船主要装（设）备启动、运行、操作、维修等有关说明资料；

C. 舰船装备实际使用所处环境条件的相关说明资料。

这些技术资料在舰船装备设计的最初阶段往往不能一次性全部掌握，为此，研制初期开展 FMECA 工作，有时只能通过部分合理假设，确定一些比较明显的故障模式。但随着舰船装备设计、研制过程的不断深入推进，可利用的信息不断增多，FMECA 工作应重复多轮次进行，并根据需要和可能，将分析工作不断扩展到更为具体的层次。

（2）系统定义

从装备保障性工程学的角度，对待分析的舰船装备对象给出系统化的定义，定义内容主要包括任务功能、环境条件、任务时间、功能框图和可靠性框图等。

A. 任务功能

说明待分析舰船装设备的每项预期任务功能要求。例如，舰船螺旋桨的任务功能是"随推进轴旋转，产生足够的水动力推动舰船前进或后退"。

B. 环境条件

用于描述舰船装备在每一任务或任务阶段所预期的工作环境。例如，舰船装备在热带海域遂行任务期间必须承受的高温、高湿、高盐环境。

C. 任务时间

应对舰船装备的"功能—时间"要求做出定量说明，尤其应对在任务的不同阶段中以不同工作方式工作的装（设）备，以及只有在要求时才执行功能的装设备，明确相关"功能—时间"要求。

D. 功能框图

功能框图用于描述舰船装备各功能单元间的工作情况和相互关系，以及舰船装备每个约定层次的功能逻辑顺序。

E. 可靠性框图

可靠性框图用于体现舰船装备不同层级系统、设备以及组部件间的可靠性逻辑关联，根据所关注的可靠性类别不同，又可分为基本可靠性框图和任务可靠性框图。

（3）FMEA 分析

FMEA 分析的实施，通过填写 FMEA 表格实现。一种典型的 FMEA 表格，如表 7-1 所示。

表 7-1　故障模式及影响分析（FMEA）表

初始约定层次：×× 　约定层次：×× 　设备分析人员：×× 　填表日期：×× 年 ×× 月 ×× 日

编码	产品或功能标志	功能	故障模式	故障原因	任务阶段与工作方式	故障影响			严酷度类别	故障检测方法	设计改进措施	使用补偿措施	备注
						局部影响	高一层次影响	最终影响					
A	B	C	D	E	F	G	H	I	J	K	L	M	N

表 7-1 中，各列属性内容说明如下：

A. 编码：应根据舰船装备的功能及结构分解或所划分的约定层次，制定所分析产品（设备、组部件、零部件或元器件等）的编码体系，用于对产品的每一故障模式进行统计、分析、跟踪和反馈；编码内容应与产品功能框图和可靠性框图保持一致。

B. 产品或功能标志：舰船装备被分析的产品或功能名称。

C. 功能：产品所需完成功能的简要说明，一般应描述产品完成任务的功用或用途。

D. 故障模式：产品寿命期使用过程中所有潜在的故障表现形式，如短路、开路、断裂、过度耗损等。

E. 故障原因：导致寿命期使用过程中潜在故障模式发生的直接或间接原因，直接原因一般表现为"引起故障的物理、化学、生物等过程"，间接原因一般表现为"设计、制造、试验、测试、装配、运输、使用、维修、环境、人为因素等"；

对于同一故障模式，可能由几个独立的故障原因造成，应将这些故障原因分别列出。

F. 任务阶段与工作方式：简要说明发生故障的任务阶段与工作方式。当任务阶段可以进一步划分为分阶段时，应记录更详细的时间，作为故障发生的假设时间。

G. 局部故障影响：产品故障模式对产品自身或所在约定层次产品的使用、功能或状态的影响。

H. 高一层次故障影响：产品故障模式对产品所在约定层次的紧邻上一层次产品的使用、功能或状态的影响。

I. 最终故障影响：产品故障模式对初始约定层次的使用、功能或状态的影响；最终影响是划分故障模式严酷度类别、确定设计改进措施和使用补偿措施的依据。

J. 严酷度类别：产品故障模式所产生的最终影响的严重程度。舰船装备故障模式严酷度类别通常划分为四类（见表7-2）：Ⅰ类为灾难的、Ⅱ类为致命的、Ⅲ类为中等的、Ⅳ类为轻度的。

表7-2　舰船装备故障模式严酷度类别及其定义

严酷度类别	严酷度定义
Ⅰ类（灾难的）	会造成人员死亡或舰船装备毁坏及重大环境损害
Ⅱ类（致命的）	会造成人员的严重伤害，或重大经济损失，或导致任务失败、舰船装备严重损坏及严重环境损害
Ⅲ类（中等的）	会造成人员的中等程度伤害，或中等程度的经济损失，或导致任务延迟或降级、舰船装备中等程度损坏及中等程度的环境损害
Ⅳ类（轻度的）	不足以导致人员伤害，或轻度经济损失，或产品轻度损坏及轻度的环境损害；但会导致非计划性维护或修理

K. 故障检测方法：操作人员或维修人员用于检测故障模式发生的具体方法，一般包括健康管理系统报警、现场人员感官检测、专项故障排查检测等。

L. 设计改进措施：在产品设计上，用于消除或减轻故障影响的改进措施，一般包括冗余设计、降额设计、热设计、环境应力筛选、安全保险设计、替换工作方式、优选零部件与元器件控制、生产工艺改进等。

M. 使用补偿措施：为避免或预防故障发生，产品在使用与维护规程上应考虑的相关使用维护措施，以及一旦出现某些恶性故障后果（如爆炸、喷发毒气等）后，操作人员应采取的最恰当的补救措施。

N. 备注：其他需附属注释或说明的内容。

（4）CA 分析

CA 分析在 FMEA 分析基础上进行，其目的是按每一故障模式的严酷度类别及其发生的概率所产生的综合影响进行分类，以便更全面地评价各潜在故障模式的影响，为采取相应补救措施确定相对优先顺序。

CA 分析的实施，也需通过填写 CA 表格实现。一种典型的 CA 表格，如表 7-3 所示。

表 7-3　危害度分析（CA）表

初始约定层次：×× 　约定层次：×× 　设备分析人员：×× 　填表日期：×× 年 ×× 月 ×× 日

编码	产品或功能标志	功能	故障模式	故障原因	任务阶段与工作方式	故障概率等级	产品危害度	备注
A	B	C	D	E	F	G	H	I

表 7-3 中，各列属性内容说明如下：

第 A ～ F 列与 FMEA 表格对应列相同，这里不再重复介绍。

G. 故障概率等级：产品某一故障模式实际发生的可能性；在无法完全掌握相关故障模式发生的随机分布规律的情况下，一般采用定性分级的方法，进行粗略评判。如表 7-4 所列，工程上，一般将产品的故障模式发生概率等级分为 A ～ E 五个等级。

表 7-4　故障模式发生概率等级

概率等级	类型	分级标准
A	经常发生	在产品工作期间内某一故障模式的发生概率大于产品在该期间内总的故障概率的 20%
B	有时发生	在产品工作期间内某一故障模式的发生概率大于产品在该期间内总的故障概率的 10%，但小于 20%
C	偶然发生	在产品工作期间内某一故障模式的发生概率大于产品在该期间内总的故障概率的 1%，但小于 10%
D	很少发生	在产品工作期间内某一故障模式的发生概率大于产品在该期间内总的故障概率的 0.1%，但小于 1%
E	极少发生	在产品工作期间内某一故障模式的发生概率小于产品在该期间内总的故障概率的 0.1%

H. 危害度：综合考虑故障模式严酷度类别与发生概率等级因素下，产品故障

模式最终危害程度影响的相对评判量值。有关故障模式危害度的表达方式有很多种，这里选用"危害度矩阵"方式进行示例说明，如图 7-4 所示。

危害度矩阵图中，横坐标按等距离表示严酷度类别（Ⅰ、Ⅱ、Ⅲ、Ⅳ），纵坐标按等距离表示故障模式发生概率等级（A、B、C、D、E），矩阵对角线 OP 方向为故障模式危害度增加方向。危害度具体评判规则为：故障模式分布点（如，M1、M2）向对角线 OP 作垂线，以该垂线与对角线的交点到原点的距离作为度量故障模式危害度大小的依据，距离越长，其危害度越大，越应尽快采取改进措施；比较图 7-4 中故障模式 M1 与故障模式 M2 的两点位置可知，$O1$ 距离比 $O2$ 距离长，因此故障模式 M1 比故障模式 M2 危害性大，应优化考虑采取相关设计改进措施或使用补偿措施。

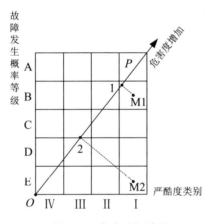

图 7-4　危害度矩阵图

（5）合并分析报告

在前述 FMEA 分析和 CA 分析基础上，将表 7-1 和表 7-3 合并为一个 FMECA 表格。一种典型的 FMECA 表格，如表 7-5 所示。

表 7-5　故障模式、影响及危害性分析（FMECA）表

初始约定层次：×× 　约定层次：×× 　设备分析人员：×× 　填表日期：××年××月××日

编码	产品或功能标志	功能	故障模式	故障原因	任务阶段与工作方式	故障影响			严酷度类别	故障检测方法	设计改进措施	使用补偿措施	故障概率等级	产品危害度	备注
						局部影响	高一层次影响	最终影响							

（6）提交 FMECA 报告

应根据前述 FMECA 分析结果，撰写 FMECA 分析报告。报告内容应至少包括：舰船装备概述、功能原理、系统定义、FMEA 表、CA 表、可靠性关键重要产品清单、严酷度类别为Ⅰ、Ⅱ类的单点故障模式清单、不可检测的高严酷度故障模式清单、危害度矩阵图、排除或降低故障影响危害度已采取的设计改进措施或使用补偿措施说明、预计执行相应改进措施后的效果说明等。

7.5.2　以可靠性为中心的维修分析技术

1. 分析用途

以可靠性为中心的维修分析（RCMA）是按照以最少的维修资源消耗保持装备固有可靠性和安全性的原则，应用逻辑决断的方法确定装备预防性维修要求的过程。装备的预防性维修要求一般包括：需要进行预防性维修的产品(设备、组部件、零部件或元器件等)、预防性维修工作的类型及简要说明、预防性维修工作的间隔期和修理级别建议。装备的预防性维修要求是编制维修工作卡、维修技术规程等技术文件的依据。

2. 分析步骤

（1）准备工作

实施 RCMA 分析工作前，应尽可能收集下列舰船装备有关信息：

A. 反映舰船装备基本概况的相关信息，如装备的结构组成、功能、工作原理，以及通用质量设计的相关考虑等；

B. 反映舰船装备故障属性、故障规律的相关信息，如装备的故障判据、故障模式、故障原因和故障影响，装备可靠性与使用强度的关系，预计的装备故障率，装备由潜在故障模式发展为功能故障模式的期望时间，功能故障模式或潜在故障模式的有效检测方法等；

C. 反映舰船装备维修保障要求的相关信息，如不同装备的维修方法，以及实施维修所需的人力、设备、工具、备件等；

D. 反映舰船装备全寿命期间保障费用的相关信息，如装备预计或计划的研制费用、预防性维修和修复性维修费用，以及维修所需保障设备的研制和维修费用等；

E. 现役同类型舰船装备的上述相关信息。

（2）确定重要功能产品

舰船装备组成结构复杂，内含产品（设备、组部件、零部件、元器件等）数量庞大、种类繁多，如果不做任何技术筛选，盲目面向舰船装备全部产品开展RCMA分析，不仅分析的工作量巨大，且分析效率低。实际上，对于部分产品由于其故障后产生的故障影响非常轻微、危害度水平也处于极低水平，完全可以任其故障出现后，再作事后修理处置。因此，工程上一般只针对可能产生严重故障后果的舰船装备重要功能产品开展RCMA分析。

舰船装备重要功能产品一般指其故障模式和故障影响符合下列条件之一的产品：

A. 可能影响安全；

B. 可能影响任务完成；

C. 可能导致重大的经济损失；

D. 产品隐蔽功能故障与另一有关或备用产品故障的综合（多重故障），可能导致上述一项或多项后果；

E. 产品功能故障可能引起的从属故障（继发故障），导致上述一项或多项后果。

重要功能产品的确定过程是一个粗略、快速而又偏保守的过程，主要依靠工程技术人员的经验和判断能力。但如果前期已开展了相关产品的FMECA分析工作，则可直接引用相关故障模式的故障影响结论，判别舰船装备的重要功能产品。

（3）逻辑决断分析

舰船装备重要功能产品的逻辑决断分析是RCMA分析的核心，用于进一步明确相关重要功能产品在役使用期间的预防性维修工作类型要求。工程上，逻辑决断分析主要通过逻辑决断图实现，如图7-5所示。

逻辑决断图由一系列的方框和矢线组成，决断的流程始于决断图的顶部，然后由对问题的回答是"是"或"否"来确定分析流程的方向。逻辑决断图分为两层。第一层用于"确定故障影响类型"（问题1至5，"灰色"背景标注），将舰船装备功能故障的影响划分为明显的安全性、任务性、经济性影响和隐蔽的安全性、任务性、经济性影响。第二层用于"确定预防性维修工作类型"（问题A至F或A至E）。对于明显功能故障的产品，可供选择的预防性维修工作类型有保养、操作人员监控、功能检测、定时拆修、定时报废和综合工作；对于隐蔽功能故障的产品，可供选择的预防性维修工作类型有保养、使用检查、功能检测、定时拆修、定时报废和

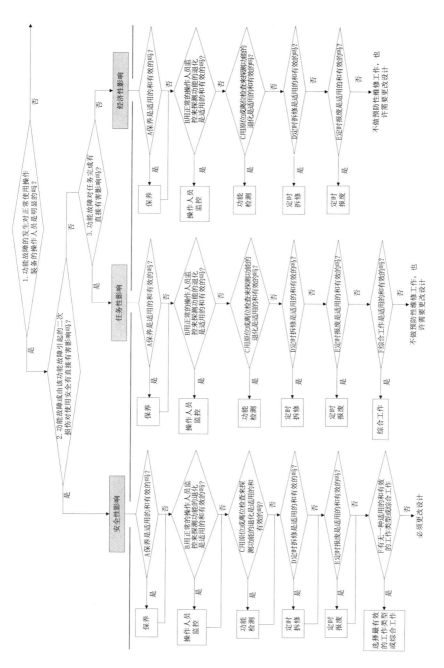

图 7-5　逻辑决断图

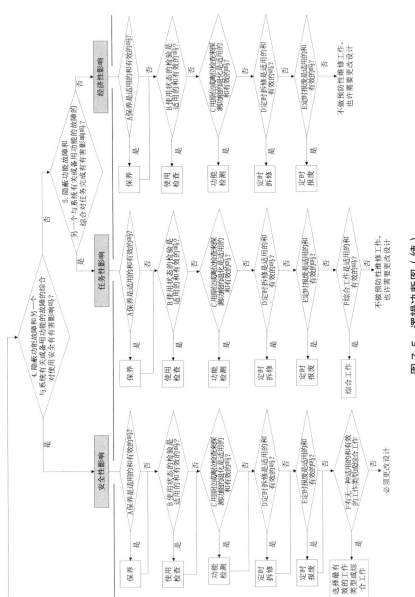

图 7-5　逻辑决断图（续）

综合工作。第二层中的各问题是按照预防性维修工作费用或资源消耗以及技术要求由低到高，并且工作保守程度由小到大的顺序排列的。需要说明的是，除了两个安全性影响分支外，对所有其他四个分支，如果在某一问题中所问的工作类型对预防所分析的功能故障是适用且有效的话，则不必再问后续的问题。但为了确保装备使用的足够安全，对于两个安全性影响分支，必须在回答完所有问题之后，再选择其中最有效的维修工作。

（4）确定预防性维修间隔期

预防性维修间隔期的确定比较复杂，直接与舰船装备的工作效能有关。对于有安全性或任务性后果的故障，工作间隔期过长则不足以保证装备所需的安全性或任务能力，过短则不经济；对于有经济性后果的故障，工作间隔期过长或过短，都会影响经济性。因此，恰当地确定舰船装备预防性维修工作间隔期非常重要，但往往由于信息不足，难以一开始就定得很恰当。一般开始定得保守一些，在装备投入使用后，通过维修间隔期探索，再作逐步调整。

初始预防性维修工作间隔期的确定，一般根据类似产品以往的经验和承制方对新产品维修间隔期的建议，并结合有经验的工程人员的判断确定。在能获得适当数据的情况下，可以通过分析和计算确定。

装备投入使用后，还应进行预防性维修间隔期的探索，即通过分析实际使用与维修数据以及研制过程中的试验与验证信息，确定产品可靠性与使用时间的关系，进而调整产品预防性维修工作类型及其间隔期。维修间隔期探索可通过抽样考察规定数量的产品进行。在调整产品的预防性维修工作类型和间隔期时，应特别重视以下信息：

A. 所分析产品的设计、研制试验结果和以前的使用经验；

B. 产品的抽样结果；

C. 类似产品以前的抽样结果。

（5）给出预防性维修工作修理级别建议

经 RCMA 确定各重要功能产品的预防性维修工作类型及其间隔期后，还应提出该项维修工作在哪一修理级别开展的建议。修理级别的选择取决于舰船装备使用要求、技术条件和维修的经济性，并与舰船装备保障的编制体制有关。除特殊需要外，一般应将预防性维修工作确定在耗费最低的修理级别实施。合理确定修理级别需要大量信息，RCMA 中不做详尽的分析，只对各项具体维修工作提出建议的修理级别。

（6）非重要功能产品的预防性维修工作

前述诸项 RCMA 分析工作都是针对重要功能产品而言的，但应该注意到，在确定舰船装备的预防性维修工作要求时，完全不考虑非重要功能产品的预防性维修工作是不合适的。对于某些非重要功能产品，也可能需要做一定的简易的预防性维修工作。但对于这些产品不需要进行深入的分析，可以根据以往类似产品的经验，确定适宜的预防性维修工作要求，如定期开展例行检查、常规保养等；对于采用新结构或新材料的产品，其预防性维修工作可根据承制方的建议确定。

（7）填写 RCMA 分析表

RCMA 分析的实施，通过填写 RCMA 表格实现。一种典型的 RCMA 表格，如表 7-6 所示。

表 7-6　以可靠性为中心的维修分析（RCMA）表

产品编码	产品名称	故障原因	逻辑决断回答（Y 或 N）																						维修工作	
			故障影响					安全性影响						任务性影响						经济性影响					维修间隔期	修理级别
			1	2	3	4	5	A	B	C	D	E	F	A	B	C	D	E	F	A	B	C	D	E		
G	H	I																							J	K

表 7-6 中，各列属性内容说明如下：

逻辑决断回答（Y 或 N）：有关故障影响、安全性影响、任务性影响、经济性影响的相关逻辑决断符号含义与图 7-5 保持一致。

G. 产品编码；H. 产品名称；I. 故障原因：直接引用 FMECA 表格的相关属性列内容。

J. 维修间隔期：定期开展某类型预防性维修工作的寿命单位间隔；工程上为描述方便，一般选用以下维修间隔计量单位：a（年）、m（月）、w（周）、d（天）、h（小时）、u（不定期，即故障后修理）等。

K. 修理级别：实施预防性维修工作的责任主体类别，例如基层级、中继级、基地级等。注意这里给出的仅是相关产品的预防性维修工作修理级别建议，并不是修理级别分析的最终结果。

逻辑决断回答（Y 或 N）：根据产品功能故障的具体属性，以及相关逻辑决断分析的实际演绎情况填写。这里，以产品明显功能故障为例，列表说明填写规则如表 7-7 所示。

表 7-7　逻辑决断回答（Y 或 N）示例表

序号	故障影响					安全性影响						任务性影响						经济性影响					故障影响	维修工作类型
	1	2	3	4	5	A	B	C	D	E	F	A	B	C	D	E	F	A	B	C	D	E		
	Y	Y				Y	N	N	N	N													安全性影响	保养
	Y	Y				Y	Y	N	N	N													安全性影响	操作人员监控
	Y	Y				Y	N	Y	N	N													安全性影响	功能检测
	Y	Y				Y	N	N	Y	N													安全性影响	定时拆修
	Y	Y				Y	N	N	N	Y	N												安全性影响	定时报废
	Y	N	Y									Y	N	N	N	N							任务性影响	保养
	Y	N	Y									Y	Y										任务性影响	操作人员监控
	Y	N	Y									Y	N	Y									任务性影响	功能检测
	Y	N	Y									Y	N	N	Y								任务性影响	定时拆修
	Y	N	Y									Y	N	N	N	Y							任务性影响	定时报废
	Y	N	N															Y	N	N	N	N	经济性影响	保养
	Y	N	N															Y	Y				经济性影响	操作人员监控
	Y	N	N															Y	N	Y			经济性影响	功能检测
	Y	N	N															Y	N	N	Y		经济性影响	定时拆修
	Y	N	N															Y	N	N	N	Y	经济性影响	定时报废

（8）提交 RCMA 报告

应根据前述 RCMA 分析结果，撰写 RCMA 分析报告。报告内容应至少包括：舰船装备概述、功能原理、RCMA 表、例行检查要求、常规保养要求、重要功能产品清单、重要功能产品的预防性维修大纲（含维修工作项目、维修间隔期、修理级别建议等）。

7.5.3　使用与维修工作分析技术

1. 分析用途

使用与维修工作分析（O&MTA）在前述分析明确的修复性维修工作要求（FMECA 中明确）和预防性维修工作要求（RCMA 中明确）基础上，细化分解相关维修工作的技术步骤与工艺过程，进而准确有效地确定与维修保障工作密切相关的新研、改研以及沿用的保障资源要求。鉴于舰船装备结构组成与耦合关系复杂、内含产品（设备、组部件、零部件或元器件等）数量众多，相应的维修工作项目量级庞大，而 O&MTA 又需针对每一维修工作项目实施技术步骤拆解分析，因此 O&MTA 是舰船装备保障性分析系列工作中分析工作量最大的一项技术工作。但就以往的工程经验来看，虽然 O&MTA 分析需要耗费大量的人力与资金，但由其分析得出的准确结果，可以排除因过度依据主观臆测和以往的经验所引起的资源浪费和误用。因此，通过实施 O&MTA 分析，可以使新研装备在使用期间得到充分、精确、有效的保障，并显著降低舰船装备全寿命期内的使用与保障费用。综上所述，开展 O&MTA 分析可用于：

（1）为每项使用与维修工作任务确定保障资源要求，特别是新的或关键的保障资源要求；

（2）为制定舰船装备技术手册、操作规程、训练计划、修理工装具清单、器材清单等各种保障技术文件提供原始资料；

（3）为制定舰船装备备选设计方案（包括装备备选设计及其配套保障系统备选设计方案）提供保障方面的资料，以减少舰船装备全寿命期内的使用和维修保障费用、优化保障资源要求和提高任务状态完好性；

（4）为舰船装备修理级别分析（LORA），提供经济性和非经济性分析输入信息。

2. 分析步骤

（1）准备工作

实施 O&MTA 分析工作前，应尽可能收集下列舰船装备有关信息：

A. 舰船装备部署信息：舰船装备会在哪里使用，以及一个集中站点内部署的装备数量等信息；舰船装备部署信息一定程度决定了装备的使用环境。

B. 舰船装备使用任务剖面信息：舰船装备在使用任务过程中所执行的功能行为及时序描述信息，这些功能执行条目构成了装备使用任务要求的重要内容；在使用剖面中不但应描述装备在不同使用时间的不同使用模式，还应描述装备在不同使用模式下所对应的特定功能及功能执行条件；一类简化的舰船动力装备使用任务剖面如图 7-6 所示。

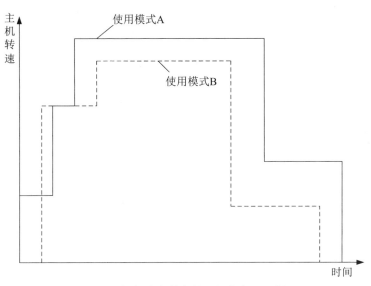

图 7-6　舰船动力装备使用任务剖面示例图

C. 舰船装备使用强度信息：舰船装备每天工作的小时数、每月的任务循环次数、开关次数、最大功率的使用百分比等信息；装备的使用强度大小由使用需求决定。

D. 舰船装备使用环境信息：舰船装备在使用任务剖面中所处的外部环境信息，包括温度、冲击、振动、噪声、潮湿、寒带或热带、山区或平原等。

E. 舰船装备使用保障项目信息：舰船装备为构建或维持其正常功能的发挥，必须完成的系列规范化使用保障工作项目信息；使用保障工作项目通常与使用工作项目密切相关，以舰船出航前的技术准备为例，相关使用保障工作项目包括主要装备的状态检查，燃油、滑油、特种液体和气体的补充，特种器材的预装载等。

F. 舰船装备修复性维修保障项目信息：舰船装备故障后需实施的系列非计划性质的修复性维修工作任务信息，主要由 FMECA 的分析结果确定，一般包括故障定位、故障隔离、分解、更换零部件、再组装、调校及检测等。

G. 舰船装备预防性维修保障项目信息：舰船装备故障前需预先实施的系列计划性质的预防性维修工作任务信息，主要由 RCMA 的分析结果确定，一般包括保养、操作人员监控、使用检查、功能检测、定时拆修、定时报废等。

（2）时线分析

一般来说，舰船装备的保障工作步骤较多，前后也大都有逻辑顺序的约束关联，且有时一个步骤需要多个保障人员协同配合完成。为了尽可能地合理地安排舰船装备保障工序，减少相关保障工作项目的作业时间，需要针对不同保障工作项目开展时线分析。时线分析的主要工作包括：

A. 按工作项目要求提出备选工作步骤：完成某个工作项目可能同时有多个满足要求的工作步骤集合，每个工作步骤集合都应是按照工作项目要求分解形成的。

B. 按备选工作步骤提出保障人员的数量及其专业：保障人员的数量及其专业受到保障工作项目的约束，工作量大小决定了保障人员数量，工作难度决定了保障人员技术水平。

C. 按逻辑顺序排列各项保障作业：逐项确定每一作业所需的专业人员和作业时间，找出关键时线，按照不同工作步骤之间的逻辑关系排列最优作业时序。

（3）确定保障资源需求

在完成时线分析明确了舰船装备保障工作的每一详细工序步骤后，即可在此基础上分析确定与相关工序步骤匹配的保障资源需求，一般包括备件需求、保障设备需求、保障设施需求，以及技术资料编制需求等。

A. 备件需求：舰船装备保障过程中，可能需要更换的故障产品，及其重要程度、生产商、零件号以及在相关工序步骤中的需求数量等。

B. 保障设备需求：舰船装备保障过程中，由于检测、搬运、定位、校准等作业要求可能需要的特定种类保障设备和工具。

C. 保障设施需求：舰船装备保障过程中，与完成工序作业密切相关的系列设施需求，包括作业空间、重要设备、设备展开与存储空间、电力和照明、通信、水、气、保障作业环境控制等。

D. 技术资料编制需求：舰船装备保障过程中，为便于保障人员操作或维修，避免不必要的人员安全危害和设备危害，应给出的操作或维修作业技术指导。

（4）填写 O&MTA 分析表

O&MTA 分析的实施，通过填写 O&MTA 表格实现。一种典型的 O&MTA 表格，如表 7-8 和表 7-9 所示。

表 7-8　使用任务分析（OTA）表

使用项目			使用工序		人力人员			使用保障设备、设施					消耗材料				安全要求及注意事项
序号	项目编号	名称	作业序号	作业步骤	专业	技能等级	数量	名称	型号	数量	配备位置	生产单位	名称	型号	数量	生产单位	

表 7-9　维修任务分析（MTA）表

组成编码	名称	维修项目												维修项目编号	
修理级别	故障原因编号													维修间隔期	
作业序号	作业步骤	人力人员			维修时间(h)	总人工时(h)	保障设备（工具）			保障设施			备品备件及消耗材料		
		专业	技能等级	数量			名称	型号	数量	名称	型号	数量	名称	型号	数量

（5）填写保障资源汇总表

为进一步方便后续舰船装备保障资源的总体汇总与分析，在前述使用任务分析表和维修任务分析表基础上，还应填写保障资源汇总表，如表7-10和表7-11所示。

表 7-10　使用保障资源汇总表

使用项目编号	使用项目	使用保障资源要求									
		人力人员			保障设备（工具）					消耗材料		
		专业	技能等级	数量	名称	型号	数量	配备位置	生产单位	名称	型号	数量	生产单位

表 7-11　维修保障资源汇总表

维修项目编号	维修项目	维修保障资源要求											
		人力人员			保障设备（工具）			保障设施			备品备件及消耗材料		
		专业	技能等级	数量	名称	型号	数量	名称	型号	数量	名称	型号	数量

（6）提交 O&MTA 报告

应根据前述 O&MTA 分析结果，撰写 O&MTA 分析报告。报告内容应至少包括：舰船装备概述、功能原理、使用任务剖面说明、时线分析说明、O&MTA 表、使用保障资源汇总表、维修保障资源汇总表、新研保障资源说明、货架保障资源说明、特殊工装具和仪器仪表说明、特殊维修设施说明、关键保障技术资料编制说明等。

7.5.4　修理级别分析技术

1. 分析用途

修理级别分析（LORA）是一种权衡分析技术，旨在装备的全寿命周期内，对预计有故障的产品（设备、组部件、零部件或元器件等）进行经济性或非经济性分析，以确定可行的修理级别或报废。

修理级别分析是舰船装备保障性分析的一个重要内容，也是舰船装备全寿命期维修保障规划的重要技术手段之一。修理级别分析的结果用于影响舰船装备及其配套保障系统设计。在舰船装备研制阶段，修理级别分析主要用于制定各种有效的、经济的备选维修保障方案，并影响装备设计；在舰船装备使用阶段，修理级别分析主要用于完善和修正现有的维修保障制度，提出改进建议，以降低舰船装备全寿命期内的使用与保障费用。

2. 分析步骤

（1）准备工作

实施 LORA 分析工作前，应尽可能收集下列舰船装备有关信息：

A. 维修保障项目信息：前述由 FMECA 分析明确的修复性维修项目信息和由 RCMA 分析明确的预防性维修项目信息；

B. 维修机构编制体制信息：现行维修机构的编制序列组成与指挥管理体制信息；

C. 装备设计层级的维修原则信息：与舰船装备各级组成产品相关的维修原则或维修策略信息，包括不可修复、可修复或部分可修复等。

（2）非经济性分析

鉴于部分非经济性因素，如部署的机动性、现行保障机制、安全性要求、特殊的运输性要求、修理的技术可行性、保密限制、人员与技术水平等，将直接影响或限制舰船装备修理级别的选择。为此，工程上开展 LORA 分析时，一般首先选择非经济性分析。

图 7-7 所示为一类实施舰船装备 LORA 非经济性分析的基本策略，这里以简化的修理级别分析决策树形式表达。

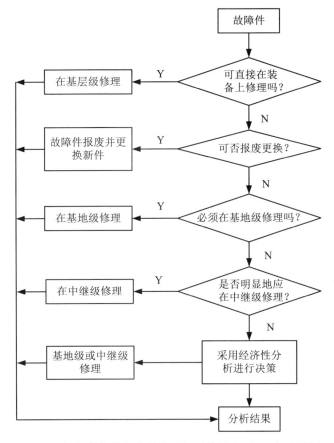

图 7-7　舰船装备非经济性修理级别分析（LORA）决策树

一般情况下，应将舰船装备所属各级产品设计成尽量适合基层级维修，但鉴于基层级维修受到维修编制、修复时间、机动性、安全性等诸多方面的约束，又不可能将维修作业工作量大的维修工作全都设置在基层级进行，因而必须考虑将其放到中继级或基地级修理机构进行。

（3）经济性分析

当通过非经济性分析不能确定待分析产品的修理级别时，则应进行经济性分析。经济性分析的目的在于定量计算产品在所有可行的修理级别上修理的费用，然后比较各个修理级别上的费用，以期选择费用最低和可行的修理级别，作为待分析产品的最佳修理级别。

在进行经济性分析时，通常要考虑在装备使用期内与修理级别决策有关的系列费用，一般包括：

A. 备件费用：待分析产品进行修理时所需的初始备件费用、备件周转费用和备件管理费用之和。

B. 维修人力费用：与维修活动有关的人力人员费用，一般等于修理待分析产品所消耗的工时与维修人员的小时工资的乘积。

C. 材料费用：修理待分析产品所消耗的材料费用，一般用材料费占待分析产品的采购费用的百分比计算。

D. 保障设备费用：包括通用和专用保障设备的采购费用和保障设备本身的保障费用两部分。保障设备本身的保障费用可以采用保障费用因子来计算。保障费用因子是指保障设备的保障费用占保障设备采购费的百分比。

E. 运输与包装费用：待分析产品在不同修理场所和供应场所之间进行包装与运送等所需的费用。

F. 训练费用：训练修理人员所消耗的训练设备、训练器材、训练人员保障等费用。

G. 设施费用：产品维修时占用维修设施的相关费用，通常采用设施占用率来计算。

H. 资料费用：产品修理时所需使用的系列技术文件编制费用，通常按页数计算。

（4）填写 LORA 分析表

LORA 分析的实施，通过填写 LORA 表格实现。一种典型的非经济性 LORA 表格，如表 7-12 所示。

表 7-12　非经济性修理级别分析（LORA）表

维修项目	更换集成功率单元	维修项目编号			
评价因素	评价因素的详细描述	是否可在该修理级别完成			不能在某修理级别完成的原因
		基层级	中继级	基地级	
安全性	设备在特定的修理级别上修理存在危险因素（如高压电、辐射、温度、爆炸、化学有毒因素等）吗？				

维修项目	更换集成功率单元	维修项目编号			
		是否可在该修理级别完成			不能在某修理级别完成的原因
评价因素	评价因素的详细描述	基层级	中继级	基地级	
保密要求	设备在特定的修理级别存在保密问题吗？				
现行的修理方案	存在影响维修项目在该级别修理的规范或规定吗？				
任务成功性	如果零部件在特定的修理级别或报废，对任务成功性会产生不利影响吗？				
装卸、运输和运输性	将装备从用户送到维修机构进行修理时存在任何可能有影响的装卸与运输因素（如质量、尺寸、体积、特殊装卸要求、易损性）吗？				
保障设备	（a）所需的特殊的工具或测试测量设备限制在某以特定的修理级别进行修理吗？（b）所需保障设备的有效性、机动性、尺寸或质量限制了修理级别吗？				
人力与人员	（a）在某一特定的修理级别上有足够数量的维修技术人员吗？（b）在某一级别修理或报废对现有工作符合会造成影响吗？				
设施	（a）对产品修理的特殊设施要求限制了其他修理级别吗？（b）对产品维修的特殊程序（如磁微粒检查、X 射线检查等）限制了其修理级别吗？				
包装和储存	（a）产品的尺寸、质量或体积对储存有限制要求吗？（b）存在特殊的计算机硬件、软件包装要求吗？				
其他因素	存在环境的危害？				

续表

维修项目	更换集成功率单元	维修项目编号			
评价因素	评价因素的详细描述	是否可在该修理级别完成			不能在某修理级别完成的原因
		基层级	中继级	基地级	
	修理级别分析结果：				是否报废

（5）提交 LORA 报告

应根据前述 LORA 分析结果，撰写 LORA 分析报告。报告内容应至少包括：舰船装备概述、功能原理、非经济性因素说明、经济性修理费用分解结构及相关费用计算说明、LORA 表、敏感性分析、修理级别决策风险说明等。

7.6 舰船装备复杂系统保障资源需求分析案例

这里以某型舰船装备"电机控制器"为例，进行故障模式、影响及危害性分析（FMECA）、以可靠性为中心的维修分析（RCMA）、使用与维修工作分析（O&MTA）和修理级别分析（LORA）等保障性分析技术的应用示例说明。鉴于本书的篇幅所限，相关过程分析内容此处不再赘述，直接以表格形式给出相关分析结论，如表 7-13 ～表 7-17 所示。此外，鉴于仅是示例说明，相关保障性分析表格的分析内容均有适量裁剪，并非"4A"分析的真实全集结果。

表 7-13　某型舰船装备电机控制器故障模式、影响及危害性分析（FMECA）表

初始约定层次：×× 　　约定层次：×× 　　分析人员：×× 　　填表日期：××× 年 ××× 月 ××× 日

组成编码	名称	功能及编码		故障模式及编码		故障原因及编码		任务阶段与工作方式	故障影响			故障检测方法	严酷度	设计改进措施	使用补偿措施	故障概率等级
		编号	功能	编号	模式	编号	原因		局部影响	高一层次影响	最终影响					
××××-1	单元模块	1	电机控制器核心数据的处理	1A	单元模块内部器件接触不良	1A1	单元模块内部电气安装板、元器件灰尘积累，连接件松动	全任务阶段	单元模块无法正常工作	单元模块无法正常工作	电机控制器软件可能无法正常运行	闭环在线检测、人工检测	IV	无	定期检视	E
				1B	单元模块内部器件损坏	1B1	长期使用导致器件老化失效	全任务阶段	单元模块无法正常工作	单元模块无法正常工作	电机控制器软件无法正常运行	闭环在线检测、人工检测	IV	无	定期检视	E
		2	单元模块散热	1C	风扇损坏	1C1	长期使用导致损坏	全任务阶段	散热功能丧失	单元模块温度高，损坏	电机控制器无法工作	闭环在线检测、人工检测	IV	无	定期检视	E
××××-2	风扇单元	1	对电机控制器柜体进行散热	1A	风机 F2、风机 F3、风机 F4 损坏	1A1	长期使用导致损坏	全任务阶段	散热功能丧失	电机控制器散热功能丧失	电机控制器柜内温度变高	人工判断	III	无	冗余设计	E
				1B	接线端子排 TB4 开路	1B1	振动、颠簸或电压烧毁	全任务阶段	接线端子开路	风扇单元模块无法正常工作	电机控制器柜内温度变高，无法正常工作	闭环在线检测、人工检测	IV	无	定期检视	E

续表

组成编码	名称	功能及编码		故障模式及编码		故障原因及编码		任务阶段与工作方式	故障影响			故障检测方法	严酷度	设计改进措施	使用补偿措施	故障概率等级
		功能	编号	模式	编号	原因	编号		局部影响	高一层次影响	最终影响					
×××-3	网络单元	用于电机控制器与控制网、健康网的通信	1	网络单元模块内部器件接触不良	1A	网络单元模块内部器件灰尘积累或连接件松动	1A1	全任务阶段	网络单元模块无法正常工作	电机控制器网络单元通信功能异常	电机控制器与控制网、健康网通信发生异常	闭环在线检测、人工检测	IV	无	定期检视	E
				交换机器件损坏	1B	长期使用导致器件老化失效	1B1	全任务阶段	交换机无法正常工作	电机控制器网络单元通信功能异常	电机控制器与控制网、健康网通信发生异常	闭环在线检测、人工检测	IV	无	定期检视	E
				以太网光电转换器损坏	1C	长期使用导致器件老化失效	1C1	全任务阶段	以太网光电转换模块无法正常工作	电机控制器网络单元通信功能异常	电机控制器与控制网、健康网通信发生异常	闭环在线检测、人工检测	IV	无	定期检视	E
				接线端子TB1开路	1D	振动、颠簸或电压骤变	1D1	全任务阶段	接线端子开路	电机控制器网络单元模块无法正常工作	电机控制器网络单元无法正常供电、通信异常	闭环在线检测、人工检测	IV	无	定期检视	E

表 7-14　某型舰船装备电机控制器以可靠性为中心的维修分析（RCMA）表

序号	组成编码	名称	故障原因编号	原因	故障影响 1	2	3	4	5	安全性影响 A	B	C	D	E	F	任务性影响 A	B	C	D	E	F	经济性影响 A	B	C	D	E	维修工作类型	维修间隔期	修理级别建议
1	×××-1	单元模块	1A1	单元模块内部电气安装板、元器件灰尘积累，连接件松动	Y	N	Y									Y	N	Y									功能检测	m	基层级
2	×××-1	单元模块	1B1	长期使用导致器件老化失效	Y	N	Y									Y	N	Y									定时拆修	a	基层级
3	×××-1	单元模块	1C1	长期使用导致风扇损坏	Y	N	Y									Y	N	Y									定时拆修	a	基层级
4	×××-2	风扇单元	1A1	长期使用导致风扇损坏	Y	N	Y									Y	N	Y									定时拆修	a	基层级
5	×××-2	风扇单元	1B1	长期使用导致接线端子损坏	Y	N	Y									Y	N	Y									定时拆修	a	基层级
6	×××-3	网络单元	1A1	网络单元模块内部器件灰尘积累或连接件松动	Y	N	Y									Y	N	Y									功能检测	m	基层级
7	×××-3	网络单元	1B1	长期使用导致网络单元器件老化失效	Y	N	Y									Y	N	Y									定时拆修	a	基层级

表7-15　某型舰船装备电机控制器维修工作分析（MTA）表

组成编码	××××-1				名称	单元模块	维修项目	1A1		检修单元模块			维修项目编号	001	
修理级别	基层级			故障原因编号									维修间隔期	m	
作业序号	作业步骤名称	人员人力 专业	技能等级	数量	维修时间（h）	总人工时（h）	保障设备（工具） 名称	型号	数量	保障设施 名称	型号	数量	备品备件及消耗材料 名称	型号	数量	专用技术文件 名称
1	断开电源，确保箱内无电；	电气专业	初级	1	0.25h	0.25h										电气控制器维修说明书
2	将与模块单元相连的线缆取下，用十字螺丝刀将模块单元（含安装板）整体拆下；	电气专业	初级	1	0.25h	0.25h	十字螺丝刀		1							
3	用抹布等清洁表面的灰尘、油渍，用小毛刷清洁灰尘、杂物等，清洁时应避免折断导线；	电气专业	初级	1	0.25h	0.25h	小毛刷	SG236-81	1				抹布 无水酒精棉球	— —	1 1	
4	将所有接线恢复接通，用十字螺丝刀将模块单元单元重新紧固。	电气专业	初级	1	0.25h	0.25h	十字螺丝刀		1				螺纹胶	LT243	按需	

表 7-16　某型舰船装备电机控制器维修保障资源汇总表

维修项目编号	维修项目	人员人力		维修保障资源要求						备品备件及消耗材料			专用技术文件	工作时间（h）	人工时（h）
				保障设备（工具）		保障设施									
		专业	技能等级	数量	名称	型号	数量	名称	型号	数量	名称	型号	数量			
01	检修单元模块	电气专业	初级	1	小毛刷	SG236-81	1				抹布	—	1	电气控制器维修说明书	1	1
					十字螺丝刀		1				无水酒精棉球	—	1			
											螺纹胶	LT243	按需			

表 7-17 某型舰船装备电机控制器非经济性修理级别分析（LORA）表

维修项目名称	检修单元模块	维修项目编号			001
评价因素	评价因素的详细描述	是否可在该修理级别完成			不能在某修理级别完成的原因
		基层级	中继级	基地级	
安全性	设备在特定的修理级别上修理存在危险因素（如高压电、辐射、温度、爆炸、化学有毒因素等）吗？	√			
保密要求	设备在特定的修理级别存在保密问题吗？	√			
现行的修理方案	存在影响维修项目在该级别修理的规范或规定吗？	√			
任务成功性	如果零部件在特定的修理级别或报废，对任务成功性会产生不利影响吗？	√			
装卸、运输和运输性	将装备从用户送到维修机构进行修理时存在任何可能有影响的装卸与运输因素（如质量、尺寸、休积、特殊装卸要求、易损性）吗？	√			
保障设备	（a）所需的特殊的工具或测试测量设备限制在某以特定的修理级别进行修理吗？（b）所需保障设备的有效性、机动性、尺寸或质量限制了修理级别吗？	√			
人力与人员	（a）在某一特定的修理级别有足够数量的维修技术人员吗？（b）在某一级别修理或报废对现有工作符合会造成影响吗？	√			
设施	（a）对产品修理的特殊的设施要求限制了其他修理级别吗？（b）对产品维修的特殊程序（如磁微粒检查、X射线检查等）限制了其修理级别吗？	√			

续表

维修项目名称	检修单元模块	维修项目编号		001
评价因素	评价因素的详细描述	是否可在该修理级别完成		不能在某修理级别完成的原因
		基层级	中继级	基地级	
包装和储存	（a）产品的尺寸、质量或体积对储存有限制要求吗？ （b）存在特殊的计算机硬件、软件包装要求吗？	√			
其他因素	存在环境的危害？	√			
	修理级别分析结果：	√			是否报废	否

Chapter 8

第8章 | 舰船装备维修器材需求分析与储供优化技术

装备维修保障资源主要包括维修器材(含维修设备、维修工具、备品备件等)、维修人员、维修技术资料。其中：维修器材是装备维修保障资源的重要组成部分，是开展装备临时修理、计划修理和应急抢修的物质基础，对装备保障能力的及时形成和长久保持发挥重要作用，不仅影响着装备寿命周期保障费用，还直接影响装备的战备完好性及其作战能力。为此，后续第8章、第9章内容，重点针对装备维修器材保障新技术进行研究。

8.1 舰船装备维修器材保障概述

8.1.1 舰船装备维修器材保障的特点及难点分析

维修器材保障规划，是在充分利用各类保障信息的基础上，采用科学的方法，对维修器材种类、存储布局、需求量、配置量及采购方案等进行优化，达到对维修器材控制的"优生"目标，提高维修器材保障效益。长期以来，维修器材保障规划与管理主要依靠经验和类比的方法，科学定量依据少，"经费紧张、资源短缺"的供需矛盾日益突出[38-41]。

在装备维修器材保障规划由"粗放式"向"精细化"转变，维修器材管理由"经验式"向"科学化"转型的变革中，必须进一步探索保障系统的组成和运行规律。对于舰船装备，维修器材管理与保障规划面临以下难点和新特点：

（1）舰船装备构型复杂、技术密集，涉及的部组件品种多、数量规模大，尤其对于修复留用设备和引进设备的维修器材筹措渠道特殊、技术状态复杂，没有经过长期的可靠性试验，维修器材需求规律难以准确掌握；某些专用设备装配数量少，关键部组件价格昂贵、供货周期长，生产线难以长久保持和快速恢复，缺乏稳定的维修器材供货渠道，维修器材筹措工作存在一定风险和隐患。

（2）舰船自主式保障安全要求高、时效性强，不能继续沿用"基地级＋中继级＋基层级"的现有三级存储供应模式，必须构建随装备现场在线储供、面向任务的伴随保障储供、大区域及海外基地保障点储供、自修复、远程配送等维修器材储供体系，灵活采用随舰自主式保障、面向任务的编队伴随保障、前出支援保障、远程配送保障等多种保障模式，形成立体化的维修器材储供网络。

（3）舰船装备机动性要求高、活动范围广、战备周期长、部署地点常常远离后方基地，自主式保障任务重。随着舰船使命任务的拓展，舰船将跨区域执行战备任务更加频繁，长期面临高温、高湿、高盐的恶劣海洋环境，装备故障的突发性、维修器材消耗的随机性特征明显，难以准确预测维修器材消耗规律，并且受任务携行能力的约束，携行维修器材必须具有较高的满足率和利用率，因此，对维修器材消耗规律预测和保障方案规划的精细度要求高。

（4）随着各种新型号舰船装备相继入列，装备服役周期长，装备维修器材全寿命保障经费需求剧增，必须将经费作为一项重要的指标，合理预测维修器材全寿命保障费用，统筹经费的投入、使用和管理，加强经费的调节和管控，提高维修器材经费使用效益。

8.1.2　国内外研究概况

在维修器材使用与管理方面。西方发达国家在维修器材筹、储、供及管理工作中曾一度面临十分被动的局面，但通过历史经验教训的总结，保障模式的改善，规章制度的革新，相关技术标准与规范的制定，此外，还特别重视理论和方法上的研究与创新，并努力将其研究成果运用于实践，取得了较好的效果，目前，基本上实现了维修器材精细化管理。相比而言，国内在维修器材管理中采用的经验成分多，科学定量依据少，缺乏全系统、全寿命、全费用的保障理念，没有形成完善的规章制度以及通用规范的技术标准。目前，维修器材供需矛盾比较突出，一方面使得装备维修所急需的备品备件不能及时供应到位，另一方面又有大量的维修器材闲置不能充分发挥作用。

在保障规划理论研究方面。国外起步较早，始于 20 世纪 60 年代，在器材消耗及需求预测、配置优化，动态配送、调度与供应策略优化，保障方案评估等方面开展了大量的研究工作，目前形成了一套较为完善的理论体系[42-45]。相比而言，国内在该领域研究的起步较晚，始于 20 世纪 80 年代末，经过近 30 年的发展历程，在装备故障预测、维修器材需求分析，器材配置优化与调度等方面取得了一些进展，但多数是面向行业内或者针对特定保障模式和型号设备的研究探讨，还没有形成一套通用、完善的理论体系。

在系统平台的开发及应用方面。国外在成熟的保障规划理论和辅助决策支持模型的基础上，相继开发了 VMETRIC、OPUS10、SIMLOX、Tempo 等面向通用化的装备保障信息采集、维修器材需求预测、配置优化、仿真推演与评估等工具平台，被广泛应用于美军、欧洲各国军兵种装备采办、装备故障分析、维修器材配置优化、动态配送与调度、保障效能评估、全寿命保障费效预测等，取得了较好的效果，并产生了良好的军事、经济效益[46-50]。到目前为止，国内在该领域还处于理论研究和探索层面，研究成果仅仅停留在有关技术报告和论文中，没有研制出具有自主知识产权、通用、开放的维修器材辅助决策支持平台。

8.2　典型寿命分布产品的维修器材需求预测模型

8.2.1　维修器材保障概率计算一般方法

通过加强对维修器材消耗及需求历史数据的搜集和整理，建立科学合理的维修器材需求预测模型，是开展维修器材保障方案规划的基础与前提。由于维修器材涉及的专业类型多，不同专业类型的产品寿命分布不一样，例如：电子类产品寿命一般服从指数分布，机械类产品寿命一般服从正态分布，而机电类产品寿命一般服从威布尔分布。因此，在构建维修器材需求预测模型时需要考虑产品的寿命分布。

在计算维修器材保障概率方面，各种文献使用的计算思路基本一致，差别主要集中在当器材寿命为非指数分布（例如：伽马分布、正态分布、威布尔分布等）时，由于种种原因，一般使用各种各样的工程近似方法。但其实在数学上，当部件在装备中的装机数为 1 时，寿命服从伽马分布和正态分布的器材，有直接可以利用的"正确的"理论计算公式（在类似 Matlab 的软件中，已提供了现成的对应计算函数），大可不必再使用这些工程计算式。表 8-1 中，针对寿命服从指数分布、伽马分布、正态分布和威布尔分布，列出了 GJB4355 和本书建议采用的保障概率计算方法。

表 8-1　几种常见寿命类型对应的备件保障概率计算方法

方法	指数分布	伽马分布	正态分布	威布尔分布
GJB4355	理论方法	无	工程近似方法	工程近似方法
建议	理论方法	理论方法	理论方法	本文近似方法

记装备部件产品的寿命为 t_1、t_2、…、t_S、t_{S+1}，记其累加和 $T = \sum_{i=1}^{S+1} t_i$。如果观测时间 t 内，故障次数不大于 S，则必然有 $T \geqslant t$；反之，如果 $T < t$，则故障次数必然大于 S。因此，计算维修器材保障概率等价于计算概率 $P(T > t)$。在可靠性理论中，可靠度 $R(t)$ 的定义为：产品在规定的条件下和规定的时间 t 内，完成规定功能的概率，即 $R(t)=P(T > t)$，式中 T 的含义为寿命。由此可以看出：维修器材保障概率、装备任务成功率的数学本质其实都是可靠度，它是可靠度概念在备件保障领域的一种表现形式。

在数学中，已知 X、Y 的分布密度函数，计算其累加和 $X+Y$ 的分布密度函数称之为卷积。对大多数类型的分布密度函数，其卷积结果都难以推导。不过，对于伽马分布和正态分布，有称之为"卷积可加性"的良好特性，可方便地以此来计算概率 $P(T > t)$。

8.2.2　伽马型寿命分布产品需求预测模型

GJB4355 中未给出寿命服从伽马分布的产品维修器材保障概率计算方法。伽马分布作为指数分布的一种推广，常用冲击模型进行解释。产品单元受到一系列的冲击，连续冲击之间的时间间隔 T_1、T_2、…相互独立且服从平均间隔时间为 μ 的指数分布。假设该产品单元在第 a 次冲击时正好首次失效，记产品单元的失效时间为 $T=T_1+T_2+\cdots+T_a$，则 T 服从参数为 (a,μ) 的伽马分布，记为 $T \sim \mathrm{Ga}(a,\mu)$，其概率密度函数为

$$f(t) = \frac{1}{\mu^a \Gamma(a)} t^{a-1} \mathrm{e}^{\frac{-t}{\mu}} \tag{8.2.1}$$

式中，$\Gamma(a)$ 为 Gamma 函数，$\Gamma(a) = \int_0^\infty \mathrm{e}^{-t} t^{a-1} \mathrm{d}t$。当 $a=1$ 时，$\mathrm{Ga}(1,\mu)$ 其实就是指数分布。

对于伽马分布 $\mathrm{Ga}(a,\mu)$，其平均失效时间（T 的均值）为 MTTF$=a\mu$；T 的方差

为 Var(*T*)=*aμ²*；失效度函数 *F*(*t*) 为

$$F(t) = \frac{1}{m^a \Gamma(a)} \int_0^t x^{a-1} \mathrm{e}^{\frac{-x}{m}} \mathrm{d}x \qquad (8.2.2)$$

在 Matlab 中对应的失效度函数为 Gammaf(t,*a*,*μ*)；可靠度为

$$R(t) = 1 - F(t) = \frac{1}{\mu^a \Gamma(a)} \int_t^\infty x^{a-1} \mathrm{e}^{\frac{-x}{\mu}} \mathrm{d}x$$

伽马分布的卷积可加性：设随机变量 $X \sim \mathrm{Ga}(a_1,\mu)$、$Y \sim \mathrm{Ga}(a_2,\mu)$，且 *X* 与 *Y* 独立，则 $Z = X + Y \sim \mathrm{Ga}(a_1 + a_2, \mu)$。

应用上述结论，当装备部件寿命服从伽马分布 Ga(*a*,*μ*) 时，若该部件在装备中的装机数为 1，则在 *S* 个维修器材配置条件下，该部件的累积工作时间 *T* 服从伽马分布 Ga(*a*(1+*S*),*μ*)，此时 *T* 大于任务时间 *t* 的概率 *P*(*T* > *t*)，按照上述分析即为对应的器材保障概率，其计算式为

$$P(T > t) = R(t) = 1 - F(t) = \frac{1}{\mu^{a(1+S)} \Gamma(a(1+S))} \int_t^\infty x^{a(1+S)-1} \mathrm{e}^{\frac{-x}{\mu}} \mathrm{d}x \qquad (8.2.3)$$

式（8.2.3）在 Matlab 中的代码为 1-gamcdf(*t*,*a*(1+*S*),*μ*)。

在数学上，失效率为 *λ* 的指数分布是一种特殊的伽马分布 Ga(1,1/*λ*)，因此可将"伽马分布的可加性"用于计算指数型产品的维修器材保障概率：当该产品维修器材配置量为 *S* 时，在观测周期 *t* 内的累积工作时间服从伽马分布 Ga(1+*S*,1/*λ*)，则保障概率为

$$P(T > t) = R(t) = 1 - F(t) = \frac{\lambda^{1+S}}{\Gamma(1+S)} \int_t^\infty x^S \mathrm{e}^{-x\lambda} \mathrm{d}x \qquad (8.2.4)$$

8.2.3 正态型寿命分布需求预测模型

一般机械类产品的寿命分布服从正态分布规律，如：齿轮箱、减速器等。正态分布也是统计学中应用最广的一种分布。具有均值 *μ* 和方差 *σ²* 的随机变量 *T* 的概率密度函数为 $f(t) = 1/\sigma\sqrt{2\pi} \cdot \mathrm{e}^{-(t-\mu)^2/2\sigma^2}$ 时，则称随机变量 *T* 服从正态分布，记为 $T \sim N(\mu,\sigma^2)$。

在 GJB4355 中，计算寿命服从正态分布 $N(E,\sigma^2)$ 产品的维修器材需求量 *S* 的基本公式为

$$S = \frac{t}{E} + u_p \sqrt{\frac{\sigma^2 t}{E^3}} \qquad (8.2.5)$$

式（8.2.5）中，产品部件寿命均值 E、标准差 σ，任务时间 t，保障概率 P，正态分布分位数 u_p。常用的正态分布下位分位数如表 8-2 所示。

表 8-2　常用的正态分布分位数表

P	0.8	0.9	0.95	0.99
u_p	0.84	1.28	1.65	2.33

式（8.2.5）实际上是一种工程近似公式。从数学理论可知，正态分布与伽马分布一样，也具有卷积线性可加性。正态分布的卷积可加性：设随机变量 $X \sim N(\mu_1, \sigma_1^2)$、$Y \sim N(\mu_2, \sigma_2^2)$ 且 X 与 Y 独立，则

$$Z = X + Y \sim N(\mu_1 + \mu_2, \sigma_1^2 + \sigma_2^2) \tag{8.2.6}$$

利用该特性，对寿命服从正态分布 $N(\mu, \sigma^2)$ 的产品，当该产品部件的维修器材数量等于 S 时，其累积工作时间服从正态分布 $N((1+S)\mu, (1+S)\sigma^2)$，则维修器材保障概率 P 为

$$P = P(T > t) = 1 - \frac{1}{\sigma\sqrt{2\pi(1+S)}} \int_{-\infty}^{t} \exp\left(-\frac{\left(t - \mu\sqrt{1+S}\right)^2}{2(1+S)\sigma^2}\right) \mathrm{d}x \tag{8.2.7}$$

式（8.2.7）在 Matlab 等数学计算软件中有对应的标准函数供直接使用，在 Matlab 中对应的函数表达为：$P=1-\text{normcdf}(t, (1+S)\mu, \sigma\sqrt{1+S})$。此时，计算器材需求量的过程为：令 S 从 0 开始逐一递增，直至 S 取某值时其保障概率 P 大于等于规定的保障概率，该 S 值即为维修器材需求量。

表 8-3 为 GJB4355 方法和式（8.2.7）数学理论中的卷积法计算得到的维修器材需求量对比情况，并对各自的需求量模拟其对应的保障概率。算例参数为：$\mu=500, \sigma=100$，保障任务时间为 $500 \sim 5000$h，规定的保障概率指标不低于 0.8。

表 8-3　GJB4355 和卷积法结果对比

更换周期 /h	GJB4355		卷积法	
	需求量 / 个	保障概率	需求量 / 个	保障概率
500	2	1.000	1	1.000
1000	3	1.000	2	0.998
1500	4	1.000	3	0.994

更换周期 /h	GJB4355		卷积法	
	需求量 / 个	保障概率	需求量 / 个	保障概率
2000	5	1.000	4	0.987
2500	6	1.000	5	0.979
3000	7	1.000	6	0.971
3500	8	0.999	7	0.961
4000	9	0.999	8	0.952
4500	10	0.999	9	0.943
5000	11	0.999	10	0.934

大量仿真结果表明：在满足保障概率不低于规定指标要求的前提下，GJB4355 方法得出的器材需求量都比卷积法的结果稍大，GJB4355 的结果偏保守。

8.2.4　威布尔型寿命分布需求预测模型

威布尔分布用来描述那些失效率随时间变化的产品，解释因老化、磨损而导致的故障统计规律，主要适用于机电类，是一种应用范围广泛的分布类型。维修器材需求量计算在理论上涉及多重卷积，对于寿命服从威布尔分布的产品部件，威布尔分布的多重卷积解析式极为复杂，难以直接计算。目前的威布尔型寿命分布产品的维修器材需求量计算方法大致有三类。第一类如 GJB4355 提出了一种适用于工程应用的需求量近似计算式，适用于保障概率指标较高的情况。第二类采用蒙特卡罗仿真方法计算需求量，仿真方法是一种准确、有效的手段，但仿真计算相对于解析计算而言耗时过长、计算效率低。第三类则按照寿命等效或累积失效概率相等原则，将威布尔分布等效为指数分布后，来近似计算维修器材需求量，当保障任务时间在寿命周期内时，该算法的结果较为准确，且结果具有保守性。

利用威布尔分布与指数分布或正态分布的相似性，按照其形状参数的大小进行划分，分别对其进行伽马等效或正态等效，利用这两种分布的"可加性"特性，提出了一种器材需求量近似算法。仿真验证结果表明：该算法能更方便、准确地确定器材需求量。

对于某个产品部件单元，维修器材配置量为 n，假设该产品的寿命分布函数和密度函数分别为 $F(t)$ 和 $f(t)$，记该产品的寿命为 X_1，对应的 n 个器材的寿命分别为 $X_i(i=2,3,\cdots,n+1)$，则累积工作时间

$$S_{n+1}=X_1+X_2+\cdots+X_{n+1} \tag{8.2.8}$$

从式（8.2.8）可看出，累积工作时间是求若干独立随机变量之和，因此需要用到如下的卷积公式。连续场合下的卷积公式：

设 X 和 X 是两个相互独立的连续随机变量，其密度函数分别为 $f_X(t)$ 和 $f_Y(t)$，则其和 $Z=X+Y$ 的密度函数为

$$f_Z(z) = \int_{-\infty}^{\infty} f_X(z-y)f_Y(y)\,\mathrm{d}y = \int_{-\infty}^{\infty} f_X(x)f_Y(z-x)\,\mathrm{d}x \tag{8.2.9}$$

累积工作时间 S_{n+1} 需要计算 n 重卷积才能得到其分布密度函数。对于大多数分布函数而言，其多重卷积的解析式形式随着 n 的增大，形式上将变得极为复杂，且难以进行数值计算。不过，如果单元寿命服从伽马分布和正态分布的情况，则有如下 "可加性" 可以方便地得到累积工作时间 S_{n+1} 的分布函数。

记正态分布 $N(\mu,\sigma^2)$ 的密度函数为 $f(x) = \dfrac{1}{\sigma\sqrt{2\pi}}\mathrm{e}^{\frac{-(x-\mu)^2}{2\sigma^2}}$。

正态分布的可加性：设随机变量 $X \sim N(\mu_1,\sigma_1{}^2)$，$Y \sim N(\mu_2,\sigma_2{}^2)$，且 X 和 Y 独立，则 $Z=X+Y \sim N(\mu_1+\mu_2,\sigma_1{}^2+\sigma_2{}^2)$。

对于寿命服从 $N(\mu,\sigma^2)$ 的单元，当配置 n 个备件时，根据 "可加性"，累积工作时间 S_{n+1} 服从正态分布 $N((1+n)\mu,(1+n)\sigma^2)$。若保障任务时间为 T，则保障概率为

$$P_s = P(t > T) = 1 - \frac{1}{\sigma\sqrt{2\pi(1+n)}} \int_{-\infty}^{T} \mathrm{e}^{\frac{-(x-(1+n)\mu)^2}{2(1+n)\sigma^2}}\,\mathrm{d}x \tag{8.2.10}$$

记伽马分布 $\mathrm{Ga}(a,\lambda)$ 的密度函数为 $f(x) = \dfrac{\lambda^\alpha}{\Gamma(\alpha)}x^{\alpha-1}\mathrm{e}^{-\lambda x}$，$\Gamma(\alpha)$ 是 Gamma 函数，$\Gamma(\alpha) = \int_0^{\infty} x^{\alpha-1}\mathrm{e}^{-x}\mathrm{d}x$。

伽马分布的可加性：设随机变量 $X \sim \mathrm{Ga}(\alpha_1,\lambda)$，$Y \sim \mathrm{Ga}(\alpha_2,\lambda)$，且 X 和 Y 独立，则 $Z=X+Y \sim \mathrm{Ga}(\alpha_1+\alpha_2,\lambda)$。

对于寿命服从 $\mathrm{Ga}(a,\lambda)$ 的单元，当配置 n 个备件，根据 "可加性"，累积工作时间 S_{n+1} 服从伽马分布 $\mathrm{Ga}((1+n)\alpha,\lambda)$。若保障任务时间为 T，则保障概率为

$$P_s = P(t > T) = 1 - \frac{\lambda^\alpha}{\Gamma((1+n)\alpha)} \int_0^{T} x^{(1+n)\alpha-1}\mathrm{e}^{-\lambda x}\mathrm{d}x \tag{8.2.11}$$

由于指数分布 $\mathrm{Exp}(\lambda)$ 是一种特殊的伽马分布 $\mathrm{Ga}(1,\lambda)$，因此对于指数型单元，其累积工作时间 S_{n+1} 服从伽马分布 $Ga(1+n,\lambda)$，保障概率为

$$P_s = P(t > T) = 1 - \frac{\lambda}{\Gamma(1+n)} \int_0^T x^n e^{-\lambda x} dx \qquad (8.2.12)$$

常见的威布尔分布是两参数的。若非负随机变量 X 服从威布尔分布，记 X 失效密度函数为

$$f(t) = \frac{m}{\eta} \left(\frac{t}{\eta} \right)^{m-1} e^{-\left(\frac{t}{\eta} \right)^m} \qquad (8.2.13)$$

记作 $X \sim W(m,\eta)$，其中 m 称为形状参数且 $m > 0$；η 称为特征寿命；寿命分布函数为

$$F(t) = 1 - e^{-\left(\frac{t}{\eta} \right)^m} \qquad (8.2.14)$$

失效率函数为

$$\lambda(t) = \frac{m}{\eta^m} t^{m-1} \qquad (8.2.15)$$

当 $m < 1$ 时，失效密度函数 $f(t)$ 和失效率函数 $\lambda(t)$ 都是减函数，此时相当于早期失效。当 $m=1$ 时，失效率为常数，威布尔分布即为指数分布。当 $m > 1$ 时，失效密度函数曲线呈现单峰状，失效率函数为增函数，此时相当于产品耗损失效；当 $m \geq 3$ 时，失效密度函数曲线呈现单峰对称状，近似于正态分布。图 8-1 中虚线是正态分布密度曲线，其参数 $\mu=0.896$，$\sigma=0.303$；实线是威布尔分布密度曲线，参数 $m=3.25,\eta=1$。从图 8-1 可以看出，二者的形状极为近似。

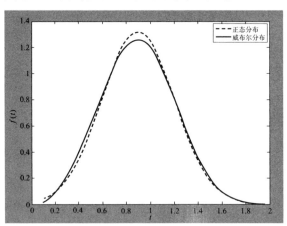

图 8-1　威布尔分布密度和正态分布密度的比较

威布尔分布在 $m=1$ 时即为指数分布，在 $m \geq 3$ 时近似正态分布的特点，为本文算法的合理性奠定了基础。对于寿命服从 $W(m,\eta)$ 的威布尔型备件，计算备件需求量的算法分为以下两个步骤。

步骤 1：近似等效。

当 $m \geqslant 3$ 时，将该产品部件的寿命等效为正态分布；当 $m < 3$ 时，将该产品部件的寿命等效为伽马分布。下面以正态等效为例，介绍等效方法。该方法是一种源于贝叶斯统计推断的数值等效方法。

（1）构造工作寿命的样本数据

计算 t_n，令 t_n 满足：$1 - \mathrm{e}^{-\left(\frac{t_n}{\eta}\right)^m} > 0.999$。在 $[\frac{t_n}{100}, t_n]$ 范围内构造一个递增的等差数组 $[t_1, t_2, \cdots, t_n]$，计算该威布尔单元在 t_i 的分布密度函数值 $f(t_i)$。

令 t_m 为 $[t_1, t_2, \cdots, t_n]$ 中首个不小于 T_r 的值，按照式（8.2.16）计算该威布尔单元工作寿命分别为 $[t_1, t_2, \cdots, t_m]$ 的相对概率 $nP_j, j \leqslant m$，按照式（8.2.16）计算威布尔单元工作寿命分别为 $[t_1, t_2, \cdots, t_m]$ 的相对次数 $N_j, j \leqslant m$，式（8.2.17）中的 round() 函数为四舍五入取整函数。

$$\begin{cases} f(t_j) = \begin{cases} \dfrac{m}{\eta}\left(\dfrac{t}{\eta}\right)^{m-1} \mathrm{e}^{-\left(\frac{t_j}{\eta}\right)^m}, & j < m \\[2mm] \displaystyle\sum_{k=m}^{n} \dfrac{m}{\eta}\left(\dfrac{t}{\eta}\right)^{m-1} \mathrm{e}^{-\left(\frac{t_k}{\eta}\right)^m}, & j = m \end{cases} \\[6mm] nP_j = \dfrac{f(t_j)}{\displaystyle\sum_{k=1}^{m} f(t_k)} \end{cases} \quad (8.2.16)$$

$$N_j = \mathrm{round}(100nP_j) \quad (8.2.17)$$

（2）构造正态分布候选参数矩阵

记矩阵 $\boldsymbol{M}$ 为正态分布候选参数矩阵，矩阵 $\boldsymbol{M}$ 共有 K 行，$M(i,:) = [\mu_i \ \sigma_i]$。$\mu_i$ 的取值范围为 $(0, T_r)$，σ_i 的取值范围为 $(0, 0.4T_r)$。

（3）计算各候选参数的权重系数

各候选参数 $M(i,:)$ 的权重系数记为 bP_i，按照贝叶斯统计推断思想，其初始值为 $bP_i = 1/K$。从 $[t_1, t_2, \cdots, t_m]$ 中逐一选取 t_j，按式（8.2.18）遍历计算所有候选参数的似然函数值 P_i 后，按式对所有候选参数的权重系数进行调整。根据贝叶斯公式，将后验概率 bP_i 视为权重系数。

$$P_i = \left(\dfrac{1}{\mu(i)} \mathrm{e}^{\frac{-t_j}{\mu(i)}}\right)^{N_j} \quad (8.2.18)$$

$$bP_i = \frac{P_i \times bP_i}{\sum\limits_{k=1}^{K} P_k \times bP_k} \qquad (8.2.19)$$

最后，在各候选参数的权重系数调整完毕后，按式（8.2.20）计算 μ、σ 作为正态型有寿件工作寿命的正态等效参数。

$$\mu = \sum_{k=1}^{K} bP_k \times \mu_k$$
$$\sigma = \sum_{k=1}^{K} bP_k \times \sigma_k \qquad (8.2.20)$$

当 $m \geqslant 3$ 时，对这些随机数进行正态分布拟合计算，得到正态分布参数 μ、σ；当 $m < 3$ 时，对这些随机数进行伽马分布拟合计算，得到伽马分布参数 α、λ。

步骤 2：利用伽马分布的可加性或正态分布的可加性，计算产品部件的维修器材需求量。

保障任务时间记为 T，器材配备量为 j 个，若 $m \geqslant 3$ 时，以正态分布 $N((1+j)\mu, (1+j)\sigma^2)$ 来近似描述其累积工作时间的分布；若 $m < 3$ 时，以伽马分布 $Ga((1+j)\alpha, \lambda)$ 来近似描述其累积工作时间的分布。则相应的保障概率 P_s 为

$$P_s = P(t > T) \begin{cases} 1 - \dfrac{\lambda^{(1+j)\alpha}}{\Gamma((1+j)\alpha)} \displaystyle\int_0^T x^{(1+j)\alpha-1} e^{-\lambda x} dx, & m < 3 \\[4mm] 1 - \dfrac{1}{\sigma\sqrt{2\pi(1+j)}} \displaystyle\int_{-\infty}^T e^{\frac{-(x-(1+j)\mu)^2}{2(1+j)\sigma^2}} dx, & m \geqslant 3 \end{cases} \qquad (8.2.21)$$

j 从 0 开始逐一增加，直至某 n 值，使得 $P_s \geqslant$ 规定的保障概率，该 n 值即为所求需求量。

式（8.2.21）的另一种用法是用于评估器材保障概率。显然，准确计算器材需求量的前提是评估结果的准确性。为了解上述算法的准确性，采用以下仿真模型开展仿真验证。

对于某个产品单元，维修器材配置量为 n，该类单元的寿命服从威布尔分布 $W(m, \eta)$，保障任务时间记为 T，则仿真模拟过程如下：

（1）产生 $1+n$ 个随机数 $t_i (1 \leqslant i \leqslant 1+n)$，随机数 t_i 服从威布尔分布 $W(m, \eta)$；

（2）计算累积工作时间 $simT = \sum_{i=1}^{1+n} t_i$；

（3）当 $simT \geqslant T$ 时，保障任务成功，输出结果 $flag=1$；否则保障任务失败，输出结果 $flag=0$。

多次重复模拟上述过程，对所有模拟结果 $flag$ 进行统计，$flag$ 均值的物理含义既是保障任务成功率，也是保障概率。

令 m 分别为 1.2、2.0、2.8，$\eta=200$，器材配置数量 $n=4$，保障任务时间 T 的取值范围为 200h～1000h，保障概率的模拟结果、解析算法结果、指数等效算法结果和 GJB4355 的算法结果如表 8-4 所示。

表 8-4　不同方法计算得到的保障概率对比

保障任务时间 /h	$m=4$, $\eta=200$ 伽马等效参数：1.3, 0.00688				$m=2.0$, $\eta=200$ 伽马等效参数：3.17, 0.01789				$m=2.8$, $\eta=200$ 伽马等效参数：5.70, 0.01789			
	模拟	解析	指数法	GJB	模拟	解析	指数法	GJB	模拟	解析	指数法	GJB
200	0.999	0.999	0.997	0.960	1.000	1.000	0.998	0.997	1.000	1.000	0.998	1.000
400	0.965	0.963	0.950	0.869	0.997	0.997	0.966	0.952	0.999	1.000	0.975	0.988
600	0.832	0.829	0.821	0.686	0.922	0.916	0.869	0.722	0.973	0.973	0.900	0.793
800	0.615	0.613	0.638	0.440	0.651	0.626	0.717	0.312	0.711	0.694	0.772	0.262
1000	0.381	0.394	0.451	0.216	0.281	0.285	0.545	0.058	0.234	0.247	0.618	0.018

大量仿真结果表明：对于威布尔型产品部件，指数算法和 GJB4355 算法在实际保障概率较高时，其评估结果的准确性能满足工程应用要求，在实际保障概率一般或较差时，这两种算法的评估误差较大；本文算法无论实际保障概率是高还是低，始终有着较高的准确性。

8.3　装备产品单元寿命分布参数估计

在前述内容中，已知单元寿命的分布规律是计算该产品单元维修器材需求量的前提。由于装备列装后工作环境发生了变化，有可能导致原来那些在设计 / 研制阶段通过可靠性试验得到的寿命分布参数，在实际工作环境中发生了变化。此时如果对设计 / 研制阶段的寿命分布参数不加以修正，那么就会导致预测结果不准确，影响装备的正常使用。因此，收集装备入役使用阶段的故障数据，进行可靠性分析，进而得到更接近实际情况的寿命分布参数，是需求预测工作中一项必不可少的环节。

如果能获得大量的故障数据，那么由此重新计算寿命分布参数不存在任何技术上的难度。但海军舰船装备往往存在装备类型多、同型号装备数量少等特点，因此，获得的同型号产品故障数据往往很少，属于小样本数据，如何对这些小样本数据进行可靠性分析、计算寿命分布参数，则是一项需要研究的问题。

8.3.1 寿命数据类型

常见的寿命数据 t 是一种确切寿命数据（又叫寿终数据），它是单元从开始工作直到累积工作时间达到 t 时发生故障而报废。在广义上，寿命数据一般具有删失或不精密的特点。

删失分为"右删失"和"左删失"。在进行观测或调查时，一个单元的确切寿命不知道，但只知道寿命大于 L，则称该单元的寿命在 L 是右删失数据，常用 L^+ 表示 L 是右删失数据；若单元的确切寿命不知道，只知寿命小于 L，则称该单元的寿命在 L 是左删失，常用 L^- 表示 L 是左删失数据。右删失数据较为常见，左删失的情形在贮存装备（定期检测）中较常见。如果不知道单元的确切寿命 t，只知道其在 $t^{(1)}$ 和 $t^{(2)}$ 之间（即 $t^{(1)} \leqslant t \leqslant t^{(2)}$），这时称 $[t^{(1)}, t^{(2)}]$ 是单元寿命的区间型数据。实际工作中凡是不能连续监测的情况，通常只能得到这种区间型数据。

因此，寿命数据实际上有四种类型：确切寿命数据、右删失数据、左删失数据和区间型数据。对 n 个单元的寿命进行观测，得到的数据可表示如下：

（1）寿终数据：$t_1, t_2, \cdots, t_{n_1}$；

（2）右删失数据：$t_{n_1+1}^+, t_{n_1+2}^+, \cdots, t_{n_1+n_2}^+$；

（3）左删失数据：$t_{n_1+n_2+1}^-, t_{n_1+n_2+2}^-, \cdots, t_{n_1+n_2+n_3}^-$；

（4）区间型数据：$\left[t_{n_1+n_2+n_3+i}^{(1)}, t_{n_1+n_2+n_3+i}^{(2)} \right]$（$i = 1, 2, \cdots, n_4$），且 $n_1 + n_2 + n_3 + n_4 = n$。

寿终数据，对于那些可靠性高、列装数量少的装备而言，从工作实际中收集的数量较少，也就是通常所说的小样本数据。从信息论的角度开看，如果信息量不够，则无论采取何种方法，也不可能分析得到理想的结果。不过，在装备的列装过程中，是有可能收集到数量较为充足的其他三型数据。如果能把数据处理范围从仅限于寿终数据，扩展到上述所有四种数据，将小样本数据变为大样本数据，则有可能解决小样本数据下的可靠性分析难题。

8.3.2 寿命分布参数估计方法

在理论上，处理定数截尾、定时截尾和随机截尾可靠性试验数据时，面对的就是包含寿终数据和右删失数据的寿命数据，因此其相关的方法可以借鉴，用于可靠性分析。

假定：按照无替换定数截尾的方式，对某型单元收集了 n 项数据，其中包含 r

项寿终数据，按照顺序记录的寿终数据为 $t_1 \leqslant t_2 \leqslant \cdots \leqslant t_r(r < n)$。

该样本的似然函数

$$L(\theta) = \mathrm{f}(t_1, t_2, \cdots, t_r, \theta) = \frac{n!}{(n-r)!} \theta^{-r} \mathrm{e}^{-T_r/\theta} \tag{8.3.1}$$

式（8.3.1）中，$T_r = \sum_{i=1}^{r} t_i + (n-r)t_r$ 为总试验时间。

对式（8.3.1）取对数求导，解对数似然方程，可得 $\hat{\theta} = T_r / r$，$\hat{\theta}$ 是 θ 的唯一最小方差无偏估计。此外，还可以对 θ 进行区间估计。此时，有定理如下：

定理：设 $t_1 \leqslant t_2 \leqslant \cdots \leqslant t_r(r < n)$ 是来自平均寿命为 θ 的指数分布的定数截尾样本，则总试验时间 $T_r = \sum_{i=1}^{r} t_i + (n-r)t_r$ 服从伽马分布 $Ga(r,\theta)$。

由 $t_r \sim Ga(r,\theta)$，可得

$$\frac{2T_r}{\theta} \sim Ga\left(\frac{2r}{2}, \frac{1}{2}\right) = \chi^2(2r) \tag{8.3.2}$$

根据 χ^2 分布可得：

$$P\{\chi_{\alpha/2}^2(2r) \leqslant \frac{2T_r}{\theta} \leqslant \chi_{1-\alpha/2}^2(2r)\} = 1-\alpha \tag{8.3.3}$$

由此，可得平均寿命 θ 的置信度为 $1-\alpha$ 的区间估计，即

$$\begin{cases} \theta_L = \dfrac{2T_r}{\chi_{1-\alpha/2}^2(2r)} \\[3mm] \theta_U = \dfrac{2T_r}{\chi_{\alpha/2}^2(2r)} \end{cases} \tag{8.3.4}$$

设某型电子设备寿命服从指数分布，现随机抽取 10 台产品进行无替换定数截尾寿命试验，事先规定失效数 $r=6$，试验过程中依次记录的失效时间为：500h、1330h、2230h、2550h、3320h、3520h。试计算该电子产品的平均寿命点估计，在置信水平 0.9 下的平均寿命区间估计。

总试验时间 T_r=27530h，则平均寿命点估计为 $\hat{\theta} = \dfrac{T_r}{r} = \dfrac{27530}{6} = 4588.3$。

由于 $1-\alpha=0.9$，因此 $\chi_{1-\alpha/2}^2(2r)=\chi_{0.95}^2(12)=21.03$，$\chi_{\alpha/2}^2(2r)=\chi_{0.05}^2(12)=5.23$，由此得到置信水平 0.9 下，平均寿命的区间估计为

$$\left[\frac{2T_r}{\chi_{1-\alpha/2}^2(2r)}, \quad \frac{2T_r}{\chi_{\alpha/2}^2(2r)}\right] = \left[2618.7, \quad 10535.7\right]$$

8.3.3　一种改进的小子样寿命分布参数估计方法

无替换定数截尾试验数据的特点是：

$$t_1 \leqslant t_2 \leqslant \cdots \leqslant t_r(r < n),\ t_j=t_r(r+1 \leqslant j \leqslant n)$$

但实际收集到的装备数据特点是：

$$t_1 \leqslant t_2 \leqslant \cdots \leqslant t_r(r < n),\ t_r \leqslant t_{r+1}^+ \leqslant t_{r+2}^+, \cdots, \leqslant t_n^+$$

因此，如果想直接应用前述方法，需要对 t_{r+j}^+ 数据进行截断，强制令其等于 t_r。显然，这会损失部分有用信息。为此，借助贝叶斯公式，可采用以下改进方法，具体步骤如下：

步骤 1：对寿命数据集进行整理

在包含 m 项数据的集合中，筛选出包含 n 项数据的集合，并对 t_{r+j}^+ 数据进行截断，强制令其等于 t_r，最终得到满足无替换定数截尾试验的数据集合 $t_1 \leqslant t_2 \leqslant \cdots \leqslant t_r(r < n)$, $t_j=t_r(r+1 \leqslant j \leqslant n)$。

步骤 2：计算平均寿命的区间估计，得到寿命的上限 θ_u 和下限 θ_L。

步骤 3：利用贝叶斯公式，在包含 m 项数据的原数据集合中，估计平均寿命。

（1）在 $[\theta_L, \theta_u]$ 范围内，以等差数列的方式产生候选参数 $\theta_j(1 \leqslant j \leqslant k)$，各候选参数的概率 $P_i=1/k$。

（2）以遍历的方式，对包含 m 项数据的集合，应用贝叶斯公式逐一计算 $t_j=j(1 \leqslant j \leqslant m)$ 时，各候选参数的概率。

（3）以 $\sum_{i=1}^{k} P_i\theta_i$ 作为平均寿命的最终点估计。

设某型电子设备寿命服从指数分布，平均寿命为 1000h，获得 20 组寿命数据，其中寿终数据 3 组：551h、381h、604h。其余 17 组数据为右删失数据：751h、421h、416h、328h、415h、51h、1414h、332h、1227h、1828h、411h、781h、719h、368h、241h、948h、380h。利用上述方法计算该电子产品的平均寿命。

对这 20 组数据进行整理，按照步骤 1 可以得到一个失效数为 3、共包含 10 项数据的无替换定数截尾试验数据集；按照步骤 2 经计算得到在置信水平 0.9 下的平均寿命区间估计 [915.5，7049.1]；按照步骤 3 得到平均寿命的点估计 3168.4h。该结果与标准答案 1000h 虽然有相当的距离，但还是在一定程度缩小了 [915.5，7049.1] 这个较为宽泛的取值范围，有一定的改进作用。

如果寿命数据仅仅包含少量的寿终数据和相当数量的右删失数据，改进的程度可能有限，还需要进一步扩大可分析处理的寿命数据类型范围。

8.4　舰船装备维修器材初始配置模型

初始保障资源是装备初始保障期内形成保障能力所需的使用与维修资源，在装备列装服役初期，由承制方同步交付订购方。在采购装备的同时，采购方需要与承制方协商来确定初始保障资源的种类和数量，即所谓的初始配置问题。

8.4.1　库存对策及状态分析

对于故障后可修复的器材，假设故障件能够在一定的时间内进行修复，并且故障后总是能够修理；对于故障后不可维修的器材，则故障后进行报废处理。根据库存平衡方程

$$s=OH+DI+BO \tag{8.4.1}$$

式（8.4.1）中，s 表示配置量；OH 为现有库存数量；DI 为待收量；BO 为器材短缺数量。当器材订货量为 1，订购点为 $s-1$ 时，库存量 s 为一常数。式中的变量有一个发生变化时，其他变量都同时发生变化，如，当发生一次器材需求时，本级修理机构在修或等待修理的器材数量就增加一件；若现有器材数量大于 0，在发生器材需求时，就会减少一个，反之则器材短缺数增加一个。当故障件修理完成后，待收器材数量减少 1 个，器材短缺数 BO 减少 1 个，或在无短缺条件下，现有器材数量增加 1 个。不管哪种情况出现，式（8.4.1）两端都保持平衡。

8.4.2　维修器材保障效能指标

描述器材保障效能的指标通常有两种：一是平均满足率 EFR（Expected fill rate），二是期望短缺数 EBO（Expected backorders），当然有时也用平均供应延误时间来表示，可以通过 EBO 转换得到。满足率表示随时能够满足器材供应需求所占百分比，短缺数表示在某单位时间内未满足器材供应需求的数量。当一次器材需求未能满足，就认为发生一次短缺，其时间将持续到有一件维修器材补给或故障修复后为止。这两项指标相互关联，但又具有各自特点，满足率只与维修器材发生需求的当时情况有关，短缺数是衡量任意时刻未满足维修器材需求的次数。

根据式（8.4.1），若待收维修器材数 DI $\leqslant s-1$，则现有维修器材数量 OH >0，

此时，一次维修器材需求得到满足；若待收维修器材数量 DI ≤ s，则现有维修器材数量 OH ≤ 0。因此，维修器材期望满足率 EFR(s) 定义为

$$EFR(s)=p(DI=0)+p(DI=1)+\cdots+p(DI=s-1)$$
$$=p(DI \leqslant s-1)$$

（8.4.2）

式（8.4.2）中，p(·) 表示代收维修器材数量的稳态概率分布。这里，当 s=0 时，EFR(s) 等于 0，随着 s 的逐步增大，EFR(s) 将接近于 1。

另设某一时刻待收维修器材数量为 s+k，根据式计算得到维修器材短缺数为 k。记为 B(X|s)，则 B(X|s) 定义为

$$B(X \mid s) = \begin{cases} (X-s), X>s \\ 0, \qquad X \leqslant s \end{cases}$$

（8.4.3）

期望短缺数记为 EBO(s)，定义为

$$EBO(s)=p(DI=s+1)+2p(DI=s+2)+3p(DI=s+3)+\cdots$$
$$= \sum_{x=s+1}^{\infty} (x-s) \cdot p(DI=x)$$

（8.4.4）

EBO(s) 是一个非负变量。若维修器材配置量增加，其满足率增加，短缺数减少，也可能同时出现维修器材满足率低、短缺数也低的情况，在维修器材配置量非常少并且故障件维修周期时间很短的条件下，这种情况就会出现。反之，"满足率高、短缺数也高"的情况不会出现，因为满足率衡量的仅仅是维修器材需求发生的当前时刻，而短缺数描述的是缺少维修器材的持续时间。

对于仓库管理人员而言，往往关注的问题是维修器材需求是否能够被满足，因此，满足率通常被用到，并且便于计算。由于需要进一步实时跟踪未被满足需求的维修器材数量才能确定短缺数，因此维修器材短缺数计算起来比较困难，其结果显得不够直观，但对于装备本身而言，短缺数则更具有实用性，因为装备使用者关注的是可用度，往往与维修器材短缺数密切相关。

8.4.3　维修器材初始配置优化模型的构建

根据帕尔姆定理：如果维修器材的需求服从均值为 λ 的泊松分布，且故障件的维修时间相互独立，并服从均值为 T 的同一分布，则故障件在修数量（待收维修器材数量）的稳态概率服从均值为 λT 的泊松分布。

令 j（j=1,2,…）表示维修器材项目编号，装备第一层级部件 LRU_j 的维修更换率 λ_j 为

$$\lambda_j = \frac{T_0 \cdot Z_j \cdot N}{\mathrm{MTBF}_j} \tag{8.4.5}$$

式（8.4.5），T_0 表示观测周期；Z_j 为 LRU$_j$ 在装备系统中的单机安装数量；N 为装备部署数量；MTBF$_j$ 为 LRU$_j$ 的平均故障间隔时间。对于 LRU$_j$ 的子部件 k 的维修更换率为

$$\lambda_k = \lambda \cdot q_{jk} \qquad k \in \mathrm{sub}(j) \tag{8.4.6}$$

式（8.4.6），q_{jk} 表示故障隔离概率，即，部件 j 发生故障时，其故障原因是所属的子部件 k 故障所导致的概率；$\mathrm{sub}(j)$ 表示 j 所属子部件集合。待收维修器材数量的均值及方差计算式分别为：

$$E[X_j] = \lambda_j T_j + \sum_{k \in \mathrm{Sub}(j)} \mathrm{EBO}_k \tag{8.4.7}$$

$$\mathrm{Var}[X_j] = \lambda_j T_j + \sum_{k \in \mathrm{Sub}(j)} \mathrm{VBO}_k \tag{8.4.8}$$

式（8.4.7）和式（8.4.8）中，X_j 为待收维修器材数量；T_j 表示故障单元 j 的平均修理时间；EBO_k 为子部件 k 期望短缺数；VBO_k 表示子部件 k 短缺数方差。式等号右边第一项 $\lambda_j T_j$ 表示稳态条件下的在修数量期望值，$\sum_k \mathrm{EBO}_k$ 表示因子部件 k 短缺而造成故障件 j 维修延误的数量。在早期的 MOD-METRIC 模型中，忽略了式中的第二项，在计算结果中就会使期望短缺数计算值比实际值低，容易造成维修器材库存不足的风险。在后续的 METRIC 系列模型体系中，VARI-METRIC 对此进行了改进，并引入了"待收维修器材方差"来减少计算结果误差。根据均值与方差之间的转换关系式

$$\mathrm{VBO}_j = E[\mathrm{BO}_j]^2 - [\mathrm{EBO}_j]^2 \tag{8.4.9}$$

并且定义

$$E[\mathrm{BO}_j]^2 = \sum_{X_j = s_j + 1}^{\infty} (X_j - s_j)^2 \cdot p(X_j) \tag{8.4.10}$$

因此，结合式（8.4.7），式（8.4.8）和式（8.4.9）可以计算得到维修器材期望短缺数和短缺数方差。这里，关键是要合理确定待收维修器材数量的概率分布函数 $p(X_j)$。

目前，最常用的是泊松分布，其均值与方差相等，则 $p(X_j)$ 的计算式为

$$p(X_j) = \frac{(\lambda_j T_j)^{X_j} \cdot \mathrm{e}^{-\lambda_j T_j}}{X_j!} \tag{8.4.11}$$

Sherbrooke 和 Slay 曾做出论证：在较短的观测周期内，维修器材需求为稳定增量的泊松过程；但随着观测周期的增加，维修器材需求均值与方差的比值有递增的趋势，维修器材需求呈现出非稳定增量的泊松过程。当待收维修器材差均比

$Var[X_j]/E[X_j] > 1$ 时，可用负二项分布对状态概率 $p(X_j)$ 作近似：

$$p(X_j) = \binom{a + X_j - 1}{X_j} b^{X_j}(1-b)^a \tag{8.4.12}$$

由负二项分布的性质可知：其均值为 $ab/(1-b)$，方差为 $ab/(1-b)^2$。通过求出待收维修器材均值及方差，代入式（8.4.12）便可以得到 $p(X_j)$ 的概率分布值。

对于因耗损而发生故障的器材，一般情况下，待收维修器材差均比小于 1，此时，可根据二项分布概率对 $p(X_j)$ 作近似，因此，当 $Var[X_j]/E[X_j] < 1$ 时：

$$p(X_j) = \binom{n}{X_j} p^{X_j}(1-p)^{n-X_j} \tag{8.4.13}$$

二项分布均值为 np，方差为 $np(1-p)$。同理，可通过求出待收维修器材均值及方差，代入式便可以得到 $p(X_j)$ 的概率分布值。

根据上述分析，舰员级自主保障下的维修器材初始配置优化模型为：

$$\begin{cases} \min \sum_j \mathrm{EBO}(s_j) \\ s.t. \ \sum_j c_j s_j \leqslant C_0 \end{cases} \tag{8.4.14}$$

式（8.4.14），C_0 表示设定的维修器材费用约束指标，同样，也可以维修器材短缺数为约束条件，维修器材费用为优化目标来进行处理。

优化模型求解可采用边际分析算法，边际效益增量可通过维修器材期望短缺数的减少来表示，边际费用增量可通过维修器材购置费用的增加来表示，因此，边际效应值为

$$\delta_j = \frac{\mathrm{EBO}(s_j) \quad \mathrm{EBO}(s_j+1)}{c(s_j+1)-c(s_j)} = \frac{\Delta \mathrm{EBO}_j}{\Delta c_j} \tag{8.4.15}$$

如要证明运用边际算法得到的结果是最优解，必须验证边际效益增量为凸函数。定义维修器材期望短缺数的一阶差分为

$$\begin{aligned} \Delta \mathrm{EBO}(s) &= \mathrm{EBO}(s+1) - \mathrm{EBO}(s) \\ &= -\big(p(\mathrm{DI}=s+1) + p(\mathrm{DI}=s+2) + \cdots\big) \end{aligned} \tag{8.4.16}$$

二阶差分为

$$\begin{aligned} \Delta^2 \mathrm{EBO}(s) &= \mathrm{EBO}(s+2) - 2\mathrm{EBO}(s+1) + \mathrm{EBO}(s) \\ &= p(\mathrm{DI}=s+3) + 2p(\mathrm{DI}=s+4) + \cdots - \\ &\quad 2p(\mathrm{DI}=s+2) - 4p(\mathrm{DI}=s+3) - 6p(\mathrm{DI}=s+4) - \cdots + \\ &\quad p(\mathrm{DI}=s+1) + 2p(\mathrm{DI}=s+2) + 3p(\mathrm{DI}=s+3) + \cdots \\ &= p(\mathrm{DI}=s+1) \end{aligned} \tag{8.4.17}$$

由于一阶差分 $\Delta \mathrm{EBO}(s) \leqslant 0$，并且二阶差分 $\Delta \mathrm{EBO}(s) \geqslant 0$，则维修器材期望短缺数为自变量 s 的凸函数，因此，能够确保运用边际算法得到的结果为最优解。

例 3.1 设某雷达设备的装舰数量 $N=3$，初始保障周期为 1 年，维修器材清单及相关参数如表 8-5 所示，规定维修器材购置费用 C_0 不超过 130 万元，根据已知条件来确定维修器材在舰员级的最优配置方案。首先，需要根据式（8.4.5）和式（8.4.6）来确定维修器材更换率，然后根据设定的费用指标，采用边际算法进行优化，计算得到最优配置量，该方案下，维修器材期望短缺总数为 0.132，购置总费用为 129.32 万元。

表 8-5　某雷达设备维修器材清单及相关参数

器材名称	结构码	$MTBF_j$/h	Z_j	T_j/天	c_j/万元	λ_j/年	配置量	费用/万元
高频单元	1	371.1	1	10	11.34	42.2	3	34.02
高压电源	2	571.4	2	11	7.88	54.8	4	31.52
浮动装置	3	514.3	1	13	5.34	30.4	4	21.36
控制单元	4	421.6	1	9	9.23	37.1	3	27.69
吸收负载	1.1	1400	2	5	1.67	22.3	1	1.67
H 行波管	1.2	2800	1	7	3.88	5.59	0	0
波段环行器	1.3	1100	1	7	1.93	14.2	1	1.93
调整模块	2.1	2000	1	8	1.12	15.6	1	1.12
过流检测模块	2.2	1600	2	4	0.97	39.1	2	1.94
调制器板	3.1	1800	2	5	0.67	17.4	1	0.67
偏压板	3.2	1200	1	3	0.88	13.0	1	0.88
融合处理机	4.1	1300	2	7	1.23	24.1	2	2.46
控制处理机	4.2	2100	1	6	2.18	7.45	1	2.18
母板	4.3	2800	1	7	1.88	5.59	1	1.88

8.5　面向三级供应体系下的维修器材配置模型

8.5.1　维修器材多等级保障基础理论

三级供应保障体系指按照"大区域装备保障实力—区域装备保障实力—舰船单元"三级开展维修器材供应保障工作。该保障模式下的维修器材配置优化可借鉴多等级保障理论METRIC（Multi-echelon technique for recoverable item control）。首先，对一个由基地级和基层级组成的两级保障系统进行分析，设基地级站点对基层级站点补给申请至交付的时间 O 为一常数，则在任意时刻 t 对基层级站点供应延误时间是基地级站点在 $t-O$ 时刻的状态函数。基地级对基层级的备件申请按照先到先供应的原则，则基层级站点 m 未得到满足的备件数量分布是以申请补给备件总数为条件的二项分布。令基层级待收备件数为 x_m，基地级待收备件数为 x_0，则 x_m 与 x_0 相关，基层级备件库存量记为 s_m，基地级备件库存量记为 s_0。当 $x_0 \leqslant s_0$ 时，基地级将不会出现备件短缺，因此不存在对基层级进行备件供应延误问题，此时，基层级待收备件数等于备件供应数量，即

$$E[X_m|x_0]=\lambda_m O \quad x_0 \leqslant S_0 \tag{8.5.1}$$

式（8.5.1）中，λ_m 为基层级站点对备件的平均需求率。当 $x_0 > s_0$ 时，基地级站点会出现 x_0-s_0 件备件短缺，令 λ_m/λ_0 表示基层级站点 m 的备件需求数占基地级站点备件需求总数的比例，可以得到基层级补待收备件数量均值为

$$E[X_m|x_0]=\lambda_m O +\lambda_m(x_0-s_0)/\lambda_0 \quad x_0 > S_0 \tag{8.5.2}$$

结合式（8.5.1）和（8.5.2）式关于 x_0 的期望值，可以得到基层级待收备件数期望值为

$$E[X_m]=\lambda_m O +\lambda_m \text{EBO}(s_0)/\lambda_0 \tag{8.5.3}$$

下面考虑待收备件数方差，首先需要计算在给定的 x_0 条件时，式（8.5.3）等号右边第二项的方差，由于 $\lambda_m O$ 为常数，则

$$\text{Var}[E(X_m|x_0)]=\lambda_m^2 \text{VBO}(s_0)/\lambda_0^2 \tag{8.5.4}$$

由于基地级备件短缺数 x_0-s_0 造成对基层级 m 供应延误服从二项分布，则有

$$\text{Var}[X_m|x_0]=\begin{cases}\lambda_m O & x_0 \leqslant s_0 \\ \lambda_m O +(\lambda_m/\lambda_0)(1-\lambda_m/\lambda_0)(x_0-s_0) & x_0 > s_0\end{cases} \tag{8.5.5}$$

综合式（8.5.4）和式（8.5.5），可以得到基层级待收备件数方差为

$$\text{Var}[X_m]=\lambda_m O +(\lambda_m/\lambda_0)(1-\lambda_m/\lambda_0)\text{EBO}(s_0)+\lambda_m^2 \text{VBO}(s_0)/\lambda_0^2 \tag{8.5.6}$$

8.5.2　维修器材保障过程分析

根据装备结构层次分解，可将维修器材分为现场可更换单元（LRU）和车间可更换单元（SRU）。假设由大区域保障仓库、区域保障仓库、舰船单元所构成的三级供应保障体系中，设保障周期为 T，为保证装备任务周期内满足可用度指标，需

要确定各保障点的维修器材配置数量。若舰船上某装备发生故障，其故障的原因是由于该装备所属现场更换单元 LRU 发生故障，则立即拆卸故障件 LRU 并对其进行维修，如果舰船本级有该项 LRU 维修器材，就将该器材替换故障件并实施换件维修，否则就发生一次 LRU 短缺。由于维修设备以及维修技术能力的约束，故障单元 LRU 在舰船本级存在一定的维修概率；如果舰船本级不能修理，就将其送往区域保障级进行维修，同时向区域保障级仓库申领一件该 LRU 器材，同样的，故障单元 LRU 在区域保障级也存在一定的维修能力；如果区域保障级不能维修，则发送至设备厂（大区域保障级）进行维修，同时向大区域保障级仓库申请一件该 LRU 器材，由于设备厂（大区域保障级）配备较齐全的维修检测设备和维修人员，具有最高等级的维修能力，一般情况下，除了故障后不可修器材（报废处理），大区域保障级能够承担所有故障单元的修理任务。

根据装备故障模式分解，对现场更换单元 LRU 进行修理时，其故障的原因是其所属的车间更换单元 SRU 发生故障。如果本级库存有 SRU 备份，则替换故障件 SRU，此时就完成了故障单元 LRU 的修理。同理，故障单元 SRU 在各级别也存在一定的维修概率，如果本级不能修理就将其送往上一级进行修理，同时申请一件该 SRU 器材，SRU 的送修与申请过程和 LRU 相同。对于修复的 LRU 和 SRU，则送至本级仓库进行存储，可以用于下一次的供应和补给。

8.5.3　维修器材需求率及供应周转量计算方法

①模型参数定义及说明

模型中各参数定义如下：其中下标 i 表示车间更换单元 SRU 的项目编号 $i=1, 2, \cdots,$ I；0 表示现场更换单元 LRU；$j\,(j=1, 2, \cdots, J)$ 表示舰船本级仓库编号；$k\,(k=1, 2, \cdots,$ K）表示区域保障级仓库编号；0 表示大区域保障级仓库，所有时间参数都以年为计量单位。

m：维修器材年平均需求率；

T：故障单元平均维修时间；

r：故障单元的修复概率；

q：故障单元是由于其所属子部件单元故障所造成的条件概率；

t：本级向上一级申请维修器材的平均供货时间；

s：维修器材配置数量。

EBO(s) 为维修器材的期望短缺数，计算公式为：

$$\mathrm{EBO}(s) = \sum_{x=s+1}^{\infty} (x-s) \cdot p_r(x) \qquad (8.5.7)$$

VBO(s) 为维修器材的期望短缺数方差，计算公式为：

$$\mathrm{VBO}(s) = E[B^2(s|x)] - [\mathrm{EBO}(s)]^2 \qquad (8.5.8)$$

$$E[B^2(s|x)] = \sum_{x=s+1}^{\infty} (x-s)^2 p_r(x) \qquad (8.5.9)$$

式（8.5.9），s 为维修器材配置量；$p_r(x)$ 为待收器材数量的稳态概率分布。假设维修器材在保障周期 T 内服从需求均值为 m 的泊松过程，根据帕尔姆定理：故障单元的维修时间相互独立，并且服从均值为 t 的同一分布，则在修故障单元数量服从期望值为 mt 的泊松分布，因此，$p_r(x)$ 服从泊松概率分布。

在较短的观测周期内，维修器材需求为稳定增量的泊松过程；但随着观测周期的增加，维修器材需求均值与方差的比值有递增的趋势，呈现出非稳定增量的泊松过程，此时可用负二项分布代替泊松分布。负二项分布的表达式为：

$$P(x) = \binom{a+x-1}{x} b^x (1-b)^a \qquad x=0,1,2,\cdots \qquad (8.5.10)$$

均值 $E[X]$，方差 $\mathrm{Var}[X]$ 分别为：

$$E[X]=ab/(1-b) \quad \mathrm{Var}[X]=ab/(1-b)^2 \qquad (8.5.11)$$

维修器材的期望短缺数和短缺函数方差的负二项近似估计分别表示为 EBO($s|E[X]$, $\mathrm{Var}[X]$) 和 VBO($s|E[X]$, $\mathrm{Var}[X]$)，通过求出 $E[X]$ 和 $\mathrm{Var}[X]$ 可以求出参数 a 和 b，代入式便可以计算出负二项分布的数值。

②维修器材需求率的确定

根据舰船本级保障点 j 维修器材 LRU 在保障周期内的平均需求率 m_{0j} 可以计算出区域级、大区域级保障点维修器材 LRU 和 SRU$_i$ 的需求率。维修器材需求率的计算流程如图 8-2 所示。

舰船本级保障点 j 的维修器材 SRU$_i$ 平均需求率与其 LRU 的年平均需求率 m_{0j}、维修概率 r_{ij} 以及故障单元 LRU 修理时所产生的 SRU$_i$ 故障的概率 q_{ij} 相关，计算公式如下：

$$m_{ij}=m_{0j} \cdot r_{0j} \cdot q_{ij} \qquad (8.5.12)$$

区域级保障点 k 的 LRU 年平均需求率，等于其所属舰船本级对区域级保障点申请补给的 LRU 需求之和：

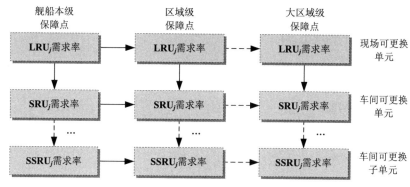

图 8-2　维修器材需求率计算流程图

$$m_{0k} = \sum_{j \in k} m_{0j}(1-r_{0j}) \qquad (8.5.13)$$

区域级保障点 k 的 SRU_i 年平均需求率等于其所属舰船本级对区域级保障点申请补给的 SRU_i 需求之和，再加上区域级保障点 k 修理 LRU 所需的 SRU_i 数量：

$$m_{ik} = \sum_{j \in k} m_{ij}(1-r_{ij}) + m_{0k}q_{ik} \qquad (8.5.14)$$

同理，大区域级保障点 LRU 以及 SRU_i 年平均需求率分别按式（8.5.15）和式（8.5.16）进行计算。

$$m_{00} = \sum_{k=1}^{K} m_{0k}(1-r_{0k}) \qquad (8.5.15)$$

$$m_{i0} = \sum_{k=1}^{K} m_{ik}(1-r_{ik}) + m_{00}q_{i0} \qquad (8.5.16)$$

③维修器材供应周转量建模

维修器材供应周转量由两部分组成：一是在修及送修的维修器材数量，二是正在进行补给中的维修器材数量。

首先对大区域级保障点进行分析，大区域级保障点对故障件 LRU 进行修理而发生的对 SRU_i 需求的比例为：

$$f_{i0} = m_{00}q_{i0}/m_{i0} \qquad (8.5.17)$$

大区域级保障点 LRU 供应周转量由两部分构成：不存在 SRU_i 延误，即有 SRU_i 维修器材库存时，大区域级修理机构正在修理的 LRU 数量；因没有 SRU_i 维修器材库存而导致延误修理的 LRU 数量。一次具体的 SRU_i 短缺所造成对 LRU 送修延误的概率为 f_{i0}，而该短缺所造成的对区域级保障点 k 补给延误的概率为 $1-f_{i0}$。对于大区域级保障站点的 SRU_i 短缺总数来说，其造成对区域级保障点 k 维修器材

LRU 补给延误的 SRU_i 短缺数概率服从二项分布。因此，大区域级保障点维修器材 LRU 供应周转量均值与方差分别为：

$$E[X_{00}] = m_{00}T_{00} + \sum_{i=1}^{I} f_{i0}\text{EBO}(s_{i0} \mid m_{i0}T_{i0}) \tag{8.5.18}$$

$$\text{Var}[X_{00}] = m_{00}T_{00} + \sum_{i=1}^{I} f_{i0}(1-f_{i0}) \cdot \text{EBO}(s_{i0} \mid m_{i0}T_{i0}) + \sum_{i=1}^{I} f_{i0}^2 \text{VBO}(s_{i0} \mid m_{i0}T_{i0}) \tag{8.5.19}$$

同理，令 f_{ik} 为大区域级保障点向区域级保障点 k 供应的维修器材 SRU_i 数量与占大区域级保障点维修器材 SRU_i 需求总量的比例：

$$f_{ik}=m_{ik}(1-r_{ik})/m_{i0} \tag{8.5.20}$$

区域级保障点 k 维修器材 SRU_i 供应周转量等于其在修和送修的维修器材 SRU_i 总量再加上因大区域级保障点缺货而造成补给延误的数量。补给延误会影响到区域级保障点，其比例服从二项分布。则区域级保障点 k 在修及送修维修器材 SRU_i 供应周转量均值与方差分别为：

$$E[X_{ik}] = m_{ik}[(1-r_{ik})t_{ik} + r_{ik}T_{ik}] + f_{ik} \cdot \text{EBO}(s_{i0} \mid m_{i0}T_{i0}) \tag{8.5.21}$$

$$\begin{aligned}\text{Var}[X_{ik}] = {} & m_{ik}[(1-r_{ik})t_{ik} + r_{ik}T_{ik}] + \\ & f_{ik}(1-f_{ik}) \cdot \text{EBO}(s_{i0} \mid m_{i0}T_{i0}) + \\ & f_{ik}^2 \cdot \text{VBO}(s_{i0} \mid m_{i0}T_{i0})\end{aligned} \tag{8.5.22}$$

区域级保障点 k 维修器材 LRU 供应周转量由三部分组成：无短缺时维修器材 LRU 供应量；大区域级保障点出现短缺时而造成补给延误的维修器材 LRU 数量；区域级保障点 k 维修器材 SRU_i 出现短缺时而造成 LRU 修理延误的数量。因此，区域级保障点 k 维修器材 LRU 供应周转量均值和方差分别为：

$$\begin{aligned}E[X_{0k}] = {} & m_{0k}[(1-r_{0k})t_{0k} + r_{0k}T_{0k}] + f_{0k}\text{EBO}(s_{00} \mid E[X_{00}], \text{Var}[X_{00}]) + \\ & \sum_{i=1}^{I}\text{EBO}(s_{ik} \mid E[X_{ik}], \text{Var}[X_{ik}])\end{aligned} \tag{8.5.23}$$

$$\begin{aligned}\text{Var}[X_{0k}] = {} & m_{0k}[(1-r_{0k})t_{0k} + r_{0k}T_{0k}] + \\ & f_{0k}(1-f_{0k})\text{EBO}(s_{00} \mid E[X_{00}], \text{Var}[X_{00}]) + \\ & f_{0k}^2 \cdot \text{VBO}(s_{00} \mid E[X_{00}], \text{Var}[X_{00}]) + \\ & \sum_{i=1}^{I}\text{VBO}(s_{ik} \mid E[X_{ik}], \text{Var}[X_{ik}])\end{aligned} \tag{8.5.24}$$

舰船本级维修器材供应周转量均值与方差的计算方法与区域级保障点类似，但需要明确地规定在整个保障体系中，区域级保障点与舰船本级保障点之间的组织结构关系，舰船本级保障点维修器材 SRU_i 供应周转量均值与方差分别为：

$$E[X_{ij}] = m_{ij}[(1-r_{ij})t_{ij} + r_{ij}T_{ij}] + f_{ij} \cdot \text{EBO}(s_{ik} \mid m_{ik}T_{ik}) \qquad j \in k \tag{8.5.25}$$

$$\mathrm{Var}[X_{ij}] = m_{ij}[(1-r_{ij})t_{ij} + r_{ij}T_{ij}] + $$
$$f_{ij}(1-f_{ij})\mathrm{EBO}(s_{ik}\,|\,m_{ik}T_{ik}) + \tag{8.5.26}$$
$$f_{ij}^{2}\cdot\mathrm{VBO}(s_{ik}\,|\,m_{ik}T_{ik}) \quad j\in k$$

舰船本级保障点维修器材 LRU 供应周转量均值与方差分别为：

$$E[X_{0j}] = m_{0j}[(1-r_{0j})t_{0j} + r_{0j}T_{0j}] + $$
$$f_{0j}\cdot\mathrm{EBO}(s_{0k}\,|\,E[X_{0k}],\mathrm{Var}[X_{0k}]) + \tag{8.5.27}$$
$$\sum_{i=1}^{l}\mathrm{EBO}(s_{ij}\,|\,E[X_{ij}],\mathrm{Var}[X_{ij}]) \quad j\in k$$

$$\mathrm{Var}[X_{0j}] = m_{0j}[(1-r_{0j})t_{0j} + r_{0j}T_{0j}] + $$
$$f_{0j}(1-f_{0j})\mathrm{EBO}(s_{0k}\,|\,E[X_{0k}],\mathrm{Var}[X_{0k}]) + $$
$$f_{0j}^{2}\cdot\mathrm{VBO}(s_{0k}\,|\,E[X_{0k}],\mathrm{Var}[X_{0k}]) + \tag{8.5.28}$$
$$\sum_{i=1}^{l}\mathrm{VBO}(s_{ij}\,|\,E[X_{ij}],\mathrm{Var}[X_{ij}]) \quad j\in k$$

式（8.5.28），f_{ij} 和 f_{0j} 的含义以及计算方法与区域级保障点类似，$j\in k$ 表示隶属于区域级保障点 k 的所有舰船本级，根据保障组织结构确定。综合上述分析，维修器材在各保障点维修供应周转量的计算流程如图 8-3 所示：

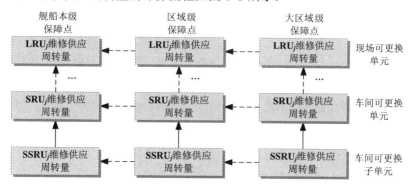

图 8-3　维修器材供应周转量计算流程图

8.5.4　基于三级供应体系下维修器材配置优化模型

使用可用度是装备保障能力的重要评价指标，可用度是指任意时刻，装备处于可工作或可使用状态的程度。装备可用的前提条件是其所属的各部件单元完好，对于舰船本级 j，装备 LRU 及其所属子部件单元 SRU 短缺而形成的可用度为：

$$A_{j}(i) = \{1 - \mathrm{EBO}(s_{0j}\,|\,E[X_{0j}],\mathrm{Var}[X_{0j}])\,/\,(N_{j}Z_{0})\}^{Z_{0}} \tag{8.5.29}$$

式（8.5.29），N_{j} 为该装备在舰船本级 j 的装舰数量；Z_{0} 是 LRU 在设备中的安装数量

（即单装用数）。

设装备由 N 个关键部件单元LRU组成，任何LRU失效都会导致装备出现故障。因此装备可用度计算式为：

$$A_j = \prod_{i=1}^{N} A_j(i) \qquad (8.5.30)$$

对于大区域保障级而言，整个保障体系内装备可用度 A_x 根据该设备在各个舰船本级的可用度计算确定：

$$A_x = \sum_{j=1}^{J} (N_j A_j / \sum_{j=1}^{J} N_j) \qquad (8.5.31)$$

为保证大区域级保障点所有装备平均可用度不低于 A_m 前提下，使维修器材购置费用最低。令 $s_{i,j}$ 为保障点 j 的维修器材 i 的配置量，C_i 为维修器材 i 的购置费用，构建的维修器材优化模型如下：

$$\begin{cases} \min \quad \sum_j \sum_i C_i s_{i,j} \\ s.t. \quad A_x = \sum_{j=1}^{J} (N_j A_j / \sum_{j=1}^{J} N_j) \geqslant A_m \end{cases} \qquad (8.5.32)$$

采用边际优化算法对模型进行优化计算，在算法每一轮迭代过程中，要根据模型中的优化目标分析来确定当前最需要调整的控制变量。算法的主要步骤为：

首先，需要确定系统的控制变量；其次，在每一轮的迭代过程中，依次使控制变量的数量加1，计算并记录相应的各类控制变量的边际效益增加量和边际费用增加量。确定每次迭代过程中对边际效益影响最大的控制变量，并认为该轮迭代中此控制变量的调整权系数最大，将此控制变量的数量加1，其他控制量保持不变；最终，在经历若干次迭代后，当达到计算模型中所要求的目标值时，迭代结束，此时各类控制变量值即为优化权衡后的结果。优化步骤为：

步骤1 初始化保障体系中各保障点维修器材配置量，令 $s_{i,j}=0$；

步骤2 进行算法迭代，在每一步迭代过程中，对每个保障点每项维修器材的边际效益 $\delta_{i,j}(s_{i,j})$ 值进行计算，$\delta_{i,j}(s_{i,j})$ 的计算公式为：

$$\delta_{i,j}(s_{i,j}) = [A_x(s_{i,j}+1) - A_x(s_{i,j})] / C_i \qquad (8.5.33)$$

步骤3 当各个保障点维修器材边际值 $\delta_{i,j}(s_{i,j})$ 确定之后，将最大的边际效益值 $\delta_{i,j}(s_{i,j})$ 所对应的保障点维修器材数量加1；

步骤4 根据维修器材配置量 $s_{i,j}$，计算整个保障体系内装备可用度 A_x，判断 A_x 是否满足指标，$if A_x \geqslant A_e$，算法迭代结束，计算得到维修器材最优配置方案；否则，进入步骤 2、3。

8.6　面向装备使用阶段的维修器材采购方案优化

装备使用阶段，维修器材会随着时间的积累而发生消耗，在保障体系外部，大区域保障点仓库需要向外部供货方进行器材采购，以保持库存平衡，考虑到外部订货费用、运输费用以及维修器材库存管理费用，需根据维修器材库存状态制定合理的采购策略。该情况下，需要制定维修器材采购计划和采购方案。

8.6.1　不可修器材采购及供应优化模型

维修器材采购周期内的库存状态变化如图 8-4 所示：考虑到维修器材供货周期，在库存未耗尽时向外部供货方发出订购申请，订购事件发生时的当前库存量记为 R。理想情况下，从订购事件的发起至器材补充到货之间的间隔期正好是剩余库存消耗殆尽的时间，当维修器材发生一次缺货时，新采购的器材能够及时供应到位。

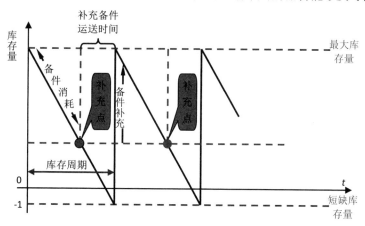

图 8-4　维修器材采购周期内的库存状态变化

维修器材项目编号记为 i，$i=1,2,\cdots,N$，装备使用阶段，器材库存量在离散的时间状态下降低，在（R, Q）库存策略的稳态条件下，第 i 项维修器材的库存平衡方程为：

$$S_i = \mathrm{OH}_i + \mathrm{DI}_i - \mathrm{BO}_i \qquad (8.6.1)$$

式（8.6.1）中，s_i 为维修器材库存状态、OH_i 为现有维修器材库存量、DI_i 为待收库存、BO_i 为维修器材短缺量。从图 8-5 中可以看出维修器材库存状态分布在（R_i+1, $R_i+2, \cdots, R_i + Q_i$）之间。

根据库存平衡方程，可以计算第 i 项维修器材的现有库存量的期望值为：

$$I_i = B_i(R_i, Q_i) + R_i + \frac{Q_i + 1}{2} - E[m_i] \qquad （8.6.2）$$

式（8.6.2）中，m_i 为第 i 项维修器材的间隔期需求，$B_i(R_i, Q_i)$ 为第 i 项维修器材期望短缺数。设维修器材年需求均值为 λ_i，对于故障后不可修器材，其需求率等于故障率：$365 \times 24/MTBF$，从发出订购申请到接收到货之间的时间间隔为 T_i（供货周期），在不考虑外部供货方出现维修器材短缺而造成的供货延误时，第 i 项维修器材的供货间隔期需求均值为：

$$E[m_i] = \lambda_i \times T_i \qquad （8.6.3）$$

根据维修器材年需求均值 λ_i 及订购量 Q_i，可以计算出维修器材年平均订购频率 F：

$$F = \sum_{i=1}^{N} \lambda_i / (NQ_i) \qquad （8.6.4）$$

设维修器材间隔期需求量服从正态分布，则供货周期内的期望短缺数 $B_i(R_i, Q_i)$ 是关于订购点 R_i 和订购量 Q_i 的函数，$B_i(R_i, Q_i)$ 的计算式为：

$$B_i(R_i, Q_i) = [f(R_i) - f(R_i + Q_i)]/Q_i \qquad （8.6.5）$$

$$f(x) = \frac{\sigma^2}{2} \{ (z^2 + 1)[1 - \Phi(z)] - z\phi(z) \} \qquad （8.6.6）$$

$$z = \frac{(x - \theta)}{\sigma} \qquad （8.6.7）$$

式（8.6.7）中，θ 和 σ 分别表示维修器材间隔期需求均值与方差；$\Phi(z)$ 为标准正态累积分布函数；$\varphi(z)$ 为标准正态分布密度函数；构建的维修器材采购优化模型如下：

$$
\begin{aligned}
\min C &= \sum_{i=1}^{N} \frac{\lambda_i \Omega_i}{Q_i} + \sum_{i=1}^{N} \kappa c_i I_i(R_i, Q_i) \\
&= \sum_{i=1}^{N} \frac{\lambda_i \Omega_i}{Q_i} + \kappa c_i (B_i(R_i, Q_i) + R_i + \frac{Q_i + 1}{2} - \lambda_i \cdot T_i)
\end{aligned}
\qquad （8.6.8）
$$

约束条件为：

$$
\begin{cases}
\sum_{i=1}^{N} B_i(R_i, Q_i) \leqslant EBO \\
Q_i \geqslant 1, \quad R_i + Q_i \geqslant 0
\end{cases}
\qquad （8.6.9）
$$

式中，c_i 为第 i 项维修器材采购单价；κ 为维修器材年库存管理费率（维修器材管理、维护保养、报废等费用占维修器材采购价格的比例），Ω_i 为第 i 项维修器材的固定订购费用（包括订单费用、运输费用等），N 为维修器材项目总和。将式中的约束条件代入式并建立 Lagrange 函数：

$$\min f = \sum_{i=1}^{N} \frac{\lambda_i \Omega_i}{Q_i} + \kappa c_i \left(B_i(R_i, Q_i) + R_i + \frac{Q_i + 1}{2} - \lambda_i T_i \right) \\ + \delta \left(\sum_{i=1}^{N} B_i(R_i, Q_i) - \text{EBO} \right)$$ （8.6.10）

通过式对 R_i 和 Q_i 求偏导并令其等于 0，可以得到最优订购点 R_i^* 和最优订购量 Q_i^*：

$$Q_i^* = \sqrt{\frac{2\lambda_i \Omega_i}{\kappa c_i}}, \quad i = 1, 2, \cdots, N$$ （8.6.11）

$$R_i^* = \sqrt{\lambda_i T_i} \Phi^{-1} \left(1 - \frac{\kappa c_i}{(\kappa c_i + \gamma)} \right) + \lambda_i T_i$$ （8.6.12）

对于因子 γ，可采用迭代的方法，当满足式的短缺量指标约束时，得到其数值，将该数值代入式便可求出最优订购点 R_i^*。

$$\sum_{i=1}^{N} B_i(R_i, Q_i) \leqslant \text{EBO}$$ （8.6.13）

8.6.2　可修复器材采购及供应优化模型

对于故障后可修复的维修器材，在构建库存模型时一般假定其故障后总是可修的，没有考虑故障件的报废及消耗，在实际中，随着使用时间的累积和故障次数的增加，装备部组件单元的性能会随之下降，当性能下降到一定程度时，就会进行报废处理。一般情况下，可修复器材属于价格较高的贵重备件，如整机备件、模块、组件单元等，在保障体系内部，一般采用 $(s-1, s)$ 库存对策（也可根据实际情况视情采用批量供应策略），并且申领器材时需要交旧。

供货周期内维修器材需求量的概率分布，一般情况下按正态概率分布来计算，但由于订购点 R 是关于订购量 Q 的非线性函数，在计算过程中需要不断进行迭代才能确定 R 和 Q 的最优估计值，这样会使计算过程变得烦琐。因此，对于故障后可修复维修器材，将供货周期内的需求概率用拉普拉斯分布近似代替，在保证计算结果精度的前提下，不需要进行反复迭代就能够确定 R 和 Q 的最优估计值，使计算过程变得更加简单。

　　设维修器材 j 在保障点 m 的报废率为 $d_{mj}(0 < d_{mj} \leqslant 1)$，向外部供货方采购维修器材的供货周期为 TD_j（从采购订单的下发至到货的时间间隔）。则保障点 m 在供货周期内的需求均值为：

$$E[D_{mj}] = \lambda_{mj} \cdot d_{mj} \cdot \mathrm{TD}_j \qquad (8.6.14)$$

式（8.6.14）中，D_{mj} 为维修器材供货周期内的需求量。设供货周期内维修器材需求量的标准差为 σ_{mj}，采购安全系数为 K_{mj}，则订购点 R_{mj} 可表示为：

$$R_{mj} = k_{mj}\sigma_{mj} + E[D_{mj}] \qquad (8.6.15)$$

式（8.6.15）中，标准差 $\sigma_{mj} = E[D_{mj}]^{1/2}$ 以及需求均值 $E[D_{mj}]$ 在计算时作为已知参数，只要确定最优订购系数 k_{mj}，就可以确定最优订购点。供货周期内维修器材消耗量的拉普拉斯概率分布为：

$$p(x_{mj}) = \left(\sqrt{2}/2\sigma_{mj}\right)\mathrm{e}^{-\frac{\sqrt{2}\left|x_{mj} - E[D_{mj}]\right|}{\sigma_{mj}}} \qquad (8.6.16)$$

　　根据库存平衡方程可以得知：在供货周期内，维修器材库存状态位于 R_{mj} 和 $R_{mj}+Q_{mj}$ 之间，则维修器材短缺数的概率分布函数为：

$$p(\mathrm{BO}_{mj} = y) = \frac{1}{Q_{mj}} \int_{R_{mj}}^{R_{mj}+Q_{mj}} \left(\sqrt{2}/2\sigma_{mj}\right)\mathrm{e}^{-\frac{\sqrt{2}(L + y - E[D_{mj}])}{\sigma_{mj}}}\,\mathrm{d}L \qquad (8.6.17)$$

期望短缺数为：

$$\mathrm{EBO}_{mj} = \int_0^\infty y \cdot p(\mathrm{BO}_{mj} = y)\mathrm{d}y = \frac{\sigma_{mj}^2}{4Q_{mj}}\mathrm{e}^{-\sqrt{2}k_{mj}}(1 - \mathrm{e}^{-\sqrt{2}Q_{mj}/\sigma_{mj}}) \qquad (8.6.18)$$

　　在短缺数指标约束条件下，寻求最优的 R^* 和 Q^* 使维修器材年库存管理费用和订购费用最低。所建立的模型如下：

$$\min \quad \frac{\Omega_{mj}\lambda_{mj}d_{mj}}{Q_{mj}} + c'_{mj}\left[\frac{Q_{mj}+1}{2} + R_{mj} - E[D_{mj}] + \mathrm{EBO}_{mj}\right] \qquad (8.6.19)$$

$$\mathrm{EBO}_{mj} \leqslant B_{mj} \qquad (8.6.20)$$

$$Q_{mj} \leqslant 1, R_{mj} - 1 \qquad (8.6.21)$$

式（8.6.21）中，Ω_{mj} 为维修器材订购费用，c'_{mj} 为年库存管理费用，B_{mj} 为维修器材短缺数指标。将式中的短缺数指标代入式建立 Lagrange 函数，分别对 R_{mj} 和 Q_{mj} 求偏导并令其等于 0，便可以得到订购量和订购点的最优估计值：

$$Q_{mj}^* = \frac{\sigma_{mj}}{\sqrt{2}} + \sqrt{\frac{2\Omega_{mj}\lambda_{mj}d_{mj}}{c'_{mj}} + \frac{\sigma_{mj}}{2}} \qquad (8.6.22)$$

$$R_{mj}^* = -\frac{\sigma_{mj}}{\sqrt{2}} \ln \frac{4Q_{mj}B_{mj}}{\sigma_{mj}^2 (1 - e^{-\sqrt{2}Q_{mj}/\sigma_{mj}})} + E[D_{mj}] \tag{8.6.23}$$

设某基地仓库的维修器材年库存管理费率为 0.05，固定订货费用为 1500 元，规定维修器材短缺数指标不超过 0.1，即 $B_{mj}(\overline{s}) \leqslant 0.1$，维修器材清单及相关参数如表 8-6 所示。其中，维修器材单价与管理费率的乘积为年库存费用。

表 8-6　维修器材清单及相关保障参数

维修器材	年需求率	报废率	年消耗量 / 个	供货周期 / 天	单价 / 元	修复时间 / 天	短缺数指标
LRU$_1$	31.5	0.2	6.3	220	23400	15	0.079
LRU$_2$	15.3	0.3	4.59	220	12000	30	0.076
LRU$_3$	25.8	0.25	6.45	220	45000	30	0.071
LRU$_4$	30.1	0.1	3.01	150	24000	10	0.063
LRU$_5$	30.6	0.2	6.12	150	20000	7	0.084
LRU$_6$	25.5	0.1	2.55	90	1000	15	0.04
LRU$_7$	50.1	0.2	10.0	180	1300	30	0.06
LRU$_8$	10.4	0.05	0.52	180	75000	30	0.024

根据式（8.6.22）和式（8.6.23），可以得到近似拉普拉斯需求分布下的维修器材最优采购方案，与此同时，将该结果与正态需求分布下的结果进行比较，如表 8-7 所示：可以看出，两种情况下的计算结果趋于一致，偏差较小，相比正态需求分布而言，近似拉普拉斯需求分布下的计算过程简单，方法可行。

表 8-7　两种需求分布条件下的结果比较

维修器材	最优采购量 / 个		最优订货点		期望短缺数 / 个		年库存费用 / 元	
	拉普拉斯	正态	拉普拉斯	正态	拉普拉斯	正态	拉普拉斯	正态
LRU$_1$	7	6	6	5	0.027	0.053	9989	8714
LRU$_2$	8	7	4	4	0.030	0.026	5179	5122
LRU$_3$	6	5	7	6	0.017	0.025	18141	15428
LRU$_4$	5	4	2	2	0.023	0.023	6350	6200
LRU$_5$	7	7	3	3	0.058	0.054	7166	7161
LRU$_6$	18	18	1	0	0.005	0.027	919	870
LRU$_7$	32	31	8	5	0.006	0.038	2211	2016
LRU$_8$	1	1	1	1	0.008	0.003	8127	8110

图 8-5 和图 8-6 所示给出了两种情况下维修器材年需求率与订购点、订购量之间的变化曲线。可以看出：近似拉普拉斯需求分布下得到的维修器材采购量和采购点要比正态需求分布下的要高，计算结果较为保守、鲁棒性较强，当维修器材需求率较低时，两种结果偏差很小。

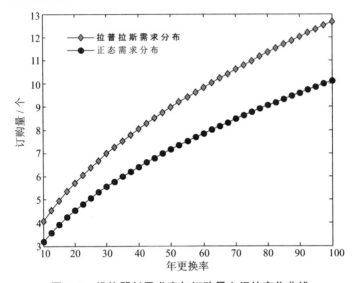

图 8-5 维修器材需求率与订购量之间的变化曲线

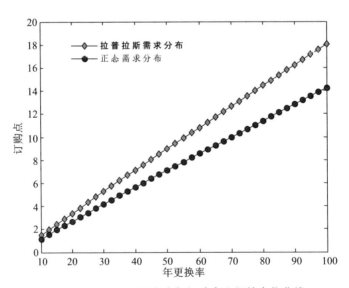

图 8-6 维修器材需求率与订购点之间的变化曲线

Chapter 9

第 9 章 | 面向任务的舰船装备携行器材保障方案优化与评估技术

面向任务的装备携行器材优化是根据给定的任务想定和保障对象,对装备任务期间携带的维修器材资源进行科学合理规划,优化器材保障方案,以满足装备任务需求。在既定的器材保障方案下,装备保障能力受各种条件的约束和影响,如保障模式、任务环境以及装备现场的维修条件等,呈现出明显的动态性和阶段性特征,通过维修器材保障活动分解和过程推演,建立评估模型,能够对装备保障能力进行综合评价,提取影响装备保障能力提高的瓶颈因素,对其进行敏感性分析,通过实时调整器材保障方案以适应新的保障需求。

对此,针对几种典型的舰船任务保障模式,包括:单舰自主保障、编队保障等,对舰船携行器材保障方案进行规划,并构建装备保障能力评估指标体系和基于任务成功性的器材保障方案评估模型。

9.1 自主保障下考虑需求相关的舰船装备可用度建模

在没有伴随保障机构和后方保障支援的情况下,海上舰船单元只能依靠自身的保障力量实行自主保障,在该模式下,舰员级维修能力和维修器材储备能力有限,一般仅局限于对 LRU(现场更换单元)进行独立更换和简单故障的处理。

在非任务情况下,维修器材保障方案规划主要依赖于长期稳态的假设前提,长期意味着永远(无限长),稳态意味着维修器材供需处于平衡状态。在装备任务期间,当维修器材需求率高于供应率时,系统状态将失去平衡,是一种典型的非稳态系统。

9.1.1　考虑需求相关的维修器材状态模型

装备任务期间，同型号的多套设备之间一般形成冷备份状态，而装备中同型号的多个部件之间处于热备份状态，在任务规定的时间内，装备故障将产生维修器材需求，若故障导致装备停机，则在装备停机时间内不会出现新的故障，因此也不会产生新的需求，此称之为装备钝化，或维修器材需求的相关性。令装备中第 j 项部件平均寿命用 MTBF_j 表示，则任一时刻 t，维修器材需求为：

$$\lambda_j(t)=N_j \cdot \frac{1}{\text{MTBF}_j} \cdot A(t-1) \tag{9.1.1}$$

式（9.1.1）中，$A(t-1)$ 为装备在 $t-1$ 时刻的可用度，N_j 为部件 j 在装备中的装机数。

将维修器材稳态库存平衡方程进行拓展，可以得到任意时刻 t 维修器材库存平衡方程为：

$$s=\text{OH}(t)+\text{DI}(t)-\text{BO}(t) \tag{9.1.2}$$

式（9.1.2）中，$\text{OH}(t)$ 为 t 时刻现有库存数，$\text{DI}(t)$ 为 t 时刻处于正在修理或待补给数量，$\text{BO}(t)$ 为 t 时刻维修器材短缺数量。

在 t 时刻，维修器材供应周转数量主要由在修和舰员级不能修理的故障件组成，其中：正在修理的维修器材会在未来某一时间通过修复后作为新的备件使用，不可修故障件则会在任务期间不断积累增加，待任务结束后才能进行补充。

设 $P_j(r,t)$ 表示故障件 j 在 r 时刻开始进行修理，在 t 时刻仍未修好的概率，TR_j 表示故障件 j 的平均维修时间，根据动态帕尔姆定理，$P_j(r,t)$ 服从均值为 $1/\text{TR}_j$ 的指数分布[51-52]：

$$P_j(r,t)=\text{e}^{-(t-r)/TR_j} \tag{9.1.3}$$

则 t 时刻故障件 j 在修数量期望值为

$$E\left[\text{RP}_j(t)\right]=\int_0^t P_j(s,t)\lambda_j(s) \cdot r_j \text{d}s \tag{9.1.4}$$

式中，r_j 为故障件 j 的修复概率。式（9.1.4）是正在修理的维修器材数量的通用计算式，一般情况下，修理时间取常数，则故障件在 r 时刻开始修理，t 时刻仍然在修的概率为：

$$P_j(r,t)=\begin{cases} 1 & r+\text{TR}_j \geqslant t \\ 0 & r+\text{TR}_j < t \end{cases} \tag{9.1.5}$$

t 时刻在修故障件数量为：

$$E\left[\text{RP}_j(t)\right]=\int_{\max(t-TR_j,0)}^t \lambda_j(s) \cdot r_j \text{d}s \tag{9.1.6}$$

对于不可修器材，t 时刻累积的故障件数量为

$$E\left[\mathrm{NRP}_j(t)\right]=\int_0^t \lambda_j(s)\cdot(1-r_j)\,\mathrm{d}s \tag{9.1.7}$$

令 t 时刻维修器材需求服从泊松分布，则在修和不可修故障件数量均服从泊松分布，因此，t 时刻维修器材供应周转量均值为：

$$E\left[X_j(t)\right]=E\left[\mathrm{RP}_j(t)\right]+E\left[\mathrm{NRP}_j(t)\right] \tag{9.1.8}$$

9.1.2　非稳态条件下的装备可用度计算模型

任务期间，换件维修模式下的更换时间可忽略不计，t 时刻，舰员级储备的器材若不能满足维修需求，则发生一次短缺，在自主保障模式下，短缺时间将一直持续到故障件被修复，若故障件不能修复且没有库存的情况下，短缺时间将一直持续到任务结束。

令 t 时刻，舰船 l 维修器材 LRU_j 的储备量为 s_{lj}，根据短缺数的定义

$$B(x\mid s,t)=\begin{cases}(x-s), & x>s \\ 0, & x\leqslant s\end{cases} \tag{9.1.9}$$

式（9.1.9）中，x 为维修器材需求量，s 为舰员级维修器材储备量。则 t 时刻维修器材 j 的期望短缺数计算式为

$$\begin{aligned}\mathrm{EBO}_j(t)&=1\cdot Pr_j\{x=s+1,t\}+2\cdot Pr_j\{x=s+2,t\}+\cdots\\&=\sum_{x=s+1}^{\infty}(x-s)\cdot Pr_j\{x,t\}\end{aligned} \tag{9.1.10}$$

式（9.1.10）中，$Pr_j\{x,t\}$ 为维修器材 j 供应周转量为 x 的概率分布函数。

维修器材短缺数方差计算式为

$$\mathrm{VBO}_j(t)=[\mathrm{EBO}_j(t)]^2-[\mathrm{EBO}_j(t)]^2 \tag{9.1.11}$$

对于概率分布函数 $Pr_j\{x,t\}$，当 $E[X_j(t)]=V[X_j(t)]$ 时，$Pr_j\{x,t\}$ 服从泊松分布；当 $E[X_j(t)]<V[X_j(t)]$ 时，$Pr_j\{x,t\}$ 可近似为负二项分布；当 $E[X_j(t)]>V[X_j(t)]$ 时，$Pr_j\{x,t\}$ 近似为二项分布。

在非稳态条件下，装备可用度是在某一段时间内可用度的均值，因此，需要计算该时段内任意时刻的装备可用度。

对于串联系统，0-t 时间段内装备第 j 个部件单元的可用度为：

$$A_j(t)=\frac{1}{t}\int_0^t\left[1-\mathrm{EBO}(s_j,t)/N_j\right]^{N_j}\cdot\mathrm{d}t \tag{9.1.12}$$

对于冗余系统，若 t 时刻第 j 个部件最小工作数为 k_j，则第 j 个部件构成的冗余结构单元可用度为

$$G_j\left(x \leqslant N_j - k_j, t\right) = \sum_{x=0}^{N_j - k_j} \mathrm{BO}_j(x, t) \quad\quad （9.1.13）$$

则 t 时刻装备可用度为：

$$A(t) = \prod_j \frac{1}{t} \int_0^t G_j\left(x \leqslant N_j - k_j, t\right) \cdot \mathrm{d}t \quad\quad （9.1.14）$$

设装备所属的 3 个部件单元进行分析，相关信息如表 9-1 所示，采用解析方法和仿真的方法对装备任务可用度进行评估。

表 9-1　装备部组件参数

部组件	MTBF/h	装机数	最小工作数
LRU_1	600	1	1
LRU_2	600	2	2
LRU_3	600	3	3

根据维修器材保障流程，采用基于离散事件的 Monte Carlo 方法构建仿真模型体系。可将保障过程分为三类事件：故障件修理、维修器材入库、故障件更换。其仿真流程如图 9-1 所示，仿真次数设置为 500。

采用解析法和仿真法计算得到的可用度结果如表 9-2 所示。从表中数据结果可知，在考虑维修器材需求相关性时，计算得到的可用度结果与仿真结果相对误差较小。

表 9-2　不同方法计算得到的可用度结果

备件	数量	仿真值	不考虑需求相关性		考虑需求相关性	
			解析值	误差	解析值	误差
LRU_1	0	0.530	0.415	21.7%	0.55	3.8%
LRU_2	1	0.590	0.490	16.9%	0.58	1.7%
LRU_3	2	0.610	0.505	17.2%	0.60	1.6%

9.2　基于单舰自主保障的携行维修器材配置优化

舰船出航执行任务期间，随舰携行的维修器材受舰员级携带能力及存储条件的限制，因此，需要综合考虑各项非经济性因素，如维修器材质量、体积、数量规模等 [53-57]，因此，执行海上任务期间的舰船携行维修器材方案的确定会涉及多个约束条件。

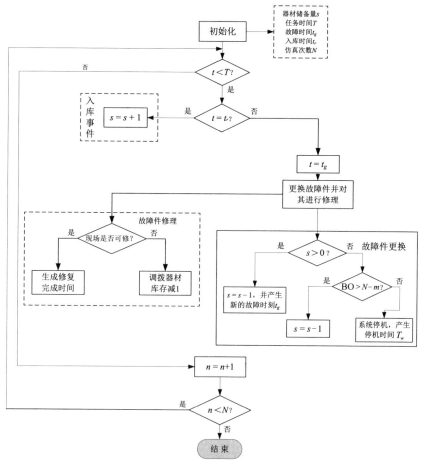

图 9-1　维修器材保障仿真流程

9.2.1　多约束下单舰携行维修器材配置模型

建模的基本思路是在维修器材费效比分析的基础上，通过引入拉格朗日乘子，将维修器材的单位质量和单位体积约束转化为费用约束，通过调整约束指标和拉格朗日系数，对各项指标进行权衡，在满足设定的所有约束条件下，使携行维修器材配置方案达到最优。在装备可用度、维修器材质量、体积的约束下，所建立的携行维修器材配置模型如式（9.2.1）～式（9.2.4）所示，其中目标函数为：

$$\min C = \sum_{j=1}^{J} c_j s_j \qquad (9.2.1)$$

约束条件为：

$$A = \prod_{j \in \text{Inden}(1)} \left[1 - \text{EBO}(s_j \mid X_j) / (Z_j N) \right]^{Z_j} \geqslant A_0 \qquad (9.2.2)$$

$$\sum_{j=1}^{J} s_j m_j \leqslant M_0 \qquad (9.2.3)$$

$$\sum_{j=1}^{J} s_j v_j \leqslant V_0 \qquad (9.2.4)$$

式（9.2.4）中，j 表示维修器材项目编号、s_j 为维修器材 j 的配置量、c_j 为维修器材 j 的购置费用；式（9.2.2）表示装备可用度约束条件，A_0 为设定的可用度约束指标，EBO 表示维修器材期望短缺数，Z_j 表示维修器材 j 的单装数量，N 表示装备装舰数量；式（9.2.3）表示维修器材质量约束条件，m_j 表示第 j 项维修器材的单位质量，M_0 为携行维修器材的总质量约束指标；式（9.2.4）表示维修器材体积约束条件，v_j 表示第 j 项维修器材的单位体积，V_0 为携行维修器材总体积约束指标。

9.2.2 模型求解方法

通过引入拉格朗日乘子，将维修器材费用、质量、体积统一转化为维修器材总规模约束[58-62]：

$$r_j = c_j + \lambda_m m_j + \lambda_v v_j \qquad (9.2.5)$$

式中，λ_m 为质量因子，λ_v 为体积因子。当 $\lambda_m = \lambda_v = 0$ 时，规模约束条件中只考虑费用。当 λ_m 及 λ_v 不为零时，可通过拉格朗日约束因子 λ_m 及 λ_v，将维修器材费用、质量、体积统一转化为规模约束 r_j 后，可将式（9.2.2）写为：

$$A(r_1, r_2, \cdots, r_j, \cdots) = \prod_{j \in \text{Inden}(1)} A_j(r_j) = \prod_{j \in \text{Inden}(1)} \left[1 - \text{EBO}(r_j) / (Z_j N) \right]^{Z_j} \qquad (9.2.6)$$

令当前维修器材组合为 $r = (r_1, r_2, \cdots, r_j, \cdots, r_J)$，在此基础上，增加一个维修器材项目 j 后的组合为 $r' = (r_1, r_2, \cdots, r'_j, \cdots, r_J)$，对式（9.2.6）等号两段取对数可得：

$$
\begin{aligned}
\Delta A &= \ln A(r_1, r_2, \cdots, r'_j, \cdots, r_J) - \ln A(r_1, r_2, \cdots, r_j, \cdots, r_J) \\
&= Z_j \ln\left(1 - \frac{\text{EBO}(r'_j)}{Z_j N}\right) + \sum_{j \in \text{Inden}(1), j \notin r'} Z_j \ln\left(1 - \frac{\text{EBO}(r_j)}{Z_j N}\right) \\
&\quad - Z_j \ln\left(1 - \frac{\text{EBO}(r_j)}{Z_j N}\right) - \sum_{j \in \text{Inden}(1), j \notin r'} Z_j \ln\left(1 - \frac{\text{EBO}(r_j)}{Z_j N}\right) \\
&= \ln A(r'_j) - \ln A(r_j)
\end{aligned}
\qquad (9.2.7)
$$

根据边际优化算法在每一轮迭代过程中得到的装备可用度增量除以维修器材总规模[63-64]，得到边际效应值 δ：

$$\Delta A = \frac{\ln A(r_j') - \ln A(r_j)}{r_j' - r_j} \tag{9.2.8}$$

通过比较算法迭代过程中各项备件的边际效应值 δ_j，将最大值 $\max(\delta_j)$ 所对应的维修器材项目增加 1 个，依此循环，直到满足所有规定的指标约束条件后，算法结束。

9.2.3 初始约束因子的确定及动态更新策略

针对多约束下的优化策略问题，一般是通过引入拉格朗日因子来设定各项约束条件的权系数，但各指标值之间不处于同一个量纲范围，增加了确定初始约束因子的难度，并且在优化过程中，约束因子会随着算法迭代过程进行数值更新，因此，需要寻求合理的方法确定初始约束因子及其动态更新策略。记初始质量因子为 λ_{m0}，初始体积因子为 λ_{v0}，其确定方法如下：

（1）在不考虑维修器材质量和体积约束时，通过边际优化计算得到一组维修器材携行配置方案 s_0，$s_0 = (s_1, s_2, \cdots, s_J)$；

（2）在方案 s_0 的基础上，计算该方案所对应的维修器材总费用、总质量和总体积，分别记为 $C(s_0)$、$M(s_0)$ 和 $V(s_0)$；

（3）根据计算得到的 $C(s_0)$、$M(s_0)$ 和 $V(s_0)$ 来确定初始因子，其确定方法如下：

$$\lambda_{m0} = C(s_0)/M(s_0) \tag{9.2.9}$$

$$\lambda_{v0} = C(s_0)/V(s_0) \tag{9.2.10}$$

确定初始因子 λ_{m0} 和 λ_{v0} 后，计算得到另一组携行维修器材配置方案，记为 s，$s = (s_1, s_2, \cdots, s_J)$。若该方案所对应的维修器材总质量超过了规定的指标时，需要增加 λ_m 的值，同理，若对应的维修器材总体积超过了设定的指标时，则需要增加 λ_v 的值。其增量的确定方法为：

$$\Delta \lambda_m = \frac{M(s) - M_0}{M_0} \cdot \lambda_{m0} \tag{9.2.11}$$

$$\Delta \lambda_v = \frac{V(s) - V_0}{V_0} \cdot \lambda_{v0} \tag{9.2.12}$$

式（9.2.12）中，M_0 和 V_0 分别为设定的约束指标。若得到的携行维修器材方案所对应的质量或体积仍然超过了设定的约束条件时，可在当前 λ_m 和 λ_v 的基础上，通过式（9.2.11）和式（9.2.12）对其数值进行调整。

在既定的费用、质量和体积约束下，可能会出现一种特殊的情况，即无论怎样

调整因子 λ_m 和 λ_v，都不能得到一组满足所有约束条件的解，在此情况下，需要重新设定条件[65-67]，可适当降低可用度指标 A_0，或增加质量指标 M_0 和体积指标 V_0。

9.3 基于编队自主保障的携行维修器材动态优化

舰船编队出航，可以成立海上保障单元（伴随保障船）对编队内各舰船进行器材保障，对于组成结构复杂、集成度较高的装备，如舰船动力装置、雷达阵面等，一般采用冗余结构设计，用以满足系统任务可靠性指标。考虑冗余系统任务剖面对携行维修器材及系统任务成功概率的影响，需要开展基于编队自主保障模式下的携行维修器材优化研究。

9.3.1 基于等效寿命的冗余设备维修器材需求率

伴随保障船（保障单元）对装备故障件具有一定的维修能力，修复后的故障件可作为新的器材进行轮换使用。按照装备层次结构，可将装备部组件分为现场更换单元（Line Replaceable Unit, LRU）和车间更换单元（Shop Replaceable Unit, SRU）。

令 $i=1,2,\cdots,I$，表示编队内舰船单元编号；$i=0$ 表示随编队出航的伴随保障船；$j=1,2,\cdots,J$，表示维修器材项目编号，T 表示任务周期，$t(t \in T)$ 表示任务阶段（$t=1,2,\cdots$）。对于冗余结构部件，可采用一种等效寿命件的方法将其视为单部件来处理。

若 LRU_j 在系统中形成冗余结构，将其等效为单部件用 LRU_j^* 表示，其等效后的物理结构如图 9-2 所示，N_j 表示 LRU_j 安装数量，K_j 表示系统正常工作所要求的 LRU_j 完好数量。

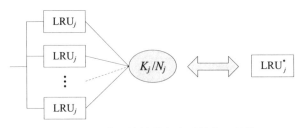

图 9-2 冗余系统等效寿命后的物理结构

则等效后 LRU_j^* 在 t 时刻的寿命值为[68-71]：

$$\text{MTBF}_j^*(t)=\text{MTBF}_j \cdot \sum_{i=0}^{N_{ij}-K_{ij}(t)} \frac{1}{N_{ij}-i} \qquad (9.3.1)$$

式（9.3.1）中，$K_{ij}(t)$ 表示在 t 时刻，确保舰船单元 i 正常工作所需 LRU_j 完好数量，$K_{ij}(t)$ 会随任务阶段 t 而变化；N_{ij} 为 LRU_j 的冗余数量；MTBF_j 为单个 LRU_j 的平均故障间隔时间。

式（9.3.1）的物理含义是将多个 LRU_j 部件构成的冗余结构系统寿命值等效为单个部件（用 LRU_j^* 表示）来处理，例如：当 $N_{ij}=K_{ij}=3$ 时，表示 3 个 LRU_j 部件形成串联关系，任何一个 LRU_j 故障都将导致系统失效，则等效后的寿命值为 $\text{MTBF}_j^* = \text{MTBF}_j/3$；当 $N_{ij}=3$，$K_{ij}=2$ 时，表示 3 个 LRU_j 中至少 2 个完好才能保证系统正常运行，则等效后的寿命值为 $\text{MTBF}_j^* = 5\text{MTBF}_j/6$；当 $N_{ij}=3$，$K_{ij}=1$ 时，表示 3 个 LRU_j 形成并联关系，只要 1 个完好就能保证系统正常运行，则等效后的寿命值为 $\text{MTBF}_j^* = 11\text{MTBF}_j/6$。

令 Inden (j) 表示部件 j 在系统中的层级数，对于第一层级部件 LRU_j，即 Inden $(j)=1$，舰船单元 i 在 t 时刻的需求率为：

$$\lambda_{ij}(t)=\frac{\text{DC}_j \cdot \text{HW}_m(t)}{\text{MTBF}_j^*(t)} \qquad (9.3.2)$$

式（9.3.2）中，DC_j 表示占空比，$\text{HW}_m(t)$ 为系统在任务阶段 t 时刻的累积工作强度。当 Inden $(j)>1$ 时，表示 LRU 子部件 SRU，则基本作战单元在 t 时刻对部件 j 的需求率为：

$$\lambda_{ij}(t)=\lambda_{i,\text{Aub}(j)}(t) \cdot (1-\text{NR}_{i,\text{Aub}(j)}) \cdot q_{ij} \qquad (9.3.3)$$

式（9.3.3）中，Aub (j) 表示 j 的母体组件，$\text{NR}_{i,\text{Aub}(j)}$ 为舰船单元 i 不能对故障件 j 的母体进行修复的概率，q_{ij} 为部件 j 的故障隔离概率。

对于伴随保障船 i（$i=0$），其维修器材需求率包括两项：一是其所保障的舰船单元不能完成故障件修理的数量之和，该部分需要送到本级进行修理；二是伴随保障船本级对故障件 j 的母体 Aub (j) 进行修理时而产生对 j 的需求，则：

$$\lambda_{ij}(t)=\sum_{i\neq0}\lambda_{ij}(t) \cdot \text{NR}_{ij}+\lambda_{i,\text{Aub}(j)}(t) \cdot (1-\text{NR}_{ij}) \cdot q_{ij} \qquad (9.3.4)$$

等效后的 LRU_j^* 平均维修时间 MTTR_j^*、单价 C_j^* 及体积 V_j^* 分别为：

$$\text{MTTR}_j^* = \frac{\int_0^T \left(N_{ij} - K_{ij}(t) + 1 \right) \mathrm{d}t}{T} \cdot \text{MTTR}_j$$

$$C_j^* = \frac{\int_0^T \left(N_{ij} - K_{ij}(t) + 1 \right) \mathrm{d}t}{T} \cdot C_j \qquad (9.3.5)$$

$$V_j^* = \frac{\int_0^T \left(N_{ij} - K_{ij}(t) + 1 \right) \mathrm{d}t}{T} \cdot V_j$$

式（9.3.5）中，$K_{ij}(t)$ 表示 t 时刻，确保舰船单元 i 装备正常工作所需 LRU$_j$ 完好数量；N_{ij} 为 LRU$_j$ 的冗余数量；MTTR$_j$、C_j、V_j 分别表示冗余系统中 LRU$_j$ 单部件的平均维修时间、单价和体积。由于 LRU 属现场更换单元，因此不考虑其所属的 SRU 冗余，等效后 SRU 的计算方法与 LRU 类似。

9.3.2 任务周期内维修器材动态供应模型

设 PK$_j$（r,t）为故障件 j 在 r 时刻开始进行修理，在 t 时刻仍未修好的概率，MTTR$_j$ 表示舰船单元 i 故障件 j 的平均维修时间。根据动态帕尔姆定理，PK$_j$（r,t）服从均值为 1/MTTR$_j$ 的指数分布：

$$\text{PK}_j(r,t) = \mathrm{e}^{-\frac{t-r}{\text{MTTR}_j}} \qquad (9.3.6)$$

t 时刻，故障件 j 在修数量服从均值为 $E[\text{XR}_{ij}(t)]$ 的泊松分布，即：

$$E\left[\text{XR}_{ij}(t)\right] = \int_0^t \left[\lambda_{ij}(r) \cdot \left(1 - \text{NR}_{ij}\right) \text{PK}_j(r,t) \right] \mathrm{d}r \qquad (9.3.7)$$

令 OT$_{ij}$ 为维修器材从伴随保障船到舰船单元的供应时间，则在 t 时刻，正在补给的维修器材数量服从均值为 $E[\text{XS}_{ij}(t)]$ 的泊松分布，即：

$$E\left[\text{XS}_{ij}(t)\right] = \int_{t-\text{OT}_{ij}}^t \lambda_{ij}(t) \cdot \text{NR}_{ij} \mathrm{d}t \qquad (9.3.8)$$

对故障件 j 进行修理时，会因等待其子部件 k（$k \in \text{Sub}(j)$）维修会造成故障件 j 修理延误，该部分可用故障件 j 所属子部件 k 短缺数之和来近似。则在 t 时刻，故障件 j 修理延误数量期望值 $E[\text{DR}_{ij}(t)]$ 为：

$$E\left[\text{DR}_{ij}(t)\right] = \sum_{k \in \text{Sub}(j)} h_{ik}(t) \cdot \text{EBO}_{ik}(s_{ik}, t) \qquad (9.3.9)$$

式（9.3.9）中，$k \in \text{Sub}(j)$ 表示 j 的子部件集合；$\text{EBO}_{ik}(s_{ik},t)$ 表示 t 时刻，维修器材配置量为 S_{ik} 时的期望短缺数；$h_{ik}(t)$ 为维修延误短缺数分配比例因子，其计算方法为：

$$h_{ik}(t) = \frac{\lambda_{ij}(t) \cdot \left(1 - \mathrm{NR}_{ij}\right) \cdot q_{ik}}{\lambda_{i,\mathrm{Sub}(j)}(t)} \tag{9.3.10}$$

式（9.3.10）中，$\lambda_{i,\mathrm{Sub}(j)}(t)$ 表示 t 时刻，j 的子部件 k 需求率；q_{ik} 为子部件 k 的故障隔离概率。当子部件 k 发生短缺时，其短缺总数会以比例因子 h_{ik} 造成故障件 j 修理延误，该短缺总数分布概率服从二项分布。因此，故障件 j 修理延误数量方差为：

$$V\left[\mathrm{DR}_{ij}(t)\right] = \sum_{k \in \mathrm{Sub}(j)} \Big[h_{ik}^2(t) \cdot \mathrm{VBO}_{ik}(s_{ik}, t) \\ + h_{ik}(t) \cdot \left(1 - h_{ik}(t)\right) \cdot \mathrm{VBO}_{ik}(s_{ik}, t) \Big] \tag{9.3.11}$$

式（9.3.11）中，$\mathrm{VBO}_{ik}(S_{ik}, t)$ 表示 t 时刻，维修器材配置量为 s_{ik} 时的短缺数方差。

不考虑外部补给，则对伴随保障船补给的维修器材数量为 0。对于舰船单元 i，在 t 时刻，维修器材 j 补给延误数量期望值 $E[\mathrm{DS}_{ij}(t)]$ 为：

$$E\left[\mathrm{DS}_{ij}(t)\right] = f_{ij}(t \cdot \mathrm{EBO}_{0j}(s_{0j}, t) \tag{9.3.12}$$

式（9.3.12）中，$\mathrm{EBO}_{0j}(s_{0j}, t)$ 表示 t 时刻，维修器材配置量为 s_{0j} 时的期望短缺数；同理，$f_{ij}(t)$ 为维修器材补给延误短缺数分配比例因子，其计算方法为：

$$f_{ij}(t) = \frac{\lambda_{ij}(t) \cdot \mathrm{NR}_{ij}}{\lambda_{0j}(t)} \tag{9.3.13}$$

式（9.3.13）中，$\lambda_{0j}(t)$ 表示 t 时刻，伴随保障船对维修器材 j 的需求率。当伴随保障船发生维修器材短缺时，对舰船单元 i 以比例因子 $f_{ij}(t)$ 造成维修器材补给延误，该短缺数概率服从二项分布[72-74]。因此，维修器材补给延误数量方差 $V[\mathrm{DS}_{ij}(t)]$ 为：

$$V\left[\mathrm{DS}_{ij}(t)\right] = f_{ij}^2(t) \cdot \mathrm{VBO}_{0j}(s_{0j}, t) + \\ f_{ij}(t) \cdot \left(1 - f_{ij}(t)\right) \cdot \mathrm{EBO}_{0j}(s_{0j}, t) \tag{9.3.14}$$

式（9.3.14）中，$\mathrm{VBO}_{0j}(s_{0j}, t)$ 表示 t 时刻，维修器材配置量为 s_{0j} 时的短缺数方差。

维修器材供应周转量主要由在修数量、补给数量、修理延误数量以及补给延误数量四部分构成。则 t 时刻，维修器材供应周转量均值 $E[X_{ij}(t)]$，方差为 $V[X_{ij}(t)]$ 分别为：

$$E\left[X_{ij}(t)\right] = E\left[\mathrm{XR}_{ij}(t)\right] + E\left[\mathrm{XS}_{ij}(t)\right] + \\ E\left[\mathrm{DR}_{ij}(t)\right] + E\left[\mathrm{DS}_{ij}(t)\right] \tag{9.3.15}$$

$$V\left[X_{ij}(t)\right] = E\left[\mathrm{XR}_{ij}(t)\right] + E\left[\mathrm{XS}_{ij}(t)\right] + \\ V\left[\mathrm{DR}_{ij}(t)\right] + V\left[\mathrm{DS}_{ij}(t)\right] \tag{9.3.16}$$

9.3.3 编队携行维修器材动态配置优化模型

令 t 时刻，舰船单元 i 维修器材 j 的期望短缺数为 $\mathrm{EBO}_{ij}(s_{ij},t)$，短缺数方差为 $\mathrm{VBO}_{ij}(s_{ij},t)$，则：

$$\mathrm{EBO}_{ij}(s_{ij},t)=\sum_{X_{ij}=s_{ij}+1}^{\infty}(X_{ij}-s_{mj})\cdot p\left(X_{ij}(t)\right) \tag{9.3.17}$$

$$\mathrm{VBO}_{ij}(s_{ij},t)=E[\mathrm{BO}_{ij}]^2-[\mathrm{EBO}_{ij}]^2 \tag{9.3.18}$$

$$E[\mathrm{BO}_{ij}]^2=\sum_{X_{ij}=s_{ij}+1}^{\infty}(X_{ij}-s_{ij})^2\cdot p\left(X_{ij}(t)\right) \tag{9.3.19}$$

式（9.3.19）中，$p(X_{ij})$ 表示维修器材供应周转量概率分布函数。令舰船单元 i 中第 z 个装备在 t 时刻完成任务的概率为 $\rho_{iz}(t)$，可用度为 $A_{iz}(t)$，定义：

$$\rho_{iz}(t)=\begin{cases}A_{iz}(t) & z\in\mathrm{Mission}(t,z)\\ 1 & z\notin\mathrm{Mission}(t,z)\end{cases} \tag{9.3.20}$$

式（9.3.20）中，$\mathrm{Mission}(t,z)$ 表示 t 时刻，完成任务所需要的设备集合。令舰船单元 i 在 t 时刻完成任务的概率为 $\rho_i(t)$，则 t 时刻整个编队任务成功概率 $\rho_s(t)$ 为：

$$\rho_s(t)=\prod_{i=1}^{I}\prod_{z=1}^{Z}\rho_{iz}(t) \tag{9.3.21}$$

通过等效寿命转换的方法，可将系统中的冗余结构等效为串联结构，因此，舰船单元 i 装备 z 在 t 时刻可用度为

$$A_{iz}(t)=\prod_{j\in(\mathrm{Inden}(j)=1)}\left[1-\mathrm{EBO}(s_{ij},t)\right] \tag{9.3.22}$$

式（9.3.22）中，$j\in(\mathrm{Inden}(j)=1)$ 表示装备 z 中 LRU 集合。

考虑到编队携行能力和存储空间的限制，将装备可用度、携行维修器材总质量和总体积作为约束条件。因此，构建的编队携行维修器材动态配置优化模型如下：

$$\begin{cases}\min C=\displaystyle\sum_{i=0}^{I}\sum_{j=1}^{J}c_j s_{ij}\\ s.t.\min(\rho_s(t))\geqslant\rho_0\\ \displaystyle\sum_{i=0}^{I}\sum_{j=1}^{J}s_{ij}m_j\leqslant M_0\\ \displaystyle\sum_{i=0}^{I}\sum_{j=1}^{J}s_{ij}v_j\leqslant V_0\end{cases} \tag{9.3.23}$$

式（9.3.23）中，s_{ij} 为维修器材携行量；$i=0$ 表示伴随保障船；$i\neq0$ 表示舰船单元；c_j 为维修器材费用；ρ_0 为规定的任务成功概率指标；m_j 表示维修器材 j 的质量，M_0 表示质量约束指标；v_j 表示维修器材 j 的体积，V_0 为体积约束指标。

9.4　舰船装备维修保障过程建模

舰船装备维修保障需求包含了不同装备类型的修理需求，并且保障系统在结构特征上具有层次化特点。这种层次性使得保障系统的各个保障级别的业务处理具有较强的相似性。例如各个保障级别的业务处理流程可以包括以下几个基本处理步骤事件：维修器材到货、仓库器材出入库、器材申请、器材运输、器材交付、故障件修理、修复的故障件再存储等。在各个保障级别的业务处理中，这些事件在动作上具有并发、顺序性、持续性和离散性。各保障级别之间也存在着自下而上的器材申领业务流，以及自上而下的器材供应流。

对于以上这些特征的离散事件业务过程，Petri 网作为一种建模工具已经被广泛用于描述这类离散事件动态模型，它有图形化表达的形式语义，有严格的数学定义和精确的语法和语义定义，而且表达方式比较直观易懂，是有效的图形分析工具，能够较好地描述具体分布、并发和异步、并行、资源共享、不确定和随机特征的复杂系统。

而同时具有这些特征的舰船装备维修保障系统，是非常适合采用 Petri 网来进行建模分析。通过分析可知，保障系统是由很多相互作用的子系统和子模块组成的复杂的离散事件动态系统。如果单纯地利用普通 Petri 网描述，存在着系统模型描述非常庞大复杂的问题。因此，通过引入高级的层次赋时着色 Petri 网（Hierarchy Timed Colored Petri Net，HTCPN）技术进行建模。通过构建复杂变迁以便从复杂的主 Petri 网中划分出子网对系统建模，从而简化主 Petri 网，力图在体现系统构造及运行流程的同时，降低系统建模的复杂性，使模型变得直观、简单，并有利于模型分析和仿真实现。

9.4.1　层次赋时着色 Petri 网概述

由于普通 Petri 描述复杂系统的状态空间爆炸、可重用性差等，对其有必要进行扩展，其中：

（1）在 Petri 网上加以时间概念（如将时间概念加在库所或者变迁上），就成为赋时 Petri 网。本文中，时间概念加在变迁上，可以为其加入时钟触发器和最大延迟时间。

（2）在 Petri 网络中进行层次性扩展，使其具有层次性（如层次化概念加在库所或者变迁上），层次扩展后的 Petri 网有父模型和子模型之分，并成为层次 Petri 网。父模型可以在较高的层次上描述业务过程，而子模型则可以在较低的层次上描述业务过程的细节。因此，将变迁按系统层次划分为两种：基本变迁和子网变迁。基本变迁表示原子任务，子网变迁表示复合任务，具有内部结构、行为和状态。在基本 Petri 网基础上为子网模型增加 BEGIN 和 END 两个库所和初始变迁 Tin 与终止变迁 Tf 两个瞬时变迁（执行时间为零）。BEGIN 库所表示子网的开始，END 库所表示子网结束。将子网代替子网变迁时只需找到子网的初始变迁 Tin 和终止变迁 Tf 这两个变迁之间的 Petri 网，就能够代替上一层 Petri 网中相应的等待细化的子网变迁。

（3）在 Petri 网中引入颜色概念，着色扩展主要体现在托肯对象上，使得库所和变迁能表示同一种类的对象和变化，而此网就成为着色 Petri 网。着色网不仅能减轻 Petri 网空间爆炸，使模型简化，而且简单易用，丰富了其表达能力。着色网中托肯表示不同的值，不同颜色的托肯代表不同的实体（如维修人员、器材、设备）。变迁激发依赖托肯的值，而托肯又由变迁改变，通过着色网可以表示不同类型的值的变化情况。

赋时 Petri 网、层次 Petri 网和着色 Petri 网三者合并，即形成更高级的、描述性能更强的层次赋时着色 Petri 网，简称 HTCPN。这里给出 HTCPN 的扩展形式化定义。

一个 HTCPN 是一个多元组，$\text{HTCPN} = (S,SN,SA,PN,PT,PA,FS,FT,PP,r_0,C)$，其中：

S 是页（pages）的有限集合，其中对于每一页 $s \in S$ 是一个非层次的时间着色 Petri 网 TCPN；$SN \subseteq T$ 是层次变迁（substitution nodes）的集合；SA 是页分配函数（page assignment function），是从 SN 定义到 S 的函数，而且任何页不是自身页的子页；$PN \in P$ 是端口节点（port node）的集合；PT 是端口类型（port type）函数，是从 PN 定义到 {in, out, i/o, general} 的函数；PA 是端口分配函数（port assignment function）；$FS \subseteq P_s$ 是一个有限联合集（fusion type function）；FT 是联合类型函数（fusion type function），是从联合集定义到 {global, page, instance} 的函数；PP 是根页（prime page）的多元集合；R 是一系列时间标识；r_0 为初始时间，$r_0 \in R$；C 是颜色集合，对一个库所来讲，$C(P) = \{a_{i,1}, \cdots, a_{i,ui}\}$，$u_i = |C(p_i)|$，$i = 1, \cdots, n$。

用 HTCPN 来建立舰船装备维修保障系统模型的好处是可以用其层次性实现简

捷层次化的建模，用其时间特性弥补 Petri 网性能分析的不足，用颜色来区别资源的不同。

9.4.2　基于 HTCPN 的保障系统模型

通过从舰船装备维修保障系统的功能结构以及基于 HTCPN 描述的系统建模思路分析，可以认为系统模型主要由四层模型构成，分别是舰船装备保障顶层模型，以及保障系统内部的维修供应模型、各个级别业务处理模型、保障活动操作模块三层子网模型。

1. 顶层模型

根据舰船装备保障流程，保障顶层模型如图 9-3 所示

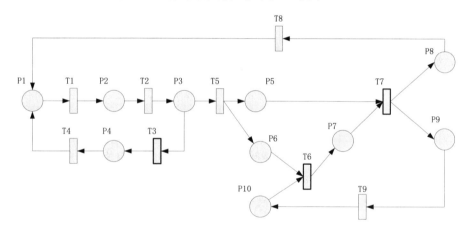

图 9-3　基于 Petri 网的舰船装备保障顶层模型

表 9-3 定义了模型中的各库所及其变迁的意义。

表 9-3　舰船装备保障系统的主 Petri 网各库所和变迁的意义

库所	意义	变迁	意义
P1	装备正常	T1	装备发生故障
P2	装备故障	T2	故障信息采集及故障分析
P3	经过舰员级检测的故障设备	T3	舰员级对故障设备进行原位修复
P4	原位修复的设备	T4	装配

库所	意义	变迁	意义
P5	等待换件修理的故障设备	T5	提出换件修理申请
P6	器材申请订单	T6	维修供应及保障过程
P7	器材到货	T7	舰员级换件修理
P8	换件修复的故障设备	T8	装配
P9	更换下的故障件	T9	故障件维修级别分析
P10	故障件修复		

图 9-3 中，T6 是一个保障系统层的维修供应过程的子网变迁，T3、T7 分别是保障操作层的表示原件修理和换件修理活动的子网变迁。当装备发生故障后，通过故障分析和监测，将进入维修过程，即原件修理和换件修理两部分。在这两类活动中，将涉及维修人员、维修器材的动用申请、等待和使用。对于器材申请和换件后故障件送修等业务，将进入维修供应过程，修复后的故障件进行装配返回部队。另外，经过维修级别分析后，没有修复价值的故障件进行报废处理，因为这种情况比较简单，而且不会影响主网模型的描述，因此，此处没有考虑报废。

2. 维修供应模型

维修供应过程主要是对器材订单申请、器材供应和故障件修理的业务处理，分别涉及了舰员级、中继级、基地级保障子系统的业务功能。其模型如图 9-4 所示，表 9-4 定义了模型中的各库所及其变迁的意义。

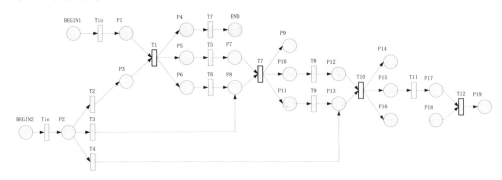

图 9-4　基于 Petri 网的维修供应模型

表 9-4　维修供应主 Petri 网各库所和变迁的意义

库所	意义	变迁	意义
P1	申请的维修器材到货	T1	舰员级保障系统业务处理
P2	待修故障件	T2	运送故障件至舰员级
P3	到达舰员级的故障件	T3	运送故障件至中继级
P4	到达换件现场的器材	T4	运送故障件至基地级
P5	向中继级提交的器材订单	T5	发送订单至中继级
P6	向中继级送修的故障件	T6	运送故障件至中继级
P7	到达中继级的舰员级订单	T7	中继级保障系统业务处理
P8	到达中继级的故障件	T8	传输订单至基地级
P9	舰员级器材订单被满足	T9	运送故障件至基地级
P10	向基地级提交的订单	T10	基地级保障系统业务处理
P11	向基地级送修的故障件	T11	发送订单至供货单位
P12	到达基地级的中继级器材订单	T12	供货单位订单业务处理
P13	向基地级送修的故障件		
P14	中继级订单被满足		
P15	向供货单位提交的订单		
P16	报废的故障件		
P17	到达供货单位的基地级订单		
P18	供货单位器材		
P19	基地级订单被满足		

图 9-4 中，T1、T7、T10 分别是保障功能层的表示舰员级保障、中继级保障、基地级保障的子网变迁，T2、T3、T4、T6、T9 分别是保障操作层的表示故障件后送到各级保障系统的表示运输活动的子网变迁，T12 是保障操作层的表示生产单位处理器材订单和供应器材的表示生产供应活动的业务处理子网变迁。P2 表示故障件将进入各级进行修理，它是以一定概率获得托肯，若 P2 获得托肯，则 T2，T3，T4 依概率执行分别将托肯传给 P3，P8，P13 中的一个。此处所描述的是，经过维修级别分析的故障件被决定是送至哪一级进行维修。对于 T1、T7、T10 子网变迁，它们需要处理的是器材订单和后送故障件，分别拥有多个入口和出口。

3. 本级业务处理模型

本级业务处理主要是对本级保障单位中的器材订单申请、供应和故障件维修的业务处理，分别涉及了具体的器材订单分析活动、库存控制管理活动和装备维修活动。

由于各级业务处理过程具有较强的相似性，这里仅给出舰员级保障的业务处理模型。其模型如图 9-5 所示，表 9-5 定义了模型中的各库所及其变迁的意义。

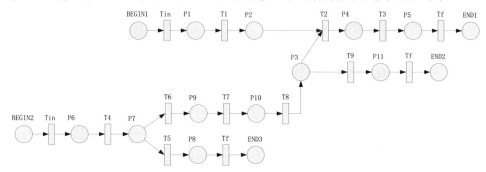

图 9-5　基于 Petri 网的保障级别业务处理模型

表 9-5　舰员级保障 Petri 子网各库所和变迁的意义

库所	意义	变迁	意义
P1	器材订单	T1	舰员级分析订单
P2	舰员级级批复的订单	T2	舰员级器材领用
P3	舰员级储备	T3	器材到达修理现场
P4	准备完毕的更换件单元	T4	舰员级故障件检测
P5	到达修理现场的器材	T5	故障件准备送中继级修理
P6	到达舰员级的故障件	T6	故障件准备在舰员级修理
P7	舰员级检测后的故障件	T7	舰员级维修故障件活动
P8	中继级待修故障件	T8	舰员级修复件存储
P9	舰员级准备维修的故障件	T9	舰员级库存管理控制
P10	舰员级修复件		
P11	舰员级仓库订单		

图 9-5 中，T2、T7、T9 分别是保障操作层的表示器材供应、故障件维修、库存管理控制活动的子网变迁。T3、T5 是保障操作层的表示故障件送到中继级保障

系统的表示运输活动的子网变迁。P7 表示故障件经过检测后，选择进入舰员本级修理，它是以一定概率获得托肯，若 P7 获得托肯，则 T6，T5 依概率执行分别将托肯传给 P9，P8 中的一个。舰员级业务处理模型有两个入口，分别是 P1、P6，当它们分别获得表示订单、故障件的托肯后，将分别送入舰员级仓库和维修部门进行处理。对于已经修复的故障件，则通过 T8 进行储备。

9.5　舰船装备维修保障资源评估指标体系

维修保障资源评估指标体系，是从维修资源及相关保障力量、保障模式等方面对整个保障体系的能力进行评价[75-78]。评价指标是评价目标的体现，评价指标的确定对整个评价起到关键性的作用。评价指标选择不当将会导致整个评价工作的失败。因此，确定并建立系统、合理而全面的评价指标是进行装备保障能力评价的前提。通过指标体系的建立，发现保障系统（尤其是与维修保障资源相关）可能存在的问题短板，进而在实现环节加以校正和完善。

9.5.1　评估指标体系构建

对舰船装备维修保障能力进行综合评价，需要在得到所有相关要素的评价指标后，建立层次化结构，采用科学的方法进行评估。比如，在系统评估中常用的层次分析法就是一种非常实用的多准则决策方法，它不仅层次清晰，而且分析过程相对简捷。其思想是先把复杂的问题分解为各个分组成因素，再将这些因素按支配关系分组形成有序的递阶层次结构，通过两两比较的方式确定同层次中诸因素的相对重要性，然后综合决策者的判断，确定决策诸方案相对重要的顺序，从而给出最终的评判结果。

根据舰船装备维修保障指标体系中各指标所属类型，将不同的指标划分成三个层次：目标层、准则层和指标层，如图 9-6 所示。

图9-6　舰船装备保障能力评估指标体系

其中，目标层是结构模型的最高层次，或称为理想结果层，用于描述评价目的，采用舰船装备维修保障综合效能作为目标层（设为 A）。准则层（设为 B）是由反映目标层的指标构成的，由每个子系统的项目组成，此处由任务能力指标 B_1、装备 RMS 指标 B_2、维修资源指标 B_3、维修器材保障指标 B_4 组成。指标层 C 是结构模型的最低层，用来反映各准则层的具体内容，各个指标及其符号如表 9-6 所示。

表 9-6　舰船装备保障指标体系可选指标集

目标层（A）	准则层（B）	指标层（C）各个指标名称及其符号	
	任务执行能力指标（B_1）	使用可用度	C_1
		战备完好率	C_2

目标层（A）	准则层（B）	指标层（C）各个指标名称及其符号	
舰船装备维修保障能力（A_1）	任务执行能力指标（B_1）		
		任务成功概率	C_3
		任务持续时间	C_4
	装备 RMS 相关指标（B_2）	装备可靠性	C_5
		平均预防性维修时间	C_6
		平均修复时间	C_7
		故障检测及隔离概率	C_8
	维修资源相关指标（B_3）	维修人员技能水平	C_9
		维修设备工装满足率	C_{10}
		维修技术资料满足率	C_{11}
	维修器材保障指标（B_4）	维修器材满足率	C_{12}
		维修器材利用率	C_{13}
		保障延误时间	C_{14}
		供货补给时间	C_{15}
		维修器材短缺数	C_{16}
		维修器材短缺风险	C_{17}
		维修器材存储条件	C_{18}

9.5.2 底层主要指标计算模型

1. 任务能力指标

任务能力指标一般不能通过解析计算得到，而需要建立仿真模型通过统计得到，任务能力指标是用来定量描述在预定装备水平和保障水平下，任务被执行的程度如何，根据考察角度的不同，又分为：

（1）任务成功率

任务成功率表示装备执行任务时成功的概率。

$$\text{任务成功率} = \frac{\text{完成任务的次数}}{\text{任务总次数}}$$

（2）任务执行效率

任务执行效率是任务成功性在时间效率上的度量。

$$\text{任务成功率} = \frac{\text{实际执行任务的时间}}{\text{实际执行任务的时间} + \text{任务挂起时间}}$$

（3）累计执行任务时间

累计执行任务时间反映了特定装备系统持续执行任务的能力，该指标为仿真过程统计量。

2. 装备 RMS 指标

（1）平均故障前时间

平均故障前时间（mean time to failure, MTTF），或称为平均失效时间定义为：

$$\text{MTTF} = E(T) = \int_0^\infty tf(t)\mathrm{d}t = \int_0^\infty R(t)\mathrm{d}t \tag{9.5.1}$$

这就是由 $f(t)$ 定义的概率密度函数的期望或均值，即表示产品（装备单元或组件）首次失效前时间间隔的期望值。根据装备是否可维修，MTTF 表示的含义有所不同：如果产品不可修，MTTF 表示的是产品的平均寿命，并且是一个非常重要的合同可靠性参数；如果产品可修，MTTF 代表了首次失效前时间的均值。

（2）平均修复时间

维修时间的不同可能是源于不同的故障模式，也可能是源于维修人员技能水平、经验的差异，为了描述这种不确定性，可以将维修时间看作是随机变量，用连续随机变量 T 表示故障单元的修复时间，令其概率密度函数为 $h(t)$，那么它的累积分布函数为

$$\Pr\{T \leqslant t\} = H(T) = \int_0^t h(s)\mathrm{d}s \tag{9.5.2}$$

平均修复时间可由下式得出

$$\text{MTTR} = \int_0^\infty th(t)\mathrm{d}t = \int_0^\infty (1 - H(t))\mathrm{d}t \tag{9.5.3}$$

3. 维修资源指标

（1）维修资源满足率

维修资源包括维修设备、工装具、维修人员以及维修技术资料等（这里暂不考虑维修器材）。维修资源满足率表示当发生维修需求时，能够满足需求的平均概率。

$$维修资源满足率 = \frac{需求被满足的次数}{需求发生的总次数}$$

（2）维修资源利用率：

维修资源利用率表示维修资源的利用效率。

$$维修资源利用率 = \frac{维修资源被使用的时间}{维修资源被使用的时间 + 维修资源闲置时间}$$

仿真模型统计维修资源随时间的状态变化情况，根据相应统计值，可计算维修保障资源利用率。

4. 维修器材保障指标

（1）器材满足率

器材满足率表示当发生需求时，现场库存储备的维修器材能够满足需求的平均概率。

$$器材满足率 = \frac{产生需求时被满足次数}{需求总次数}$$

（2）器材利用率

器材利用率表示器材利用效率。

$$器材利用率 = \frac{实际使用的数量}{器材储备总数量}$$

（3）延期交货量（Number of Backorder, NBO）

NBO 定义为不能满足需求的器材数，其是衡量库存满足需求程度的指标。在整个寿命周期内，NBO 的值随机变化，这就意味着在整个周期内的 NBO 的变化是一个随机过程。

当已知需求数量的概率函数 $p(n)$ 时，NBO 的计算定义如下：

$$\text{NBO} = \sum_{n=s}^{\infty}(n-s) \times p(n) = \sum_{n=0}^{\infty} n \times p(n+s) \tag{9.5.4}$$

式（9.5.4）中，s 为库存量。

（4）无延期交货概率（Probability of No Backorder, PNB）

PNB 表示在每个库存点不存在延期交货的时间比率。对于一组库存点来说，PNB 是作为所有库存点 PNB 的乘积来计算的

$$\text{PNB} = \sum_{n=0}^{s} p(n) \tag{9.5.5}$$

式（9.5.5）中，s 为库存量。

（5）短缺风险（Risk of Shortage, ROS）

该度量参数定义为不能立即满足需求（延期交货）的概率，它也是对每个库存点进行计算的，给定一个库存大小，ROS 可以定义为：

$$\text{ROS}=\text{ROS}_R(s-k)+q\times P_R(s-k-1) \tag{9.5.6}$$

式（9.5.6）中，$\text{ROS}_R(s) = \sum_{n=s}^{\infty} p_R(n) = \sum_{n=0}^{\infty} p_R(n+s)$，$p_R(n)$ 为器材需求量的分布函数。

9.6　基于任务成功性的保障能力评估模型

9.6.1　舰船装备任务成功性评估模型描述

基于 GOOPN 模型对舰船装备任务成功性评估模型进行描述，首先，根据 GOOPN 模型的特点给出建模步骤：

步骤 1：对舰船装备任务成功性评估模型的组成结构和层次关系进行分析和划分，明确各层次模型及其所包含的子模型。

步骤 2：自顶向下确定所有模型的属性和行为，并按照面向对象的建模方法对各模型的公共属性和私有属性进行划分，明确上下层以及同层模型之间实体流和信息流的输入 / 输出关系。

步骤 3：基于 GOOPN 模型自顶向下对各层对象子网进行建模，公共属性由公共库所描述，私有属性由基本库所描述，通过有向弧和变迁描述各对象子网之间的动态交互关系。

步骤 4：基于 GOOPN 模型对底层的基本对象子网进行建模，基本对象子网在接收到其他对象子网的信息或者实体后，通过基本对象子网内部的有向弧和变迁描述基本对象子网的行为和反应。

步骤 5：对上述过程进行验证、校核和确认，保证模型的正确性。

任务成功性评估模型主要由编队任务模型、维修保障对象模型和维修保障系统模型三个模型组成，这三个模型构成了顶层模型，由于篇幅所限，以两艘舰艇构成的编队进行说明，舰船装备任务成功性评估模型的顶层模型如图 9-7 所示。

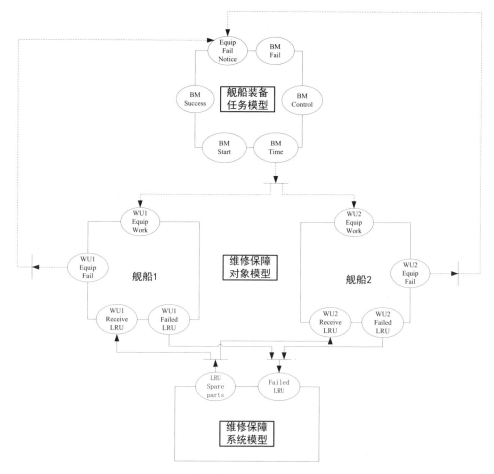

图 9-7　舰船装备任务成功性评估顶层模型

任务时间库所 BM Time 用于控制维修保障对象（舰船 1 和舰船 2）的设备工作库所 WU1 Equip Work 和 WU2 Equip Work 的运行和停机。在遂行任务过程中，通过设备故障信息库所 WU1 Equip Fail 和 WU2 Equip Fail 将设备故障信息传递给编队设备故障信息库所 Equip Fail Notice，以判断当前设备功能集合是否满足编队任务要求。设备功能不满足任务要求就认为任务失败，为了更贴合任务实际情况，这里给出了任务容忍时间的概念，若设备功能集合不满足编队任务要求且在任务失效状态累积持续时间超过了规定的任务容忍时间，则编队任务失败，若在任务容忍时间内设备功能集合恢复到任务要求，则编队任务继续执行，直到任务结束，编队任务成功。

以舰船对空任务为例，舰船单元对空作战任务由警戒探测元任务、指挥控制元任务和武器抗击元任务相互协调、共同完成，三者之间是并行关系，如图9-8所示。

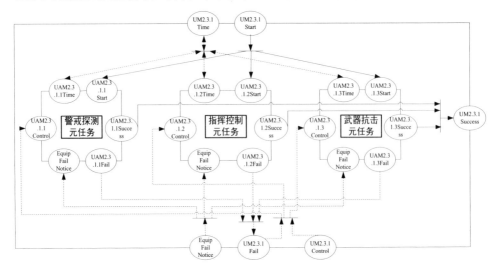

图 9-8　舰船单元对空任务对象子网模型

9.6.2　评估指标权重的确定方法

层次分析法是在专家知识的基础上确定各指标的相对重要性，通过对指标相互之间重要性的比较，由专家给出比较矩阵，进而得到指标的权重。这种方法过于依赖专家的经验，主观性强、随意性大，并且当指标较多时，比较矩阵很难通过一致性检验。为了弥补层次分析法的不足，可以在层次分析法的基础上通过信息熵加权的方法对权重进行修正[79-81]。

熵（Entropy）是热力学和统计物理中的一个重要态函数，是描写系统无序程度的可加的物理量。熵是由系统内部各要素决定的，它反映了系统内各要素对系统整体贡献的分布情况，其实质反映的是一种变异程度，且这种变异程度与熵的大小相关。

熵权模型的原理是：在评估指标体系框架下，待评估对象的技术状态评估是一个多属性决策问题，依据多属性决策问题中信息熵方法的思想，给出关于指标输出信息熵的确定方法，再根据熵权原理确定指标的权重。具体过程如下：

设 $X=\{x_1,x_2,\cdots,x_m\}$ 为待评估的装备构成的集合，$U=\{u_1,u_2,\cdots,x_n\}$ 为评估指标集合，第 i 个待评估对象的第 j 项指标值记为：$a_{ij},(1 \leqslant i \leqslant m, 1 \leqslant j \leqslant n)$，则初始决策矩阵为：$A=(a_{ij})_{m \times n}$

初始决策矩阵中，由于指标的含义不同，造成指标取值范围广，评估指标相互之间不具有可比性的问题，因此对其进行归一化处理，得到标准矩阵 $\boldsymbol{B}=(b_{ij})_{m \times n}$，计算过程如下：

$$b_{ij} = \frac{a_{ij}}{\sum\limits_{i=1}^{m} a_{ij}} \qquad (1 \leqslant i \leqslant m, 1 \leqslant j \leqslant n) \tag{9.6.1}$$

计算指标的信息熵

$$e_j = \frac{1}{\ln m} \sum_{i=1}^{m} b_{ij} \ln b_{ij} \qquad (1 \leqslant i \leqslant m, 1 \leqslant j \leqslant n) \tag{9.6.2}$$

计算指标权重

$$w_j = \frac{1 - e_j}{n - \sum\limits_{j=1}^{n} e_j} \tag{9.6.3}$$

得到指标的权重向量：$\boldsymbol{W}=(w_1, w_2, \cdots, w_n)$，构造加权标准化矩阵

$$\boldsymbol{V}=(v_{ij})_{w \times n}=(v_j \cdot v_{ij})_{w \times n}$$

熵权法是一种群决策理论，将物理中熵的概念引入到评价过程中，用熵表示各专家的评价结果的不确定性以及与理想专家的水平。熵权法计算评价指标权重的步骤如下：

（1）规范化决策矩阵。由于信息熵是一个无量纲量，因此在计算各个指标的权重之前需对数据进行规范化处理，得到规范化决策矩阵：

$$\boldsymbol{B} = \left\{ b_{ij} \right\}_{m \times n}$$

式中，m 表示评价对象的数量；n 表示评估指标的数量；b_{ij} 表示第 i 个对象的第 j 个指标的属性值。

（2）计算信息熵。按下式计算信息熵：

$$h_j = -(\ln n)^{-1} \sum_{i=1}^{m} k_{ij} \ln k_{ij}, j = 1, 2, \cdots, n \tag{9.6.4}$$

式中，

$$k_{ij} = \frac{b_{ij}}{\sum\limits_{i=1}^{m} b_{ij}}, i = 1, 2, \cdots, m; j = 1, 2, \cdots, n \tag{9.6.5}$$

（3）计算权重。

为某项指标的信息效用价值取决于该指标的信息熵 h_j 与 1 的差值，第 j 项指标的权重为：

$$\omega_{Ej} = \frac{1 - h_j}{\sum\limits_{j=1}^{n} (1 - h_j)} \tag{9.6.6}$$

因此，综合 AHP 与熵权法得到的权重可以得到每个指标的综合权重：

$$\omega_{zj} = \omega_{Aj} \times h_A + \omega_{Ej} \times h_E \tag{9.6.7}$$

式中，h_A，h_E 为调整系数，根据具体情况确定。

9.6.3　舰船装备保障能力评估模型

舰船装备保障能力评估是通过选择合适的算法和指标体系对舰船装备保障系统进行综合性评价，其目的在于选择适当的保障方案，通过对保障方案的评估和修正，使其满足装备的保障要求并与设计方案及使用方案相协调。

1. 保障方案的制定与保障能力评估流程

舰船装备保障能力取决于制定的保障方案，评估流程如图 9-9 所示：在拟定初始保障方案的基础上进一步细化并给出一些备选方案，然后利用合适的评估方法对备选保障方案进行评估并给出最优的保障方案建议。

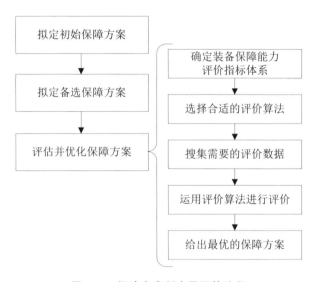

图 9-9　保障方案制定及评估流程

对装备保障能力进行综合评价与分析对于获取高质量保障方案具有重要作用，其基本思路如下：在分析保障对象及保障任务特点的基础上，提出舰船装备保障方案的评估指标体系，然后选择合适的评估算法并根据搜集的评估数据进行评估，最后给出最优保障方案的建议。其中：提出合理的保障方案评估指标体系以及选择合适的评估算法是决定评估结果是否准确的关键所在。

2. 基于 TOPSIS 的评估模型

逼近理想解排序法(Techique for Order Preference by Similarity to Ideal Solution, TOPSIS)通过计算备选方案与正理想点和负理想点的距离，进而获得备选方案与理想点的相对接近度，确定方案优劣。具体步骤如下：

（1）确定评估指标体系；

（2）收集数据，得到评估矩阵；

（3）标准化矩阵，将各指标转化到 0 ～ 1 之间；

（4）利用 AHP 与熵权法综合确定各指标权重；

（5）利用指标权重调整评估矩阵：

$$X = \begin{bmatrix} x_{11} & x_{12} & \cdots & x_{1n} \\ x_{21} & x_{22} & \cdots & x_{2n} \\ \vdots & \vdots & \ddots & \vdots \\ x_{m1} & x_{m2} & \cdots & x_{mn} \end{bmatrix}$$

（6）确定正负理想点 Z^+，Z^-：

$$\begin{cases} Z^+ = [z_1^+, z_2^+, \cdots, z_n^+] \\ Z^- = [z_1^-, z_2^-, \cdots, z_n^-] \end{cases}$$

其中，z_n^+，z_n^- 分别为 X 中各列最优和最差值。

（7）计算各备选方案与正负理想点的距离

$$\begin{cases} S^+ = \sqrt{\sum_{j=1}^{n} (x_{ij} - z_j^+)^2} \\ S^- = \sqrt{\sum_{j=1}^{n} (x_{ij} - z_j^-)^2} \end{cases} \qquad (9.6.8)$$

（8）计算各备选方案与理想点的相对接近度

$$H_i = \frac{S_i^+}{(S_i^- + S_i^+)} \quad (i = 1, 2, \cdots, m) \qquad (9.6.9)$$

相对接近度越大，方案越优。

9.6.4　基于任务成功性仿真的保障方案调整

构建基于装备任务成功性的仿真模型是对给定的备选保障方案进行任务持续能力仿真评估，通过对仿真模型的输出数据进行评价和分析，找出备选保障方案的薄弱环节并进行调整和改进，以达到保障方案的优化再生，进一步提高基于任务的装备保障能力，是一个典型带有反馈性质的螺旋式决策迭代过程[82-83]。以下给出了基于装备任务成功性仿真的保障方案调整过程，如图9-10所示。

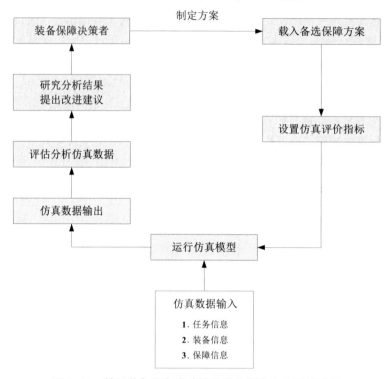

图9-10　基于装备任务成功性仿真的保障方案调整过程

步骤1：制定初始保障方案，该方案可通过优化模型生成，并将初始保障方案载入到任务成功性评估仿真模型。

步骤2：载入任务信息、装备信息和保障信息等仿真输入数据，设置仿真评价指标，运行仿真模型。

步骤3：仿真模型运行完毕，存储仿真原始输出数据，按照指定的评价指标，利用统计法对仿真输出数据进行统计和加工，并进行评估分析。

步骤4：分析结果，得出结论。如果结论符合要求，则写出分析报告，否则根据指标的高低排序，提出保障方案改进的建议，对初始保障方案进行调整，并转入到步骤2再次重复进行仿真分析。

从上述步骤可见，基于装备任务成功性仿真评估的保障方案优化流程是反复迭代、不断递进、修正和完善的过程。

参考文献

[1] 朱石坚，俞翔，刘勇. 舰船装备保障理论创新与实践 [M]. 北京：科学出版社，2016.

[2] 杨为民，阮镰，俞沼，等. 可靠性维修性保障性总论 [M]. 北京：国防工业出版社，2004.

[3] 陆廷孝，郑鹏洲，何国伟，等. 可靠性设计与分析 [M]. 北京：国防工业出版社，2004.

[4] 李良巧. 可靠性工程师手册 [M]. 北京：中国人民大学出版社，2017.

[5] VAJNA S. Foundations of Integrated Design Engineering[M]. Integrated Design Engineering，London：2020.

[6] 章文晋，郭霖瀚. 装备保障性分析技术 [M]. 北京：北京航空航天大学出版社，2012.

[7] 陈云翔，项华春，王莉莉，等. 维修性增长 [M]. 北京：国防工业出版社，2019.

[8] 杨拥民，葛哲学，罗旭，等. 装备维修性设计与分析技术 [M]. 北京：科学出版社，2019.

[9] 周栋，耿杰，吕川. 维修性设计与分析 [M]. 北京：北京航空航天大学出版社，2020.

[10] 史跃东，徐一帆，金家善. 装备复杂系统多状态可靠性分析与评估技术 [M]. 北京：科学出版社，2017.

[11] ANATOLY L，ILIA F，ALEX K. Recent Advances in Muti-state System Reliability：Theory and Applications [M]. London：Springer Press，2017：107-110.

[12] ANATOLY L，ILIA F. Recent Advances in System Reliability：Signatures，Multi-state Systems and Statistical Inference [M]. London：Springer Press，2012.

[13] ANATOLY L，Ilia F，Yi D. Multi-state System Reliability Analysis and Optimization for Engineers and Industrial Managers[M]. London：Springer，2010.

[14] ZHAO J B，HOU P Y，CAI Z Q. Research of mission success importance for a multi-state repairable k-out-of-n system[J]. Advances in Mechanical Engineering，2018，10（2）：1-16.

[15] GREGORY L，MAXIM F，Hong-Zong Huang. Optimal mission abort policies for multistate systems[J]. Reliability Engineering and System Safety，2020，193（1）：75-81.

[16] GU Y K，Li J. Multi-State system reliability：a new and systematic review[J]. Procedia Engineering，2012，29：531-536.

[17] ZIO E. Reliability engineering：old problems and new challenge[J]. Reliability Engineering and System Safety，2009，94（2）：125-141.

[18] 史跃东，金家善，徐一帆. 半马尔可夫跃迁历程下装备复杂系统多状态可靠性分析与评估 [J]. 系统工程与电子技术，2019，41（2）：445-453.

[19] 朱红波，高岩，后勇，等. 马尔可夫过程下多类用户智能电网实时电价 [J]. 系统工程理

论与实践，2018，38（3）：807-816.

[20] 郏朝辉，李威，崔晓等. 基于分层马尔可夫的可修复稳定控制系统可靠性分析 [J]. 中国电力，2020，53（03）：101-109.

[21] 曹裕，吴堪，熊寿遥. 随机需求下双产品混合生产的 Markov 决策过程研究 [J]. 系统工程理论与实践，2018，38（4）：899-909.

[22] 史跃东，徐一帆，金家善. 基于逻辑报酬矩阵的多状态系统可靠性评估 [J]. 系统工程理论与实践，2019，39（5）：1315-1325.

[23] WANG J，LI M. Redundancy allocation optimization for multistate systems with failure interactions using semi-markov process [J]. Journal of Mechanical Design，Transactions of the ASME，2015，137（10）：42-52.

[24] 史跃东，陈砚桥，金家善. 舰船装备多状态可修复系统可靠性通用生成函数解算方法[J]. 系统工程与电子技术，2016，38（9）：2215-2220.

[25] 史跃东，金家善，徐一帆，等. 基于发生函数的模糊多状态复杂系统可靠性通用评估方法 [J]. 系统工程与电子技术，2018，40（1）：238-244.

[26] Li Y F，Zio E. A multi-state model for the reliability assessment of a distributed generating system via universal generating function[J]. Reliability Engineering and System Safety，2012，106（12）：28-36.

[27] 胡健，周金宇，庄百亮. 基于马尔可夫过程和通用生成函数的制造系统可靠性分析 [J]. 制造技术与机床，2020（11）：33-39.

[28] 李春洋，陈循，易晓山. 基于向量通用生成函数的多性能参数多态系统可靠性分析 [J]. 兵工学报，2010，31（12）：1604-1610.

[29] 尚彦龙，蔡琦，赵新文，等. 基于 UGF 和 Semi-Markov 方法的反应堆泵机组多状态可靠性分析 [J]. 核动力工程，2012，33（1）：117-123.

[30] 鄢民强，杨波，王展. 不完全覆盖的模糊多状态系统可靠性计算方法 [J]. 西安交通大学学报，2011，45（10）：109-114.

[31] 张冀，李书，贺天鹏，简成文. 直升机 RMS 与测试性综合评估模型研究 [J]. 系统工程与电子技术，2016，38（02）：470-475.

[32] 贾双成，王涛. 基于数据挖掘的船舶主机故障远程诊断系统优化设计[J]. 舰船科学技术，2018，22（11）：76-78.

[33] 王浩，庄钊文. 基于模糊测度准则的可靠性评估方法 [J]. 系统工程与电子技术，2020，22（12）：93-96.

[34] 周勇，张光斌. 无失效试验数据的可靠性评估方法研究 [J]. 电子质量，2017，364（7）：31-35.

[35] 龙兵，张明波. 定数截尾下 Lomax 分布失效率和可靠度的贝叶斯估计 [J]. 华南师范大学学报（自然科学版），2016，48（2）：102-106.

[36] WAMBA S F，Gunasekaran A，Akter S，et al. Big data analytics and firm performance：

Effects of dynamic capabilities[J]. Journal of Business Research，2017，70：356-365.

[37] 陈颖，康锐. FMECA 技术及其应用 [M]. 北京：国防工业出版社，2016.

[38] 刘任洋，李华，李庆民，等. 串件拼修策略下指数型不完全修复件的可用度评估 [J]. 系统工程理论与实践，2016，36（7）：1857-1862.

[39] 徐立，李庆民，李华，等. 非抢占维修优先权下的多级备件库存优化 [J]. 海军工程大学学报，2016，28（2）：92-97.

[40] 翟亚利，张志华，李广宇. 基于有限备件的战备完好性模型 [J]. 系统工程与电子技术，2019，41（5）：1043-1048.

[41] 刘任洋，李庆民，王慎，等. 任意分布单元表决系统备件需求量的解析算法 [J]. 系统工程与电子技术，2016，38（3）：714-718.

[42] 邵松世，刘任洋，李庆民，等. 批量换件下多正态单元表决系统备件量确定 [J]. 华中科技大学学报（自然科学版），2016，44（5）：25-29.

[43] 徐宗昌，张永强，呼凯凯，等. 备件携行量研究方法综述 [J]. 航空学报，2016，37（9）：2623-2633.

[44] 翟亚利，张志华，邵松世. 考虑维修因素的随舰备件配备方案研究 [J]. 海军工程大学学报，2019，31（03）：84-88.

[45] 阮旻智，钱超，王睿，王俊龙. 定期保障模式下舰船编队携行备件配置优化 [J]. 系统工程理论与实践，2018，38（9）：2441-2447.

[46] 赵斐，刘学娟. 考虑不完美维修的定期检测与备件策略联合优化 [J]. 系统工程理论与实践，2017，37（12）：3201-3214.

[47] 蒋伟，盛文，杨莉，等. 视情维修条件下相控阵雷达备件优化配置 [J]. 系统工程与电子技术，2017，39（9）：2052-2057.

[48] 王永攀，杨江平，张宇，等. 相控阵天线阵面两级备件优化配置模型 [J]. 国防科技大学学报，2017，39（3）：172-178.

[49] 杨建华，韩梦莹. 视情维修条件下系统备件供需联合优化 [J]. 系统工程与电子技术，2019，41（9）：2148-2156.

[50] 张永强，徐宗昌，呼凯凯，等. k/N 系统维修时机与备件携行量联合优化 [J]. 北京航空航天大学学报，2016，42（10）：2189-2197.

[51] 阮旻智，周亮. 面向任务的作战单元携行备件配置优化方法 [J]. 兵工学报，2017，38（6）：1178-1185.

[52] 曹文斌，贾希胜，胡起伟，等. 随机多阶段任务成功概率仿真评估研究 [J]. 兵工学报，2017，38（5）：1002-1010.

[53] 吕建伟，郭顺合，徐一帆，等. 基于多智能体仿真的舰船动力系统航渡任务成功性研究 [J]. 系统工程与电子技术，2019，41（8）：1896-1902.

[54] 韩小孩，张耀辉，王少华，等. 考虑维修工作的装备任务成功性评估方法 [J]. 系统工程

与电子技术，2017，39（3）：687-692.

[55] 钟季龙，郭基联，王卓健，等. 装备体系多阶段任务可靠性高效解析算法 [J]. 系统工程与电子技术，2016，38（1）：232-238.

[56] ALAMRI A，HARRIS L，SYNTETOS A. Efficient inventory control for imperfect quality items[J]. European Journal of Operational Research，2016，254：92-104.

[57] HESHAM K，AHMED M. Inventory and pricing model with price-dependent demand，time-varying holding cost，and quantity discounts[J]. Computers & Industrial Engineering，2016，94：170-177.

[58] SUN Y，CHEN X，REN H，et al. Ordering decision-making methods on spare parts for a new aircraft fleet based on a two-sample prediction[J]. Reliability Engineering and System Safety，2016，156：40-50.

[59] MINOU C，RUUD H，Jasper V. Joint condition-based maintenance and inventory optimization for systems with multiple components[J]. European Journal of Operational Research，2017，257：209-222.

[60] ENGIN T，Z. PELIN B，TARKAN T. Heuristics for multi-item two-echelon spare parts inventory control subject to aggregate and individual service measures[J]. European Journal of Operational Research，2017，256：126-138.

[61] RUAN M Z，Li H，FU J. System optimization-oriented spare parts dynamic configuration model for multi-echelon multi-indenture system[J]. Journal of Systems Engineering and Electronics，2017，28（5）：923-933.

[62] RUAN M Z，WANG R，KONG Q F. Mission-oriented Configuration Model of Aircraft Carrying Spares project and Dynamic Optimization Policy[J]. Transactions of NanJing University of Aeronautics and Astronautics，2016，33（5）：626-632.

[63] 周亮，孟进，李毅，等. 考虑关键性的多约束下辐射干扰对消装备随舰备件配置优化方法 [J]. 系统工程与电子技术，2020，42（2）：365-373.

[64] 胡起伟，贾希胜，赵建民. 考虑预防性维修的备件需求量计算模型 [J]. 兵工学报，2016，37（5）：916-922.

[65] 阮旻智，李庆民，刘涛. 装备使用阶段后续备件采购模型 Ⅱ：可修复件 [J]. 海军工程大学学报，2015，27（3）：69-73.

[66] 刘任洋，杨瑞平，赵冰，等. 任务期间多层级不完全修复件的备件配置优化 [J]. 火力与指挥控制，2020，45（5）：101-105.

[67] 徐立，李华，张宁，等. 基于删失数据的雷弹装备电子件贮存寿命估计方法 [J]. 水下无人系统学报，2020，28（3）：345-350.

[68] 周伟，蒋平，刘亚杰，等. 考虑需求相关的可修复系统备件配置模型 [J]. 国防科技大学学报，2012，34（3）：68-73.

[69] 徐立，李庆民，李华，等. 非抢占维修优先权下的多级备件库存优化 [J]. 海军工程大学学报，2016，28（2）：92-97.

[70] 徐立，张宁，李华，等. 常见寿命分布组件初始贮存方案评估及优化 [J]. 航空学报，2020，41（4）：223441.

[71] 金家善，蔡芝明，李广波. 多约束下随船备件配置优化方法 [J]. 系统工程理论与实践，2015，35（6）：1561-1566.

[72] 阮旻智，刘任洋. 随机需求下多层级备件的横向转运配置优化模型 [J]. 系统工程理论与实践，2016，36（10）：2689-2698.

[73] RUAN M Z，LUO Y，LI H. Configuration model of partial repairable spares under batch ordering policy based on inventory state [J]. Chinese Journal of Aeronautics，2014，27（3）：558-567.

[74] RUAN M Z，LI H，WANG J L. Mission-oriented dynamic optimization model of carrying spares for warship redundant system[J]. Journal of Systems Engineering and Electronics，2018，29（3）：539-548.

[75] SHERBROOKE C C. Optimal Inventory Modeling of Systems：Multi-echelon Techniques（second edition）[M]. Boston：Artech House，2004.

[76] 蔡芝明，金家善，陈砚桥，等. 多约束下编队随船备件配置优化方法 [J]. 系统工程与电子技术，2015，37（4）：838-844.

[77] 阮旻智，李庆民，张光宇. 多约束下舰船装备携行备件保障方案的确定方法 [J]. 兵工学报，2013，34（9）：1144-1149.

[78] 张志华. 可靠性理论及工程应用 [M]. 北京：科学出版社，2012.

[79] 周亮，李庆民，彭英武，等. 基于稳态和非稳态时变可用度模型的适用性 [J]. 北京航空航天大学学报，2017，43（12）：2422-2430.

[80] 周亮，彭英武，李庆民，等. 串件拼修策略下不完全修复件时变可用度评估建模 [J]. 系统工程与电子技术，2017，39（5）：1065-1071.

[81] ANDREI S，MATTHIEU H. Joint optimization of redundancy level and spare part inventories[J]. Reliability Engineering and System Safety，2016，153：64-74.

[82] 李华，李庆民，刘任洋. 任务期内多层级不完全修复件的可用度评估 [J]. 系统工程与电子技术，2016，38（2）：476-480.